文化生态视野下
关中传统村落空间形态研究

张睿婕 著

U0806531

西安交通大学出版社
XI'AN JIAOTONG UNIVERSITY PRESS

图书在版编目(CIP)数据

文化生态视野下关中传统村落空间形态研究 / 张睿婕著. — 西安 :西安交通大学出版社, 2025.5
ISBN 978-7-5693-3770-9

Ⅰ.①文… Ⅱ.①张… Ⅲ.①村落-空间结构-研究-陕西 Ⅳ.①TU982.294.1

中国国家版本馆 CIP 数据核字(2024)第 093990 号

WENHUA SHENGTAI SHIYE XIA GUANZHONG CHUANTONG CUNLUO KONGJIAN XINGTAI YANJIU

书　　名　文化生态视野下关中传统村落空间形态研究
著　　者　张睿婕
责任编辑　张　娟　张可欣
责任校对　牛瑞鑫
装帧设计　伍　胜

出版发行　西安交通大学出版社
（西安市兴庆南路 1 号　邮政编码 710048）
网　　址　http://www.xjtupress.com
电　　话　(029)82668357　82667874(市场营销中心)
(029)82668315(总编办)
传　　真　(029)82668280
印　　刷　西安五星印刷有限公司

开　　本　710 mm×1000 mm　1/16　**印张**　16.125　**字数**　260 千字
版次印次　2025 年 5 月第 1 版　2025 年 5 月第 1 次印刷
书　　号　ISBN 978-7-5693-3770-9
定　　价　86.00 元

如发现印装质量问题,请与本社市场营销中心联系。
订购热线:(029)82665248　(029)82667874
投稿热线:(029)82668525

版权所有　侵权必究

相关说明

1. 本书未注明资料来源的图表均为作者根据调查资料自绘，并已根据《地图审核管理规定》对需要相关部门审核的地图全部送审，审图号为“陕 S(2024)015 号”。

2. 本书个别引自古籍的图片因为原版并不清晰，图中文字模糊，但不影响其作为示意图配合研究使用。

3. 关中地区县域区划和地理区划贯穿整个研究之中，但无法在正文所涉地图中一一标注，正文中的落位图与核密度分析图等可参照附图中的“关中地区县域示意图”和“关中地区地理区划示意图”了解描述中的相关位置。

4. 部分示意图用“■”指示村落主要建筑物分布，未添加图例。

5. 本书中的“耦合”一词强调的是传统村落与环境之间的相互作用与相互影响，与一般物理学意义上的耦合有一定的区别。

6. 本书中的照片均为作者调研时拍摄。

序

关中这片古老而神秘的土地，承载着中华民族的厚重历史与文化。在这里，传统村落不仅是历史的见证者，更是文化的传承者，它们以独特的空间形态，诉说着农耕文明的故事。张睿婕从文化生态视角，以关中传统村落空间形态研究作为博士论文的选题，将关中传统村落研究聚焦到了一个更深层面的关键点上。她结合长期思考与工作积累，以敏锐的学术洞察力和严谨的治学态度，深入探讨了关中传统村落在文化生态视角下的演变规律和形态特征，揭示出文化多样性对人居空间保持鲜活并不断延续发展的突出作用。这不仅是一次对传统村落空间形态的系统研究，也是对关中地区文化生态保护与传承的深刻思考。

作者系统梳理了关中传统村落的历史演变轨迹，对村落布局、建筑特色、文化景观等方面展开细致分析，揭示了关中传统村落在不同历史时期的发展脉络及其延续至今的独特魅力。当然，书中也不乏对现代城市化进程中传统村落所面临的文化生态冲击的深刻剖析。作者不仅关注理论建构，更注重科学分析和实践应用，提出了一系列保护和活化传统村落的策略，以促进传统村落文化生态的可持续发展。这些策略涉及空间引导、政策支持、社区参与、生态修复等多个层面，力图从文化生态层面为传统村落保护传承提供可落地的途径。

在撰写过程中，作者始终保持着对传统村落的敬畏之心和对文化传承的责任感，以更具深度的视角解读传统村落保护与系统完整地传承中华优秀传统文化的关系，为传统村落的保护与发展提供了新的思考路径。本书的出版是对关中传统村落空间形态研究的重要贡献，为农耕文明宝贵传统基因研究增添了新的内容。本书为传统文化研究领域提供了可资借鉴的成果，也为政策制定者和管理实践者提供了建议参考。愿本书能激发更多人对传统村落的关注,共同为保护和传承我国历史文化遗产而努力。

期待读者在阅读本书的过程中,能够感受到关中传统村落独特的空间之美、深厚的文化之韵,以及张睿婕博士对这片土地深深的热爱和敬意。

周庆华
西安建筑科技大学二级教授　博士生导师
陕西省工程勘察设计大师
中国城市规划学会理事

目录

第一章　绪　论

1.1　研究背景

1.1.1　“加强历史文化保护传承”成为城乡建设热点

关中地区文化底蕴深厚，具有国内瞩目的乡村聚落发展史，但近现代以来受诸多因素影响，关中传统乡村聚落遭到了不同程度的破坏，有些地区的地面遗存已看不清楚。改革开放以后，在快速城市化进程的冲击下，大量乡村地区直接套用城市发展模式，“拆房上楼”“撤村并镇”等做法进一步加剧了乡村地区的工业化、空心化等现象，从而导致传统乡村聚落快速消失、文脉割裂、风貌被破坏，所以人们开始呼吁重新认知传统村落的历史文化价值。目前关中传统村落的保护较为薄弱，已编制的保护规划措施实施进展不太理想，市域层面的传统村落缺少整体性研究。作为年代久远、规模宏大、分布广泛的文化景观遗产，关中传统村落不同于南方地区传统村落单体价值突出，对关中传统村落的保护与发展应该注重群体效应。

2003 年至今国家相继公布了大量传统村落和中国历史文化名村，2013 年中央城镇化工作会议提出“望得见山、看得见水、记得住乡愁”，以历史文化和生态环境为着眼点的乡村发展逐渐成为城乡建设的热点。2017 年 1 月 25 日，中共中央办公厅、国务院办公厅印发的《关于实施中华优秀传统文化传承发展工程的意见》中提出“实施中国传统村落保护工程”，标志着传统村落保护上升到了国家文化传承的战略高度[1]。2021 年 9 月 3 日，中共中央办公厅、国务院办公厅印发《关于在城乡建设中加强历史文化保护传承的意见》，明确提出“以系统完整保护传承城乡历史文化遗产和全面真实讲好中国故事、中国共产党故事为目标”[2]，这是我国自 1982 年近半个世纪建立历史文化名城保护制度以来，首次以中央名义印发的专门针对城乡历史文化保护传承工作的文件，是新形势下我国城乡历史文化保护和传承工作的顶层设计和纲领性文件，并为下一步保护传承工作的开展指明了方向，提供了保障。

新时期的城乡建设必须全面系统地推进历史文化保护与传承工作，让人们在日常生活中能感受到历史、记得住乡愁，让文化像阳光和空气一般润物无声，让人民群众有更多的获得感、幸福感。传统村落作为我国农耕文明的宝贵基因库，全景式、活态化地呈现出我国农耕文明时期的重要历史文化空间内涵，因此传统村落保护、修复、活化是当前的重要工作。目前有些关中传统村落文化价值突出，但地处偏僻山区，资源匮乏，发展障碍较多，其保护与发展需要结合政府的各项政策综合考虑，本书对于此类传统村落的保护传承策略不进行深入探讨。

1.1.2 传统村落文化生态系统失衡的现实困境及文化与生态耦合发展的时代需求

传统村落是中国人居文化的活态遗产、民族文化瑰宝，亦是中国特色社会主义生态文明理论的活态载体和文化渊源，它展示了古人朴素的生态文明观。传统村落生态系统是一个融合了三生空间的系统，我国传统人居文化主张天人合一的风水观、相地而生的择地观、取用有节的生态观。自然资源和生态环境是传统村落生活生产的物质基础,同时也是城市发展的后勤保障。城市化进程加快及经济快速发展所带来的人口增长、乡村土地利用方式改变、风貌格局变化,给传统村落生态系统造成了不同程度的结构性破坏,传统村落的宜居性逐渐下降。

21 世纪以来,中国传统村落以每天约 100 个的速度迅速减少[3],文化生态失衡问题日益严峻,主要体现在以下四个方面:首先,在快速工业化和城镇化的影响下,城乡之间存在的虹吸效应促使乡村核心劳动力大量转移,乡村农业主导下的自循环式生产链条损坏,生活方式改变,进而导致传统技艺无人可传、传统民俗活动无人开展,传统村落的文化生态濒临崩溃,从而出现了空心村,出现被迫撤并等现实问题;其次,片面追求经济效益,改变土地性质,开展大量开发建设活动,乡村自然生态环境被破坏,树光了、水脏了、山秃了、地荒了,乡村区域自循环的生态链被破坏,敏感程度上升,非生产性空间随之增加,破碎化现象加剧;再次,在信息化加持下,新建建筑由外向内逐渐吞噬传统村落,有形空间边界逐年缩减,无形文化空间逐年增加,大量信息涌入催生了新的文化生态,产生了淘宝村、移民村等[4];最后,村落居民由于对传统村落文化内涵的认知缺乏和对文化生态资源转换路径感到迷茫,从而产生遗弃甚至破坏行为,成为传统村落保护与传承工作的严重阻碍。我国非物质文化遗产作为活态的文化主要存在于传统村落,传统村落物质空间的衰败导致部分非物质文化遗产丧失了承载体,陷入了“皮之不存,毛将焉附”的窘境,非物质文化遗产处于快速消失的艰难处境,传统村落由文化“源头”逐渐演变为文化“荒原”。

诸多现实问题推动学者们摒弃了将生态与文化割裂的研究方式,转而选择了生态与文化耦合发展的研究路径,克里斯蒂安·施耐德(Christian Schneider)指出人有在一个有质量的环境中享有自由、平等和适当的生活条件的基本权利,这种环境使人享有有尊严和幸福的生活,并负有为后代保护和改善环境的责任[5]。作为人与自然共生、半人工生态系统的传统村落不是静态的文物,而是以展示农耕生活方式、传统风貌格局为主的开放系统，是一个活态的文化景观遗产，与其他生态系统一样，具有演进的过程、自我恢复和适应的能力。笔者认为应该为传统村落的研究提供一个新的视角，认识传统村落不同维度的特征及演变规律，从而有效实施保护工作并促进其可持续发展。

1.1.3 传统村落研究多学科、多尺度的必然趋势

传统村落作为一种文化景观遗产，是社会制度、民俗信仰、生活方式、耕作方式等要素作用于自然环境的实体景观，也是文化与审美作用于实体空间的综合体现。传统村落的空间特征和景观特色，不仅是文化与生态相互适应下营建智慧的体现，还是空间和事件相互作用的结果，除了重要的历史人物、事件对传统村落空间产生了巨大的影响外，还有很多小事件“润物细无声”地对传统村落的空间改变产生影响[6]。传统村落研究尺度的“区域”性转变，实质是研究的方法论层面的转变，是从宏观尺度识别传统村落存在的地域共性和个体特性，并建立起传统村落解读框架。

2020年，按照财政部办公厅、住房城乡建设部办公厅《关于组织申报2020年传统村落集中连片保护利用示范市的通知》明确的程序，两部组织专家进行评审，关中地区的渭南市入选示范市，可见区域式保护的重要性已获得普遍认可。碎片化的研究、个别村落的个体试验性的成功难以摆脱传统村落普遍存在的现实困境，必须挖掘一定区域范围内传统村落的群体特征，了解其自然生态因素和地域文化内涵，否则那些独特的文化景象只能作为客观的视觉差异供人观赏。传统村落的多学科、多尺度、系统性保护是未来研究与实践的必然趋势。

1.2 研究现状

1.2.1 传统村落保护制度演进梳理

中国历史村镇的研究始于20世纪80年代。以吴良镛、阮仪三为代表的著名文物保护工作者们对历史村镇文化遗产进行了大量的研究，先后提出了“真实性、完整性、延续性”的基本原则，“保护第一、加强管理、合理开发、永续利用”的基本方针，“加强规划、整体保护”和“新旧分开、有机更新”等保护理念，为我国历史村镇文化遗产的保护与研究作出了重大贡献[7]。

1982年，“历史文化名城”概念被正式提出，“历史文化名城是指保存文物特别丰富、具有重大历史价值和革命意义的城市”，《中华人民共和国文物保护法》首次将历史文化名城列入不可移动文物的保护范畴，自此拉开了我国遗产地、历史地区保护的序幕。1985年，我国加入《保护世界文化和自然遗产公约》，开始建立健全历史遗产的保护体系[7]。2002年10月28日第九届全国人民代表大会常务委员会第三十次会议通过的《中华人民共和国文物保护法》，以法律形式确定了历史文化村镇保护制度的法律地位。2008年国务院公布《历史文化名城名镇名村保护条例》，自此，我国历史文化名城、名镇、名村保护有了法律保障，中国传统村落保护政策进入不断完善的历史阶段(见表1.1)。

表 1.1　中国传统村落保护政策发展统计表

时间	发布机关	相关文件	与传统村落相关的具体内容
1982	全国人大常委会	《中华人民共和国文物保护法》	首次将历史文化名城列入不可移动文物的保护范畴
1986	国务院	《国务院批转城乡建设环境保护部、文化部关于请公布第二批国家历史文化名城名单报告的通知》(国发〔1986〕104 号)	1. 我国历史文化村镇保护工作拉开序幕;2. 村镇单体文物性建筑保护转向文物建筑所处机制环境的整体保护;3. 纪念性建筑兼顾传统平常性建筑的区域保护
2002	建设部	《关于全国历史文化名镇(名村)申报评选工作的通知》(建村〔2002〕233 号)	决定在全国范围分期分批地评选和命名全国历史文化名镇、名村
2002	全国人大常委会	《中华人民共和国文物保护法》	确立了我国历史文化村镇保护制度的法律地位
2003	建设部	《中国历史文化名镇(村)评选办法》(建村〔2003〕199 号)	完善评选机制
2007	建设部	《中国历史文化名镇(村)评价指标体系》(建村〔2007〕360 号)	完善评价指标
2007	国家发展改革委 建设部 国家文物局	《全国"十一五"历史文化名城名镇名村保护设施建设规划》	对历史文化街区、历史文化名镇(村)的价值定位和总体目标、主要任务、建设内容等进行了明确的定位和详细规划
2007	全国人大常委会	《中华人民共和国城乡规划法》	对历史文化遗产的保护规划进行了原则规定
2007	中国国土经济学会	《中国景观村落保护公约》	明确景观村落的定义、特征和划定标准

续表

时间	发布机关	相关文件	与传统村落相关的具体内容
2008	国务院	《历史文化名城名镇名村保护条例》(国务院令〔2008〕524 号)	历史文化名镇名村保护体系化、法治化;国家层面首次正式认可中国历史文化名镇名村
2009	住房和城乡建设部 国家旅游局	《关于开展全国特色景观旅游名镇(村)示范工作的通知》(建村〔2009〕3 号)	旅游管理部门开始参与历史文化村镇的保护与开发,体现对传统村落利用的旅游发展导向
2011	全国人大常委会	《中华人民共和国非物质文化遗产法》(主席令〔2011〕42 号)	历史文化名镇名村由注重实体保护转向兼具传统文化保护的全面保护
2012	住房和城乡建设部 国家文物局	《历史文化名城名镇名村保护规划编制要求》(建规〔2012〕195 号)	对提高保护规划编制的科学性、规范性和可操作性起到一定指导作用
2012	住房和城乡建设部 文化部 国家文物局 财政部	《住房城乡建设部 文化部 国家文物局 财政部关于开展传统村落调查的通知》(建村〔2012〕58 号)	1. 首次联合启动调查;2. 明确调查对象:1911 年前建村,传统风貌完整、选址格局保留传统特色或保有非物质文化遗产活态传承的村落均列入调查对象;3. 调查对象扩大,由少数历史文化名镇名村延伸至更广范围的传统村落
2012	住房和城乡建设部 文化部 国家文物局 财政部	《住房城乡建设部等部门关于印发〈传统村落评价认定指标体系(试行)〉的通知》(建村〔2012〕125 号)	多学科专家委员会评审《中国传统村落名录》
2013	中共中央 国务院	《中共中央 国务院关于加快发展现代农业进一步增强农村发展活力的若干意见》中发〔2013〕1 号	提出制定专门规划,启动专项工程,加大力度保护有历史文化价值和民族、地域元素的传统村落和民居,党和国家的年度一号文件第一次出现传统村落保护内容

续表

时间	发布机关	相关文件	与传统村落相关的具体内容
2014	住房和城乡建设部 文化部 国家文物局 财政部	《住房城乡建设部 文化部 国家文物局 财政部关于切实加强中国传统村落保护的指导意见》（建村〔2014〕61号）	将传统村落保护政策具体化，一些传统村落大省大市也编制了相应的保护办法
2015	住房和城乡建设部 文化部 国家文物局 财政部 国土资源部 农业部 国家旅游局	《住房城乡建设部等部门关于做好2015年中国传统村落保护工作的通知》（建村〔2015〕91号）	1.要求做好中国传统村落纳入中央财政支持范围相关工作;2.开始年度专项督查;3.实施挂牌保护制度，严格乡村规划建设许可;4.完善多部门、多角度协同保护机制;5.保护范围扩大、类型多样、内涵深化、系统完善
2016	中共中央 国务院	《中共中央 国务院关于深入推进农业供给侧结构性改革加快培育农业农村发展新动能的若干意见》	年度一号文件再次强调支持传统村落保护，提出维护少数民族特色村寨整体风貌，有条件的地区实行连片保护和适度开发
2017	全国人大常委会	《中华人民共和国文物保护法》	对原有文物保护法进行修订，原址保护要求增加，提出保护措施未经申请批准的一律不得开工
2018	中共中央 国务院	《中共中央 国务院关于实施乡村振兴战略的意见》	1.指出在保护传承基础上推动优秀农耕文化遗产合理适度应用;2.划定乡村建设的历史文化保护线;3.完善物质文化与非物质文化保护对象

（资料来源:作者结合政策文件汇总。）

2012年，经传统村落保护和发展专家委员会第一次会议决定，将习惯称谓"古村落"改为"传统村落"，以突出其文明价值及传承的意义。同年住房和城乡建设部等四部联合公布中国第一批传统村落名录，计 646 个，陕西 5 个，占比 0.77%；2013 年，公布中国第二批传统村落名录，计 915 个，陕西 8 个，占比 0.87%；2014 年，公布中国第三批传统村落名录，计 994 个，陕西 17 个，占比 1.71%；2016 年，公布中国第四批传统村落名录，计 1598 个，陕西 41 个，占比 2.57%；2019 年，公布中国第五批传统村落名录，计 2646 个，陕西 42 个，占比 1.59%。截至 2019 年 6 月，陕西仅有 113 个村落入选，占比仍不到全国总量的 2%（见图 1.1），其中关中地区 45 个，占陕西入选村落总量的 40%，但陕西村落入选中国传统村落的数量呈现逐年递增的态势。

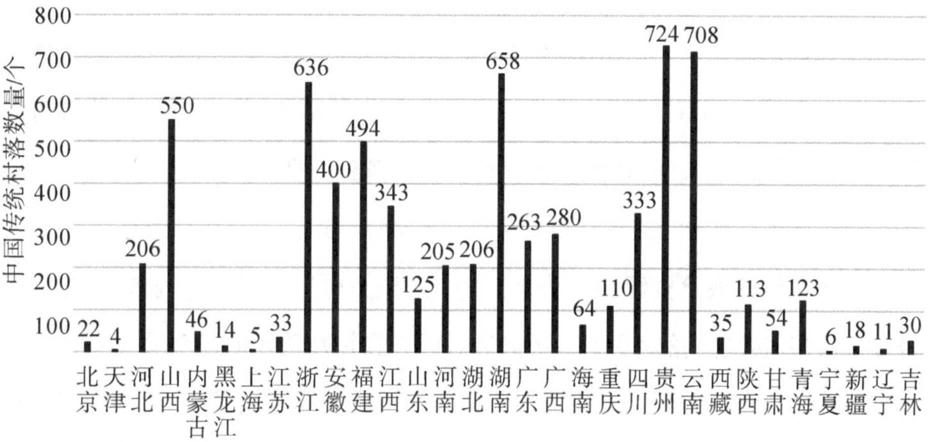

图 1.1　前五批各省区入选中国传统村落数量对比图

2014 年，陕西省住房和城乡建设厅、省文化厅、省文物局、省财政厅联合出台《陕西省传统村落评价认定指标体系（试行）》，组织评选并公布了陕西省级第一批传统村落名录（171 个），关中地区 54 个（其中西安市 1 个、宝鸡市 9 个、咸阳市 11 个、渭南市 28 个、铜川市 2 个、杨陵区 2 个、西咸新区 1 个），陕北地区 56 个，陕南地区 61 个。2017 年公布陕西省级第二批传统村落名录（152 个），关中地区 49 个（西安市 1 个，宝鸡市 1 个，咸阳市 11 个，渭南市 36 个），陕北地区 54 个，陕南地区 49 个。

1.2.2 政策导向下的研究历程和研究路径

本书将突现词知识图谱分析结果和政府相关政策法规进行耦合分析(见图1.2),最后将传统村落的研究历程划分为三个阶段,并深入分析每个阶段的研究热点和研究发展动态。

1. **研究历程**

(1)起步阶段

2005年之前为起步阶段,该时期经济快速发展成为时代主题,传统村落尚未得到社会的普遍关注,在城市化背景下面临诸多困难。

新中国成立初期,国家优先发展重工业,城市通过工农业"剪刀差"[8],获得乡村地区提供的廉价资源和劳动力。这一时期乡村地区延续传统农耕方式,经济发展缓慢,传统村落除受到自然灾害的影响和特殊历史时期部分建筑遭到一定损坏外,村落整体格局、空间形态和民居建筑的受损情况较轻,大多数传统村落得到被动式保留。

1978年改革开放以后,我国城市化速度加快,城市规模扩大,经济总量提升,城市需要大量建设用地来拓展空间和开发资源。近郊农村集体土地大多被开发利用,导致近郊的传统村落被动消失。同时在居民生活水平提升、老宅难以适应现代生活方式、近郊出租市场的需求量日益增加等诸多因素的共同影响下,村民对传统民居进行改扩建,意在将单纯的居住功能转变为居住、出租、商铺等复合功能以增加经济收入,导致传统村落格局主动变异甚至消失。这一时期除少数获得政府、企业开发而以主动的方式保留的传统村落外,区位条件较差、旅游经济价值实现困难、居民相对贫困且建设量较小的传统村落以被动遗漏的方式存留。

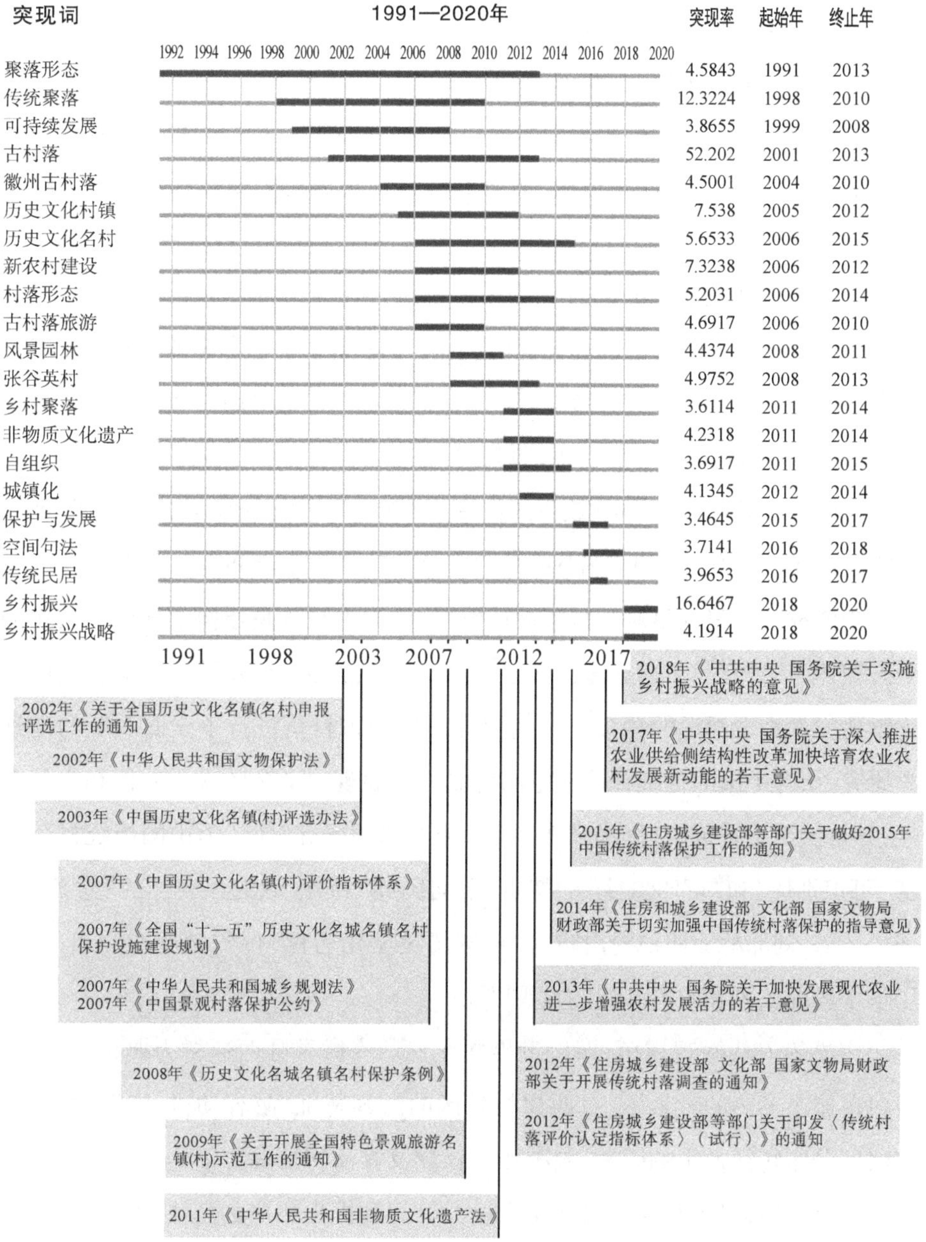

图 1.2　1991—2020 年中国传统村落突现词和部分相关政策法规的耦合分析图

1998 年修订的《中华人民共和国土地管理法》确立了土地用途管制和建设用地总量控制制度；2000 年 11 月国土资源部发布的《关于加强土地管理促进小

城镇健康发展的通知》第一次明确提出建设用地周转指标,“主要通过农村居民点向中心村和集镇集中、乡镇企业向工业小区集中和村庄整理等途径解决”;2004 年发布的《国务院关于深化改革严格土地管理的决定》,第一次提出建设用地增减挂钩政策。“增减挂钩”政策的推行与偏远地区传统村落消失速度加快有一定的联系[8]。

结合该时期政府颁布的各项法规和条例、传统村落面对的现实问题,以及可视化分析结果中的关键词和突现词,笔者发现学者们对传统村落的研究主要集中在两个方向,一个是以传统村落“民居形式”“文化内涵”“空间格局”为焦点的专业性研究,另一个是以传统村落“可持续发展”和“旅游开发”为焦点的实用性研究。通过 CiteSpace 软件的作者共现知识图谱分析结果,本书选取 2005 年之前对传统村落研究得较为深入、发文量较多的两位作者的学术观点为例。

刘沛林从宏观视角对古村落进行研究,认为古村落是建构中国乡土文化的活态载体,其研究意义远远超出乡土文化自身的范围,对人居环境学和人居文化学研究都有着深远的意义[9]。刘沛林对中国古村落进行了全面系统的地理学研究,认为中国的传统村落在空间构成方面表现出众多的文化共性和文化个性,并首次提出将传统村落的“意象”作为专题性研究,他认为中国传统村落极富“可识别性”和“可印象性”的特点,不同民族不同区域的代表性的“意象”不同[10-12]。刘沛林大胆地提出建立“中国历史文化名村”保护制度的构想,得到了学术界的认可和政府部门的重视[13]。

卢松等人从微观视角,即以世界文化遗产安徽黟县西递村为典型代表,在古村落旅游渐热的背景下,对西递村景区的游客特征、游客动机、旅游效果、客流时间分布特征及影响因素、旅游环境容量及客流特征等方面进行了全面的研究,针对旅游容量不足导致景区压力过大等问题提出相应的解决对策[14-17],同时分析了不同专业背景的学者从不同视角对传统村镇旅游的研究成果,并总结出我国传统村镇旅游存在的问题[18]。

(2)发展阶段

2006 年至 2011 年为传统村落研究的重要发展阶段,在这一时期,传统村落逐渐受到建筑学、规划学、地理学、旅游学、生态学和经济学等学科的重视，是传统村落研究方法创新、研究视角突破的关键时期。结合 CiteSpace 软件可视化分析结果可知“新农村建设”“文化遗产”“风景园林”“历史文化名村”“古村落旅游”“空间形态”等成为该时期传统村落研究的热点。

《中共中央关于制定国民经济和社会发展第十一个五年规划的建议》中提出建设社会主义新农村是我国现代化进程中的重大历史任务，在社会主义新农村建设中，传统村落遭受了不同程度的破坏，其生存现状也受到前所未有的挑战。祁嘉华指出传统村落在新农村建设过程中面临诸多问题，他提出传统村落在新农村建设过程中应秉持“修旧如旧”和“有机更新”两个保护和发展原则才能走出与众不同的发展路径，同时古村落成为新农村需要做到内外兼修、立足长远[19-20]。各个学科的学者们结合学科自身特点，纷纷对如何有效地把传统村落保护工作融入新农村建设提出了自己的见解。

2007 年《中华人民共和国城乡规划法》对历史文化遗产的保护规划进行了原则规定，2008 年《历史文化名城名镇名村保护条例》使历史文化名城名镇名村保护体系化、法治化，代表着国家层面首次正式认可中国历史文化名城名镇名村。在少数精品历史文化名村保护工作的带动下，各地区传统村落的价值逐渐得到了社会的认可。赵勇、张捷等人回顾了 1980 年以来我国历史文化村镇的研究进展，他们认为在历史文化村镇的资源普查鉴定、定量数理评价、非物质文化遗产及学科间交叉融合等方面还有待进一步深入，并结合《中国历史文化名镇(村)评价指标体系》从价值特色和保护措施两方面进一步提出了历史文化村镇评价指标体系的完善建议，在文化遗产定量评价方面进行了有益探索[21-22]。

2011 年通过的《中华人民共和国非物质文化遗产法》对非物质文化遗产的保护由注重实体保护转向注重实体兼文化遗产的全面保护。2007 年 12 月《中国景观村落保护公约》明确了景观村落的定义、特征和划定标准，同时景观生态学领域注意到传统村落存在的生态环境问题，并将其纳入传统村落的研究中，使其成为一个新的突破口，并衍生出村落生态环境评价、人居环境可持续发展、村落景观意象等多个研究方向。人文地理学领域创造性地提出“文化景观”概念，其中以刘沛林为核心的研究团队引入类型学和基因等概念，通过识别和挖掘不同区域的传统聚落景观基因及其图谱，进而开展传统聚落文化景观区系的划分[23-24]。申秀英[25]、翟文燕[26]、胡最[27]等人在刘沛林的基础上深入研究“景观基因”理论并加以应用，这不仅为文化景观研究、文化区划研究、聚落地理学研究及聚落景观规划设计提供了新的思路和方法，而且是传统村落研究领域的重大创新。

在我国城乡居民可支配收入大幅上升的背景下，乡村旅游以其区别于城市的田园风光、独特的人文景观、较低的消费成本、明显的区位优势，以及能够满足家庭集体出游形式和散客独自出游形式等因素，迎来了它的黄金时代。2009年住房和城乡建设部、国家旅游局共同发布《关于开展全国特色景观旅游名镇（村）示范工作的通知》，体现出国家政策层面支持传统村落发展旅游的导向。经济地理学、旅游经济学等学科的学者们综合分析了乡村旅游对传统村落文化保护、增加财政收入和创造就业机会等方面的贡献，为下一步更好地开发传统村落提供了学术借鉴。

这一阶段，建筑、规划学科的研究焦点主要为传统村落的空间格局[28-30]、防御布局[31]、形态演变[32-33]等。此外，遥感、地理信息系统等新技术在传统村落资源普查、用地变化、保护和规划等方面的应用进行了初步的探索[34-36]。

（3）深化阶段

2012年以后，中国传统村落研究进入了高速发展阶段。2012年4月，《住房建设部 文化部 国家文物局 财政部关于开展传统村落调查的通知》明确统一了传统村落的学术称谓。2012年12月19日，住建部等部门联合公示第一批中国传统村落名录，传统村落保护问题正式纳入国家行政部门的管理范畴。2013年《中共中央 国务院关于加快发展现代农业进一步增强农村发展活力的若干意见》强调了“制定专门规划，启动专项工程，加大力度保护有历史文化价值和民族、地域元素的传统村落和民居”。2013年9月《住房城乡建设部关于印发传统村落保护发展规划编制基本要求（试行）的通知》对传统村落保护与发展作了详细的规划示范。2014 年中共中央、国务院印发的《国家新型城镇化规划（2014—2020 年）》，推动了传统村落保护的再讨论，使之陆续成为各学科关注的焦点。2015 年住建部、文化部、国家文物局、财政部、国土资源部、农业部、国家旅游局共同印发《住房城乡建设部等部门关于做好 2015 年中国传统村落保护工作的通知》，多部门联合发声体现出传统村落已经成为涉及多学科的热点问题。2017 年中共中央办公厅、国务院办公厅印发《关于实施中华优秀传统文化传承发展工程的意见》，提出加强历史文化名城名镇名村管理，实施中国传统村落保护工程。到 2025 年，中华优秀传统文化传承发展体系基本形成。2018 年中共中央、国务院印发《乡村振兴战略规划（2018—2022 年）》，针对历史文化名村、传统村落、少数民族特色村寨等自然历史文化特色资源丰富的村庄，从村庄的整体空间形态与环境、传统建筑、居民生活方式、基础设施和公共环境等方面提出保护和发展原则。

这一阶段传统村落成为学术研究的热点问题之一，规划学科论文发表数量从 2012 年的 127 篇增加到 2019 年的 842 篇，数量增加了约 5.6 倍（见图 1.3）。传统村落的研究趋势由地域范围、学科覆盖等方面的广度研究转向传统村落全要素的深度研究。

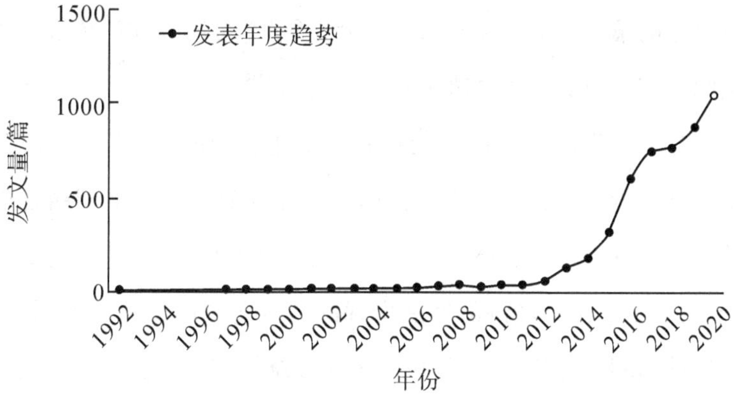

图 1.3　1991—2020 年规划学科“传统村落”研究总体趋势图

2. 研究路径

对关键词共现知识图谱进行解读，发现传统村落形成了三大研究路径。

传统村落的第一条研究路径，以“文化、景观”为核心，以“传统聚落—景观基因—文化景观—文化传承—美丽乡村”为路径。

传统村落独特的文化景观是实现乡村振兴的重要元素，其中“地域文化”是区分传统村落文化景观的基础要素。翟洲燕等从“文化景观”视角建立了陕西省传统村落文化遗产景观基因识别指标体系，按照地域文化相对一致原则划分村落群系[37-38]；李军环等从“文化整体论”视角剖析了青海省合然村背后的文化现象的构成要素[39]；林祖锐等从“文化线路”视角下的军防、商贸、移民三种文化属性对山西省阳泉市岩崖古道上六个传统村落的社会文化、产业经济、空间形态等进行系统挖掘梳理[40]；李慧敏等对国家历史文化名村的历史空间形态进行分析，探索了古村落人居环境构建原型及文化景观营造[41]；李晓峰等以鄂东南地区为例，从维系传统文化内涵生长与发展的角度，为礼仪空间这一核心空间的保护策略提供依据[42]；崔曙平等基于对古代文献、历史地图和古代诗词绘画作品的综合分析，探讨当前江南乡村空间文化特色留存与面临的挑战，提出苏南乡村空间文化特色保护与传承的策略与建议[43]。

传统村落的第二条研究路径，以“发展、振兴”为核心，以“传统聚落—乡村旅游—空间分布—历史文化村镇—乡村振兴”为路径。

传统村落的文化价值不仅受到学者们的重视，还受到广大人民群众的青睐。当下，文旅产业欣欣向荣，将文化创意产业与旅游业发展相结合成为当下传统村落保护与发展的新趋势。肖明艳提出以社区居民为主导，将文化与经济有机结合，解决由于旅游经济的发展出现的传统村落的文化价值弱化、众多文化遗产资源被功利化等现实问题，从而实现传统村落这类文化遗产的可持续发展[44]。何烈孝运用旅游生命周期理论和文化生态理论对传统村落旅游中出现的问题进行分析，提出了旅游衰落后的提升和复兴机制，为传统村落旅游的发展提供了一定的探索路径[45]。乡村振兴战略的提出引导不同学科背景下的传统村落研究热点与相关政策积极靠拢,杨秀等学者构建了“目标—分类—要素—指标”构成的多层次乡村发展潜力评估指标体系,划分乡村振兴发展的类型,提出不同类型的规划引导建议[46];罗震东等提出互联网时代城乡数字鸿沟缩小、城乡互动方式革新及城乡社会参与度增强等新发展趋势下乡村发展的新现象和新问题[47];朱媛媛等从文化地理学视角,探讨了基于乡村振兴战略的长江中游城市群人居文化环境质量演变驱动机制,并构建评价指标体系[48];赵凯茜等从空间维度进行阐述,勾勒出乡村绿色发展的新模式,提出风景园林学助推乡村振兴的有效途径[49]。

传统村落的第三条研究路径,以“空间、建筑”为核心,以“传统村落—空间格局—公共空间—传统民居—历史建筑”为路径。

传统村落的空间要素一直是学者们研究的热点,研究范围广泛,从全国到各个省再到村落个体,研究内容涉及不同地域背景下的选址规律、不同地形地貌限制下的空间格局和不同文化背景下的空间形态特征。曾艳等人从文化地理学和规划学交叉学科视角,对广东[50][51]、广西[52]、江西[53]等地的传统村落分布规律、空间形态特征与民居文化地理等进行了系统分析,挖掘区域尺度内传统村落的共性和个性特征;刘大均等人运用空间分析法,对全国传统村落的空间分布特征、空间自相关性进行分析,发现全国传统村落的空间分布在多方面都具有明显差异[54]。近年来,乡村空间重构、公共空间改造、乡村景观意象等方面的研究趋热,研究方法随着研究深度的增加而逐渐多样化,由传统的定性分析转变为运用遥感、地理信息系统、数字模型等工具的定量分析。陈晓华等基于城乡规划学科视角梳理了近年来我国乡村聚落空间形态重构的相关研究成果,从乡村聚落空间重构背景、乡村聚落空间分布、形态演变特征、影响因素、重构模式与体系等方面,归纳总结乡村聚落空间重构[55];王景新等介绍了特色小镇与美丽乡村同建振兴乡村的案例、经验及未来,并提出应制定更加具体可行的振兴计划与推进政策[56]。

在传统村落的个案研究方面，通过 CiteSpace 软件的关键词共现知识图谱，解读出“张谷英村”出现频率较高，以李伯华为代表的学者们从空间布局、聚落景观、公共空间类型、人居环境演化、游憩价值评估、空间形态特征及优化、功能转型与空间重构[57-62]等方面进行了深入剖析，“张谷英村”是传统村落个体解读案例的典型代表。

1.2.3 传统村落研究不足及相关启示

综上所述，传统村落研究的理论研究成果、实践经验丰富。研究者对生态环境和传统村落文化景观遗产保护的重要性已达成普遍共识，并已经建立起外部空间形式和内在组织秩序成熟的分析模式，由地域范围广度和学科覆盖宽度进入全要素、专项化的深度研究阶段，同时已经具备定性与定量相结合的空间分析方法。针对中国传统村落的研究，已经构建了以问题为导向、以省域为单元、以保护为原则的“复杂问题有限求解”的研究思路和研究方法，形成了“历史脉络梳理—传统经验挖掘—空间形态解析—当代价值揭示—保护传承策略”完整的研究路径。此外，已有的关中地区传统村落的个案研究、基础研究，为本书积累了丰富的基础素材和数据信息。聚焦于本书的研究方向，从已有的相关研究进展来看，我国目前传统村落的相关研究存在以下不足。

①传统村落保护与发展内生动力不足。目前多数研究仅将传统村落的保护与传承视作文化遗产保护的任务之一，在传统村落加速衰败问题导向下寻找传统村落的保护与发展的有效路径。这些研究未能深入挖掘传统村落作为中国特色生态文明理论活的载体的文化价值、生态价值、政治价值和哲学价值。与此同时，传统村落的研究缺少统一的理论基础，现有的传统村落研究涉及规划学、地理学、经济学等学科，各学科对传统村落的研究常以问题为导向，从研究方法及保护传承的策略着手，研究路径、研究方法很多，但是各学科之间缺少统一的理论基础是阻碍其有效实践的重要原因。

②将传统村落看作区别于普通村落的特殊遗产，没能正确把握区域关系是传统村落失活的重要原因之一。在统一的地缘背景下，传统村落虽然是具有文化价值的特殊村落，但它们与普通村落一样需要依托于乡镇、城市进行发展。传统村落的发展不仅源于内部力量的推动，还源于外部城镇的区域拉动力，因此传统村落的活态发展不是仅靠简单地发展旅游业或单纯地发展文化产业就可以实现。传统村落的保护和发展应该着眼于地域特色、文化认同，整合社会经济资源，实现传统村落全要素协同可持续发展。农业仍是传统村落的核心产业，随着农业现代化水平的提高，在粮食作物满足日常生活所需的基础上，发展特色农业、现代化有机农业，是传统村落绿色发展的有效路径之一。

"失活"是传统村落面临的主要问题，传统村落活态化保护与发展首要解决的问题就是人口的空间重组和产业的整合升级。随着城镇化进程的推进，中心城镇对周边村落的人口吸引力日益增加，偏远地区和宜居性较差地区的传统村落人口流失问题严重。在探讨传统村落活态化保护与发展策略的过程中，应该做到因地制宜，提升文化认同，培养内生动力，推进土地流转，对村落宅基地进行整理，对村落公共空间、公共建筑、民居等进行修缮，实现传统民居空间和现代功能的有效结合。实现传统村落活化目标，需要我们在未来的工作中改善传统村落的生态环境宜居性、提高社会经济水平、完善基础配套设施等，将传统村落如何吸引人和留住人作为未来工作的重点。

平原地区传统村落风貌遗存完整度较差的原因之一是其优越的生活生产空间使村落发展具有空间弹性，在村落发展过程中建设性行为易对村落风貌造成不可逆的破坏。因此，传统村落的保护规划，首先要与村落格局、文化景观分布、土地利用现状等保持一致，与土地权属、遗产保护等科学协调。其次，传统村落的文化资源、景观资源的保护与发展应立足于功能多样性，整合自然资源、文化资源、社会资源、经济资源等，在保持传统风貌和元素不变的前提下，促进传统村落的有效保护和多元化发展。

1.3 研究范围、内容与思路

1.3.1 研究范围

本书的研究范围是陕西省关中地区，包括西安市、咸阳市、宝鸡市、铜川市、渭南市等。关中地区既是一个相对独立的自然区域，又是一个相对完整的经济地理单元。关中地区在历史发展过程中形成了共同的文化基础、稳定的地缘关系、紧密的社会经济内在联系。本书在研究传统村落的过程中应将关中地区作为一个完整的地理单元进行宏观分析。本书选取的传统村落为关中地区国家级传统村落与省级传统村落，排除已经毁坏或无法在地图中落实其坐标的村落，共选取了 129 个传统村落作为案例（见图 1.4，因村落面积较小，在图上有重叠，未全部显示，但并不影响最终的分析研究）。

图 1.4 本书所涉传统村落分布图

本图为作者自绘，审图号：陕 S(2024)015 号

1.3.2 研究内容

本书在城乡规划学的基础上借鉴了文化生态学、文化地理学等学科的理论和研究方法，广泛搜集关中地区传统村落的相关资料，并将这些传统村落作为研究对象，深入调研并分析村落选址、形态、结构和民居特征。本书借鉴地理学的宏观分析技术，结合人类学、社会学视角，利用县志、口述史等研究成果，挖掘传统村落生态环境、社会文化与空间形态的互动演进过程，解释外在的形态背后蕴含的形成因素和营建智慧。

①构建关中地区传统村落综合属性的信息数据库。本书通过对关中地区传统村落的全面调查，结合现场勘测、实地测绘、走访座谈、问卷调查等方式，收集传统村落已有的规划文本、村史、族谱，并对所有已评级的传统村落进行精确定位，借助ArcGIS平台，与关中地区数字高程模型相叠加，获取每个村落的基本属性数据、地理环境及生态属性数据，构建关中地区传统村落的信息数据库。

②以科学的土地适宜性评价方法对农耕文明时期选址定居的人居智慧进行检验。本书借鉴中国科学院地理科学与资源研究所创建的中国科学院资源环境科学与数据中心网站提供的社会、经济、人口、地理、气象、水文等多源开放数据，借助ArcGIS平台，采取综合的定量分析法，构建关中地区人居生活、生产、生态宜居区，并结合已评级的传统村落的精确定位，判断其所在地区是否宜居，进而检验人居智慧的科学性。

③生态和文化交互作用下的传统村落形态特征的影响机制和空间智慧研究。本书通过梳理关中地区的社会制度演进、政治地位演变、人口规模变化、农耕技术改良、宗族文化传承，在分析生态环境要素与传统村落分布相关性的基础上，总结生态和文化互动下传统村落空间分布特征的影响因素，并挖掘出这些特征背后的文化内涵与绿色发展机制。

④构建传统村落敏感度评价模型，为传统村落的保护与传承划定底线。本

书运用文化生态学整合分析的研究方法对关中地区的生态环境和社会经济进行综合分析，构建传统村落敏感度评价模型，以反映传统村落在自然生态环境变异和人类社会经济活动影响下的反应速度、抗干扰能力及自我恢复速度，为传统村落的保护与传承工作划定底线。

⑤构建传统村落活跃度评价体系，判断传统村落活态化水平并寻找失活原因，提出传统村落的活化策略。本书在构建传统村落信息数据库的基础上，补充典型村落的物质文化遗产属性数据、非物质文化遗产属性数据、物质和非物质文化遗产的现状及保存情况数据等，构建传统村落活跃度评价模型，判断各个传统村落活态化水平，并根据各个因子的失活贡献率来寻找导致传统村落丧失活性的核心因子，进而提出促进传统村落活化的策略。

1.3.3 研究思路

1. 以文化生态学作为研究的理论基础

近年来，传统村落文化景观遗产的生态学、文化学转向逐渐引起社会关注。美国人类学家 J. H. 斯图尔德（J. H. Steward）首次提出“文化生态学”的概念。文化生态学主要研究人类如何以文化的行为方式适应生态环境的过程，同时考量这种适应行为是否会导致自然环境和社会结构发生变化。文化生态学最初以小尺度聚落为样本进行分析，以避免受到大型聚落复杂网络交互作用的影响，便于梳理人地互动下的适应过程。传统村落文化景观遗产作为小尺度人居聚落和传统营建智慧的结晶，是存在于日常生活中的、活态的文化遗产。由于其农耕文化背景和依附自然的特性，它既属于文化遗产，又具有自然景观遗产属性，既包含物质形态遗产，又包含非物质形态遗产，属于文化生态学研究的分支内容。

自然科学中经常使用“生态平衡”概念。这里的“平衡”表达的是一种平等的互动关系,“生态”不仅是指生命的存在状态,更是指复杂的系统内部生物之间、生物与非生物之间的互动和并存的复合关系。生态系统是指以生命体为中心,以自然为环境,各个生命体与其所在的环境不断寻求平衡和共存关系的复杂网络系统。对于传统村落文化景观遗产来说,自然和文化共同作用下的乡村生活场所和民俗活动内容本身就是遗产,其产生、演变、现状和未来的发展或消亡的过程均是遗产的组成部分。在这个过程中,居民活动与自然环境、社会环境的互动关系构成的错综复杂的系统,就是传统村落的文化生态系统。本书对文化生态理论的借鉴代表着以新的文化生态多元理论来综合思考传统经典人居环境的保护与传承,将理论置于一个有机联系的、共生共存的、跨越时间和空间维度的复杂人居系统中进行研究,既有价值观的意义,又有方法论的意义。

2. 以文化生态适应过程作为研究视角

中国传统村落是在自然生态和地域文化双重影响下的营建智慧的集中体现,同时生态和文化也是传统村落数百年来传承和发展过程中的恒定影响因素,因此,传统村落研究需要以生态与文化的互动适应过程作为研究视角来探索传统村落的形成机理、发展影响要素和空间表现形态。

从生态视角来看传统村落,传统村落作为自然生态系统和人居生活系统相融的产物,以自然生态系统的内在逻辑为基础建立起内生秩序,以保障人居生活生产内循环的正常运行,实现健康和可持续发展。自然生态系统为人类社会提供了不可或缺的生活生产要素,如纯净的空气、肥沃的土壤、宜居的气候、充足的水源等。生态心理学认为,人类与自然的分离将有损人类的健康,而人类的健康源于地球的健康,人类身心疾病的疗愈有赖于人与自然关系的修复,以及自然生态系统的修复[63-64]。生态环境作为一种外力,使人们探索未知的天性和适应并改造自然的智慧得以发挥,这正是人类进步的重要动力。

文化作用于传统村落,体现出共识性、约束性、扩散性等属性特征。文化具有共识性。文化是在道德审美的基础上形成的,具有大众普遍认可的特征。它不同于常规意义的审美，因为不同人群对美的定义不同，所以审美没有对错。文化是基于区域空间特色，协调各主体之间利益，且具有共识性的认知体系。文化具有约束性。文化在达成共识的基础上对各利益主体的行为具有一定的管理、引导和约束作用，并有助于平衡各方需求。文化还具有扩散性。文化是具有强大内生力量的“触媒”，能够有效、快速地催化较大范围内具有相同文化共识的主体间的交流与互动。共识性是在传统村落保护工作的最初阶段对地域文化的共同性认知；约束性则是在共识性的基础上形成的保护传统村落自然生态环境、维护传统村落宗族礼法的秩序法则。共识性和约束性是传统村落物质文化遗产和非物质文化遗产得到保护的基础。扩散性是在主观推动和客观影响的双重作用下将主流文化适度地进行推广，赋予周边人和物更深层次的、多元的内涵与生命[65]。

笔者将文化生态适应过程作为研究视角切入，是以厚重而温和的方式来探索传统村落深层智慧的路径，以求科学合理地发现并解决在传统村落保护与发展过程中的诸多问题。

3. 以文化生态互动关系作为研究路径

关中地区传统村落的空间形态、风貌体系、构成要素等具有以下综合特征：“宏观、中观、微观”不同尺度的空间认知；“神权、君权、族权”等不同主体主导下的空间布局；社会阶级、宗族隔离等现实要求下的空间划分。针对我国传统村落文化景观遗产的研究视角，应该重新回归传统思维和本土逻辑，以往常用的“点、线、面、体”的现代主义形式美学的分析方法并不适合在中国传统文化语境下对聚居空间的各尺度特征及要素的研究，也无法解释清楚聚居空间建设、发展、演变的内在规律和复制法则。我国本土的规划理念注重“形以意先”，规格和尺度的具体建构标准受到礼法的约束，空间与文化、功能与内涵在传统村落的建设中难以分割。空间与文化的互动关系是研究传统村落的重要切入点。

从以往对空间与文化的研究来看,空间与文化的互动关系往往呈现出受"环境决定论""文化决定论"等单一理论影响的倾向。文化决定论武断地认为地域文化是空间形成的主要原因。这一理论几乎否定了个性自由,认为空间在形成的过程中是受到文化指引的,并不会轻易出现与主流文化相违背的行为与形态。即使因为基因缘故造成个体差异,在文化的影响下这种个体差异,也不可能获得充分体现。文化决定论忽视了人与自然相互适应和依存的内在关系。环境决定论认为许多人文现象受到自然环境的影响,特别是气候条件的支配,片面地认为地域文化是自然环境的消极反应,而忽视了人对自然环境的巨大能动作用。林奇曾指出社会文化和空间现象相互关联,且具有复杂的内在逻辑,两者之间的相互影响通过"人"这个变因得以产生[66]。传统村落作为兼具文化属性、生态属性和空间属性的特殊文化景观遗产类型,其空间机理与文化的关系体现为,将人类聚居发展的内在需求和人与自然的整体关系外化为景观机理的外显形态[67]。

空间与文化的发展规律存在一定的相似性。首先,文化具有传承性和稳定性,一般不会随着朝代更替、制度变化而在较短的时间内发生改变;其次,传统村落作为自然、社会、文化、历史等综合背景下聚居环境的文化呈现,其空间格局、机理形态、营建范式都在文化驱动力的驱使下呈现出动态演进的轨迹;再次,传统村落地域特色是外在空间机理和内在文化内涵互动下呈现出的二元特征,这种互动过程是时空维度下内生文化演进和地域维度下外来文化影响双重作用的结果。传统村落的风貌特色几乎都是空间和文化密切互动下的产物,不同的风貌表现形式都蕴含着不同"语境"下空间单元组合形成的固定的地域化"语法"逻辑[68]。

1.4 研究方法与技术路线

1.4.1 研究方法

1. 基于文献考证的新史学研究方法

“文献考证”是对文献(族谱、地方志、地名志等)的搜集、梳理和解读,是开展学术研究的基础。研究者通过对文献的梳理和归纳,深入了解研究领域的历史文化脉络和社会经济背景。

新史学研究方法是基于扎实研究,以科学地揭示历史因果规律为主要任务的研究方法。它改变了传统史学宏观、静态地陈述历史和现象的研究方法。本书以文献考证为基础,运用新史学研究方法,开展区域城乡格局生成与演变内在规律的研究,强调文化、制度、经济、自然等要素对历史过程中空间格局动态演变现象及现象背后的特征和规律的影响。新史学强调历史与当代社会现象之间的关系,承认人类在认识历史过程中的主观性和相对性,认为历史的研究价值主要体现在人类对自身和经验的反思上,体现在历史对当今社会的资鉴和引导上,并主张用多学科的研究方法分析历史。

2. 田野调查和质性研究相结合

“田野调查”是分析研究工作的基础,研究者可结合不同的调查范围和研究目的采取典型调查和综合普查等方法。研究者通过摄影、测量、绘图、采访、问卷调查等方式,对研究范围内的传统村落开展田野调查,了解传统村落的遗产构成、选址特征、空间布局、建筑形态、景观构建、营建经验等信息,辅以实地“口述村史”调查,获取村民的生活记忆等信息,统计当下传统村落历史建筑保存状态、村民的文化共识和保护意识等信息,填补相关的古籍文献中具体空间方位等信息的空白。

针对部分传统村落的文化景观和非物质文化遗产保存现状难以使用定量研究的现实情况，本书采用“质性研究”作为补充的研究方法，采取结构式访谈与半结构式访谈相结合、问卷调查、实地踏查等多种形式，对数据资料进行收集与整理，并进行相应的归纳与分析。第一手资料和大量的统计分析样本，为研究的进一步展开奠定了扎实的基础。

3. 定性分析与定量分析相结合

本书依据关中地区传统村落的大量文献史料和生活经验等基础信息，定性分析关中文化特点、文化核心及人居聚落中文化作用于生态环境的空间表达。运用 ArcGIS 平台，借鉴资源环境科学与数据中心公开的地理信息数据和遥感影像数据，构建传统村落信息数据库，为定量分析提供数据基础，定量分析不同尺度下传统村落空间分布及特征，计算不同空间特征下自然生态和社会经济要素的影响力。采取定性与定量相结合的研究方法，全面解读关中传统村落空间形态特点，挖掘其演变规律。

4. 学科交叉与归纳演绎

本书跳出规划学单一视角，结合建筑学、社会学、地理学、生态学、统计学等学科，采用学科交叉的研究方法。首先，从文化地理学、人类社会学等多学科交叉的视角对研究对象的宏观生态格局特征、社会文化演进规律和内在秩序等进行分析；其次，从宏观视角出发，运用地理信息系统的研究方法，借鉴已公开的空间信息数据，进行综合的自然生态和社会经济格局特征分析；再次，从中观视角出发，运用城乡规划学、建筑学、统计学的分析方法，构建关中传统村落形态布局、结构特征的类型化认知体系，统计并归纳其中的共性与个性，挖掘地域化的人居智慧；最后，从微观视角出发，运用建筑学的方法对民居院落的建筑结构和装饰展开进一步探讨。

1.4.2　技术路线

本书技术路线如图 1.5 所示。

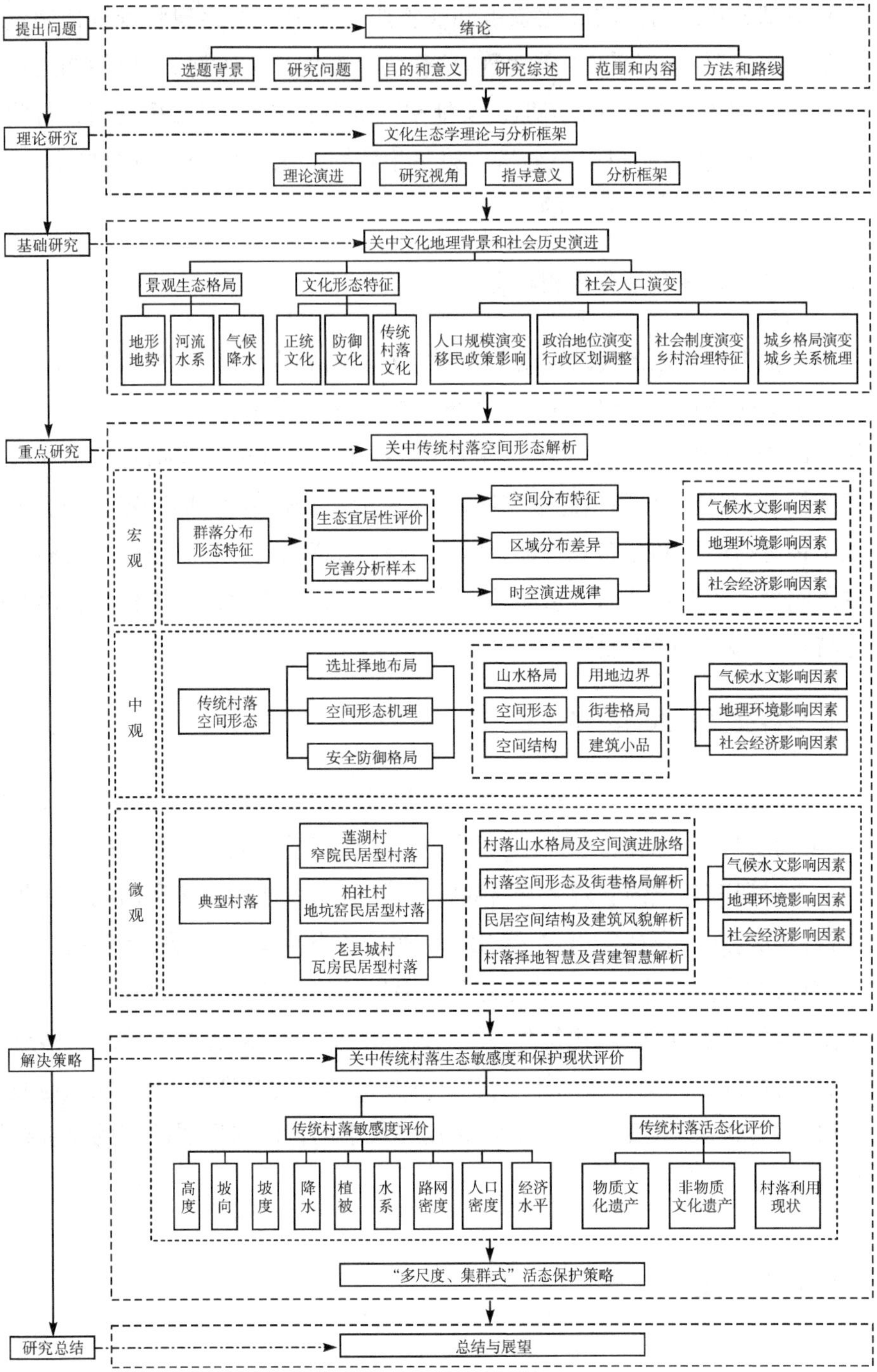
提出问题
绪论
选题背景
研究问题
目的和意义
研究综述
范围和内容
方法和路线
理论研究
文化生态学理论与分析框架
理论演进
研究视角
指导意义
分析框架
基础研究
关中文化地理背景和社会历史演进
景观生态格局
文化形态特征
社会人口演变
地形地势
河流水系
气候降水
正统文化
防御文化
传统村落文化
人口规模演变 移民政策影响
政治地位演变 行政区划调整
社会制度演变 乡村治理特征
城乡格局演变 城乡关系梳理
重点研究
关中传统村落空间形态解析
宏观
群落分布形态特征
生态宜居性评价
完善分析样本
空间分布特征
区域分布差异
时空演进规律
气候水文影响因素
地理环境影响因素
社会经济影响因素
中观
传统村落空间形态
选址择地布局
空间形态机理
安全防御格局
山水格局
用地边界
空间形态
街巷格局
空间结构
建筑小品
气候水文影响因素
地理环境影响因素
社会经济影响因素
微观
典型村落
莲湖村 窄院民居型村落
柏社村 地坑窑民居型村落
老县城村 瓦房民居型村落
村落山水格局及空间演进脉络
村落空间形态及街巷格局解析
民居空间结构及建筑风貌解析
村落择地智慧及营建智慧解析
气候水文影响因素
地理环境影响因素
社会经济影响因素
解决策略
关中传统村落生态敏感度和保护现状评价
传统村落敏感度评价
传统村落活态化评价
高度
坡向
坡度
降水
植被
水系
路网密度
人口密度
经济水平
物质文化遗产
非物质文化遗产
村落利用现状
“多尺度、集群式”活态保护策略
研究总结
总结与展望

图 1.5　本书技术路线图

第二章　文化生态学理论及中国生态文化思想

文化生态学是一门研究人类文化和生态环境的关系的学科，汲取了生态学、人类学、文化地理学、社会经济学、城乡规划学等诸多学科的相关理论。文化生态学研究的对象是文化与环境，具体是指人类为了生存和发展，对环境创造的各种文化要素，以及文化与环境之间的相互关系的生存状态进行适应与改造。文化生态学是一种由特定文化形态、所在区域内的自然环境、社会环境互动生成的系统。传统村落承载了农耕时期人类活动与生态环境相互适应的结果，并以文化的形式反映出经济、政治、风俗等信息，所以在当代追求传统价值"人本回归"观念的影响下，从文化生态学理论视角解读传统村落显得尤为重要。

2.1　文化生态学理论概述

文化生态学将生态学的方法运用于文化研究，借助生态学的概念，将生态学作为研究工具，去发现与探索文化现象。它不是从生态学的遗传现象上去推导文化的特征和模式，而是从整体的角度，将文化放入整个环境之中，观察文化的整个变化过程，包括其产生、发展与变异，即人类文化在环境的变迁中是如何变化的。文化是人类在集聚、群体互动中形成的超有机体，必须要在人类的社会生活实践中继续发展。回顾文化生态的互动发展历史进程，人类文化的进步、人地矛盾的解决，“都必须以维护人同自然所构成的文化系统的整体性为基础”[69]107。

文化生态学研究的核心是一定区域范围内的人类群体通过认知自然地理、适应生态环境、开发利用资源，甚至改造自然以形成该区域特有的文化内涵和空间表征，并以区域文化为中介，进一步促进人类对生态环境的适应。不论在理论上，还是在方法上，文化生态学都始终促进社会科学与自然科学在思想和方法上的有机融合。在理论层面，文化生态学不仅涵盖人地关系论、进化论、文化耦合论等，还涉及生态功能理论、系统结构理论和景观感知理论等。在方法层面，文化生态学是发现与研究文化现象的有效的工具性方法。

1. 文化生态学研究方法是将自然、社会、文化多要素整合的研究方法

文化生态学试图探寻不同文化在发展中的独特模式，通过自然、社会、文化等变量的相互作用，探寻文化产生与发展的规律。因此，该学说十分重视文化发展中的不同变量及其相互间的关系。居住环境、山川海洋、传统社会观念和各民族流行观念等都为文化的产生和发展提供了独特的场景。

斯图尔德认为文化生态学是一种真正完整的研究方法，他认为如果孤立地考虑人口、居住模式、亲属关系结构和技术等因素，就无法掌握各因素之间的关系及其与环境的联系。只有将各种因素相互联系，进行整合研究，我们才能理解环境因素在文化发展中的作用和地位，并解释文化类型和文化模式如何受环境的影响。

2. 文化生态学采用跨学科研究方法和分析工具研究复杂变量

马克思主张的辩证唯物论认为历史演进是由人为经济活动造成的，该理论作为当代文化生态学的根本理论指导，要求文化生态学的研究必须从实际出发，因此，文献研究法、田野调查法、对比分析法、问卷调查法、抽样调查法、系统综合法等成为常用研究方法。近年来，文化生态学研究对科学性的要求逐步提高，个案研究法、统计法、定量分析法亦成为重要的研究方法。随着研究的深入，不同学科视角下的文化生态理论纵向深入，形成了众多分支，研究者根据研究视角、研究路径、研究对象的不同而选择不同的研究方法。跨学科研究方法可以帮助人们更加全面、综合地看待文化生态学，同时辅助 GIS、SPSS、GeoDa、SaTScan 等分析工具来提高研究的科学性、准确性、时效性。

3. 文化生态学梳理了在文化适应环境的过程中自然环境的作用和地位

社会习俗和文化制度对人类生存有着重要影响。由于特定环境中的居民会使用特定的技术开发自然资源，所以他们会形成特定的工作组织模式，从而影响社会联盟的形成方式。例如，灌溉技术和治水技术在早期农业文明中发挥了关键作用。文化特征是人类在对当地环境逐渐适应的过程中形成的，几乎可以说，在任何文化中，环境因素对某些文化特征的影响都是最大的。这种文化中易受环境因素影响的部分，被斯图尔德称为“文化核心”。出于同样的原因，某些环境因素对文化形式的影响比其他因素的影响更大。人类社会结构越简单，越容易受到环境的直接影响。

斯图尔德认为，为了解释人类的文化行为，我们需要从文化适应不同环境的过程中得出结论。斯图尔德的理论认为，生态环境决定生产活动，进而决定生活方式和组织类型。他认为，尽管自然环境和文化相互作用，但自然环境起着主要作用，它对文化发展起到阻碍或推动的作用，还能引起影响深远的社会变化。

4. 文化生态学研究内容和研究尺度的转变

文化生态学相关研究通常都是在小规模区域内进行的，经常集中研究具体环境中具体文化的某一具体方面。在过去的几十年内,文化生态学曾注重研究“自动平衡”的背景。近年来,文化生态学逐渐开始应用于大尺度的文化与环境的互动研究中,同时更多地注意那些环境恶化的群落,尤其是欠发达国家人地关系不和谐的情况。文化生态学不仅要揭示人地关系和谐的智慧经验,更要揭示人地关系不和谐的潜在因素,为政府的文化建设、产业规划、资源利用、旅游开发等决策提供参考,促进区域社会、经济、生态、文化的可持续发展。

2.2 中国生态文化思想的演进

从狭义上讲,生态文化是一种文明现象,是以生态价值观为指导的社会意识形态、人类精神和社会制度的总称;从广义上讲,生态文化是一种文明观念,是生态化的生产方式和生活方式,即人与自然和谐发展的生存方式[70]。文化生态学是人与自然、历史、社会、自我之间的关系构成的关系学;而生态文化是人与人、人与自然、人与自我精神和谐相处的文化形式。文化生态包含生态文化与生态文明。

中国古代就有“居楚而楚,居越而越,居夏而夏”的环境决定性观点,有“仰以观于天文,俯以察于地理”的全面审视自然环境的主张,以及孔子提出的“子钓而不纲,弋不射宿”的生态文化思想。

儒、释、道三家文化几乎涵盖了中华民族数千年的文化精粹和丰富的系统哲学思想,从不同的角度阐述了中国传统文化的生态文化思想[71]。儒家作为世俗文化的代表从现实需要出发,提出了“天人合一”“中庸之道”等主张,这些主张都对后世产生了极大的影响。相较于儒家偏向理论,道家在实践上体现出更多的思考与研究,提出了“自然无为”“道法自然”等观点,其价值取向体现出“顺应自然”的思想。佛家在生态文明方面的思想,主要是在精神层面,提出了

“万物平等”“慈悲为怀”等观点。儒、释、道三家在生态文化思想方面的积极观点与学说，对于解决我国当前的生态问题，都有着巨大贡献。

中国特色社会主义已经进入新时代，对于构建中国特色社会主义生态文明建设理论和推进生态文明建设，需要有新的视角[72]，“绿水青山就是金山银山”，习近平总书记的“两山论”非常精准地表达出了生态环境的当代价值。我国一方面要节能降耗，治理土地、大气、水资源等污染问题；另一方面，要加强顶层设计，制定完善的生态文明建设制度[73]。

1. 从“人与自然和谐相处”追溯到“天人合一”的自然观

党的十八大以来，我国在进行自然改造与发展时，继承和发展了由传统文化延续而来的“天人合一”自然观，始终秉持“人与自然和谐共生”理念[74]，“既要创造更多物质财富和精神财富以满足人民日益增长的美好生活需要，也要提供更多优质生态产品以满足人民日益增长的优美生态环境需要”[75]，贯彻人与自然和谐共生的生态思想。在中国悠久的历史中，“天人合一”自然观促使人们在实践中形成对人与自然关系的主导性认识。

儒家的“天人合一”思想发端于孔孟儒学，大成于宋代理学，主张将人类置于整个生态大环境中加以考虑，强调人与自然协调发展。孟子的“尽其心者，知其性也。知其性，则知天矣”[76]从精神层面解读“天人合一”的思想；庄子的“天地与我并生，而万物与我为一”则强调人与自然的有机整体性。元代，理学家许衡强调“万物皆本于阴阳”[77]；明代，心学大家王阳明主张“天地万物与人原是一体”[78]；清代，理学大家孙奇逢提出“天人一体”。儒家的生态自然观是从整体论的角度出发，将人类社会应该遵循的秩序放置于天地万物的共有秩序中进行分析。儒家强调应建立天、人和谐有序的全局关系，必须考虑自然资源的供给能力和生态环境的承受能力，不能为当前的、局部的利益而损害未来的、全局的利益[79]。儒家的“天人合一”思想不仅把整个世界联系起来进行研究，还发展出与天地属性相对应的空间方位,并在未来的生态文化、营建智慧中均有衍生。

从整体性的角度来看,佛家的生态自然观将个体生命与生态自然联系起来,这种联系是二者的基本关系,其倡导生态平等的理念。“若众生成佛时,一切草木亦得成佛”[80],佛家关注人与自然的依赖和因果关系,秉持“无我论”和“整体论”的生态自然观,其中“整体论”是指天地万物源于一体,相互依存共同构成一个整体宇宙,生态系统的稳定和完整是人类生存和发展的前提,佛家的生态自然观从思想层面为生态危机提供了解决方案。

道家的生态自然观主张“万物一体”“道法自然”,提出应该以尊重和善待的方式实现人与自然的协调发展,不能刻意干扰世界的有序运行。

纵观中华文化的发展历程,“天人合一”成为传统生态文化的核心理念之一。

2. 从“尊重自然、顺应自然、保护自然”追溯到“道法自然”的实践观

只有尊重自然规律,才能有效防止在开发利用自然上走弯路[81]。人们必须树立起生态文明观念,尊重、适应和保护自然。

道家在认识层面提出人与自然“合一”的关系,在此基础上,从方法论的层面,又提出了“道法自然”,其认为人类做事必须要遵循自然规律。元代的吴澄受程朱理学影响,提出“无理外之气,亦无气外之理”[82]的思想主张;管子提出的“不知四时,乃失国之基”[83]体现出尊重自然规律的重要性与必要性;荀子提出了“制天命而用之”[84]的方法论,即人们开发利用自然来服务自身的生产生活,需要建立在尊重自然规律、顺应自然规律的基础之上。

3. 从“绿水青山就是金山银山”追溯到“山林川谷丘陵,民所取财用也”的财富观

中国特色社会主义生态文明建设理论从协调统一的认识出发,兑现了自然

资源绿色经济价值,将其与社会主义生态文明建设中的经济社会可持续发展,提到相同的战略高度。这一新发展观强调了人类社会要以自然界为依托,坚持节约资源和保护环境的基本国策,实现人与自然环境之间的和谐共处。“绿水青山就是金山银山”的生态观,是对自然资源绿色经济价值的新认识。从本质上讲,就是在自然资源丰富、生态环境良好的基础上,统一规划环境保护和经济发展。

古人对于生态资源的价值早有认识,比如,《礼记》中的“问国君之富,数地以对,山泽之所出”[85]49,《国语》中的“及九州名山川泽,所以出财用也”[86],均体现出生态环境提供生产资料的观念。一些古籍中对生态资源所蕴含的经济价值有诸多记载,比如,《管子·轻重甲》中的“山林、菹泽、草莱者,薪蒸之所出”[87],《礼记·祭法》中的“山林川谷丘陵,民所取财用也”[85]42,都体现出古人认识到薪柴等生活必需物品主要来源于山川林泽。此外,道家在此方面也有一些类似的观念。在道家看来,万物平等且相互联系,自然资源与人类的生存发展息息相关,前者在一定程度上直接决定着后者。因此,人类想要生存与发展,必须拥有良好的环境与多样化的选择空间。比如,南宋时期司农卿李镛说“大抵南渡之后,水田之利,富于中原,故水利大兴”[88],指出了生态资源与农业产量之间的关系;康熙年间的大臣慕天颜说“兴水利,而后有农功;有农功,而后裕国”[89]42,指出了水利与富国之间存在着正相关关系。

综上所述,人们对于自然生态资源所蕴含的绿色经济价值已有普遍认知,人们在不同的历史时期和社会发展阶段,提出了相应的保护自然环境的措施,体现出对自然资源经济价值的深刻理解。中国传统生态文化思想为新时代生态文明建设提供了丰富的思想滋养,中国特色社会主义生态文明建设理论不仅是中国传统生态文化思想的发展,也是提高生态环境治理效率的现实要求。传统村落作为一种生机勃勃、保存完整的传统人居环境,对于探索优秀的传统生态文化思想和人居环境科学具有重要意义。

2.3 基于文化生态学理论的分析框架建构

文化生态学理论指导人们发现在特定区域的人居聚落所拥有的文化中，究竟哪些是该聚落适应当地生态环境而产生的核心文化特质，并揭示出这些核心文化特质的工作原理，从而使人们更好地理解在这些核心文化特质指导下的聚落空间形成原理、演变方式和未来发展方向。传统村落作为“自动平衡”的小尺度人居聚落，其社会结构较为简单，文化和生态的互动关系较为清晰和直接，因此文化生态学对于人们理解传统村落空间形态的形成、变迁、传承具有很强的指导意义。文化生态学理论经过了几十年的发展完善，现代定量分析方法将文化生态学系统论推向了定性与定量相结合的理论体系。本书在文化生态学理论的范围内，构建传统村落分析框架，探索传统村落空间形态与影响因素之间的互动关系。

研究围绕关中传统村落空间形态与影响因素之间的关系展开，涉及两个变量的因果关系，关中地区传统村落空间形态是因变量 Y，影响因素是自变量 X。一方面，从不同类型的影响因素出发，结合人居空间宜居性研究评价方法，建立各影响因素与传统村落空间形态的因果联系，并指出其核心影响因素；另一方面，基于不同尺度下的传统村落空间形态，进行影响因素的主导性和匹配性研究，针对传统村落空间形态即因变量的特殊性，再对影响因素即自变量进行补充、研究和验证，并为传统村落整体保护与活态传承提供参考。

第三章　关中文化的地理背景和社会历史演进

关中地区位于陕西省中部。秦岭—淮河一线是中国的南北分界线，阻挡了吹向关中地区的潮湿的东南季风，黄土高原阻挡了吹往关中的凛冽的西北风，使关中地区既没有梅雨的困扰，也不受西北寒风的侵袭，气候宜人、宜居宜耕。关中地区拥有5000多年文明史，是中华文明的发祥地之一，其人居文化精彩纷呈。

本书基于文化生态学的指导对关中地区传统村落进行研究，主张从自然、社会、文化等多种变量相互作用的角度，研究其文化产生和发展的规律，以整合的研究方法对影响传统村落人居环境的复杂因素进行综合分析，探索生态环境对关中独特文化发展模式的影响，进一步探索文化生态适应过程和互动发展对关中地区传统村落营建的影响。

3.1　关中景观生态格局

关中地处陕西省中部，呈盆状地形，是在新生代的造山运动中形成的“地堑式”构造盆地。关中地区南、北、西三面环山，东临黄河，以山河为界形成相对封闭、独立的自然地理单元。关中地区属暖温带半湿润半干旱季风气候，秦岭山脉挡住了东南季风，黄土高原挡住了西北寒风，盆地光照充足、雨量适中，土地肥沃、易于农业耕作，自古便是宜居之地。优越的自然环境为关中地区历史人居空间营建及其稳定可持续发展提供了基础保障，地形地貌、气候降水、河流水系等方面的资源优势和特色成为关中特色传统村落空间形态构建的环境基础。

3.1.1 关中地区地形地势

渭河带来的大量泥沙和黄土高原吹来的沙尘，经过岁岁年年的堆积形成关中地区如今“黄壤千里，沃野弥望”的地貌景观，其整体为三面环山、东部开敞的河谷平原盆地。《陕西省志·地理志》中对关中范围进行界定，其范围介于北纬33°35′～35°51′、东经106°19′～110°36′之间，包括渭河冲积平原及其两侧的黄土台塬和南部的秦岭北坡、北部的北山低山丘陵、西部的陇山山地，是一个南、北、西三面环山，向东敞开的河谷平原盆地[90]757（见图3.1）。关中北部是关中平原向黄土高原的过渡地带，在地壳间歇性变化的内力作用及雨水冲刷的外力作用下，形成黄土丘陵地貌。关中南部和秦岭相连，地势由北向南增高，逐渐过渡到山地地貌。本书将关中地形初步划分为中部平原、两岸台塬、南北山地进行介绍。

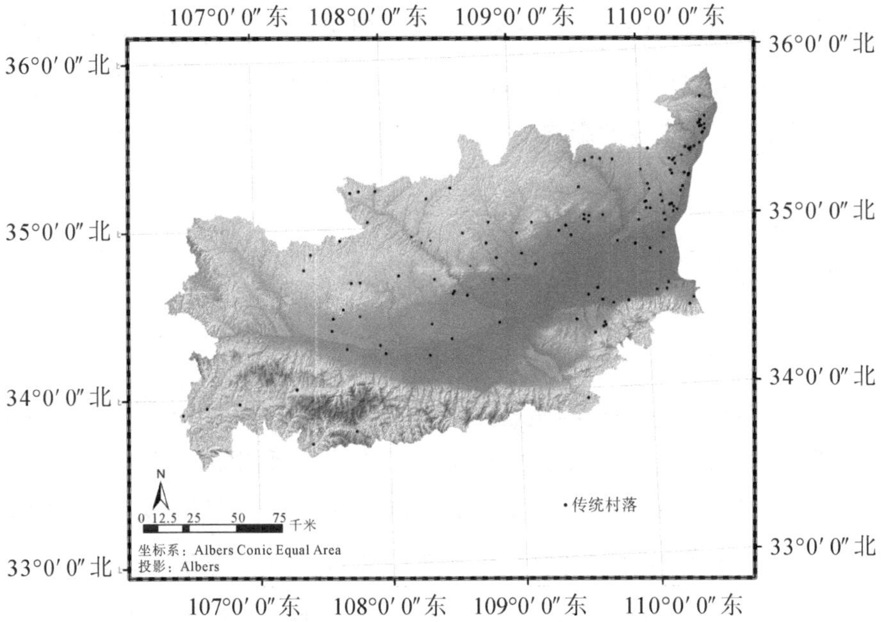

图3.1 关中地势地貌与传统村落空间分布耦合图

本图为作者自绘，审图号：陕S(2024)015号中部平原又名渭河平原,按形态特征可分为河漫滩和河流阶地。其资源丰富、环境优越,是南北两侧山脉上升、盆地下降形成的地堑式构造平原。渭河平原面积约3.4万平方公里,约占关中地区总面积的40%[90]758。渭河平原的地势沿渭河向南、北两侧逐级抬高,北岸阶地相对连续,南岸阶地则相对破碎,由低到高分别为河漫滩、一级阶地、二级阶地,各级阶地呈西高东低的趋势,东部阶地较西部阶地开阔,平均海拔为520米。

两岸台塬指渭河以北的黄土台塬和秦岭北麓的黄土台塬。渭北黄土台塬是指从北岸平原过渡至陕北高原的黄土台塬区,普遍以高差数十米的陡坎与渭河阶地分隔。一级黄土台塬的塬面高为540～880米,分布于西安、渭南等地;二级黄土台塬是在第三纪末准平原或山前洪积扇上形成的,黄土厚度一般小于100米,沟壑发育,地形破碎,主要分布于宝鸡、乾县、蓝田、白水、澄城等地。秦岭北麓的黄土台塬是指从渭河冲积平原南侧过渡至秦岭山地的台塬地区,其塬面相对狭窄,由于地处山地生态系统和平原生态系统交界地带,资源丰富,是人们生活生产活动较活跃的区域,农田和村落多分布在该地区。渭河两岸黄土台塬表面平坦开阔,地势较高、视野辽阔、排水性好,适合建筑布局。关中地区的台塬有50余处,隰作为与塬相间的低湿区域,不适宜作为建设用地,但经排水处理后可用于农耕或作为池苑景观进行开发。

南北山地指秦岭山地、北山山系和陇山山地。秦岭是我国南北气候分水岭,海拔普遍在2000米以上,山脉高大雄伟,地势远高于中部平原和两岸台塬,自古以来便是关中地区军事上的天然屏障。秦岭山地植被覆盖率高,动植物资源丰富,是整个关中地区的后花园和生态屏障。北山山系中的千山山脉由陇县西入千阳县北,向东延伸到麟游、凤翔县,属于沉积岩山地,地势相对平缓,海拔为1000～1800米。北山山系梁大沟深,多次生林分布,植被覆盖率较高。北山山系在平面上分为南北两列,是关中平原和黄土高原的分界岭[90]772。陇山山地位于关中西部,其东南方向与秦岭交会,是广义上的六盘山南段,关山海拔高达2428米,山势陡峭。

3.1.2 关中地区河流水系

关中境内渭河流长约500公里。渭河自西向东贯穿关中全域,以宝鸡峡和咸阳为节点,分为上游、中游、下游。渭河上游河道狭窄、水流湍急,中游河道较宽、水流分散,下游比降较小、水流较缓[91]。渭河南北两岸支流受地质地貌影响呈非对称式分布,如《上林赋》中所描述的“荡荡乎八川分流,相背异态”。渭河北岸支流发源于黄土高原,流域面积大,数量较少,间距宽达百余公里;渭河南岸支流发源于秦岭,流域面积小,数量较多,密集处间距仅十余公里,形似“梳状”。清代乾隆年间毕沅编撰的《关中胜迹图志・渭河图》中对渭河有图式记载。

关中地区水系以渭河为主脉,以渭河支流为次脉,形成覆盖关中全域的叶脉状水网结构,在增益河山险固,保障交通运输、农田灌溉、城市用水等方面长期发挥重大作用[92]。此外,渭河流域的水利已颇具规模。秦国开凿的郑国渠灌溉面积达4万余公顷,《史记・河渠书》记载“关中为沃野,无凶年”,可见郑国渠有效地改善了关中地区土地的肥力;西汉时期修建了白渠、漕渠、成国渠、龙首渠、灵轵渠等;唐代在长安城南开凿漕渠,引潏河入城,关中地区水道及灌溉网密布。由此可见,自然水系与人工水利共同构成关中地区的灌溉网,使关中地区的农耕业走向繁荣。

《陕西省自然灾害史料》等文献中对渭河干流及其支流出现水涝灾害的记载颇多[93],其中隋后期至唐后期和明后期以来[94]78水涝灾害的发生频率虽然有所波动,但整体上还是呈较明显的上升趋势[95]60。渭河历史上的摆动和涨落对其冲积平原地区聚落的迁移有着一定影响,渭河向北摆动使北岸侵蚀严重,地形不稳,易于坍塌,所以城址选择呈现出从渭河北岸迁移到渭河南岸,从靠近渭河到远离渭河的变化过程[95]58-65。

3.1.3　关中地区的气候

关中地区地处亚洲夏季风边缘带，位于陕北干旱气候与陕南湿润气候的过渡地带，东西同纬度地区气温基本持平。关中盆地年平均气温 13～15℃，属暖温带半湿润季风气候，春季容易出现春旱，夏秋季多雨，冬季干旱少雨雪[96]，季节分明，雨量适中，年平均降水量 500～700 毫米，无霜期 200 天[97]。其降雨量由关中西南部向东北部逐渐减少，例如关中西部宝鸡地区附近的降雨量为 680～700 毫米，而关中东部和中部地区附近的降雨量为 480～500 毫米。关中地区降雨量随时间而变化，每年 60% 以上的降雨量发生在 6 月至 9 月之间，7、8 月为汛期，多雷暴天气，这一时期山区地带容易出现泥石流和洪涝灾害，9 月冬季风开始南下，关中进入第三次降水高峰期，阴雨天气较多。总体来讲，关中地区的气候有利于农作物的生长，其是我国农耕文明的发祥地之一。

在不同的历史时期，关中地区的气候曾发生过明显的变化，经历了冷暖交替的变化过程。朱士光等对关中地区的气候变化情况进行统计，统计情况大致如下：先周时期是温暖半湿润气候，西周时期气候冷干，年平均温度较今低1～2℃[98]3，年均降水量也略少于现在，《诗经 · 豳风 · 七月》一诗中“八月剥枣，十月获稻”等诗句，说明豳地（今陕西彬州市、旬邑县西南一带）农作物成熟的时间晚于中原等地，因而印证当时的气候偏寒；东周至西汉前期是一个较为温暖的时期，西汉后期至北朝时期再次转寒，气候凉干；隋朝和唐朝前、中期气候暖润，年平均温度高于现代 1℃ 左右[98]4，年均降水量也略多于现在，据《旧唐书》及《新唐书》中的相关记载，唐太宗至唐僖宗时期，关中地区冬天无雪的年份竟达 16 个，印证该时期气候偏暖，唐后期及五代时期，气候转向凉干；金前期气温升高，是温干型气候，金后期和元代转为温凉型气候，出现“陨霜杀稼”和“井水冰”等事件；明清时期进入更为寒冷干燥的时期，被称为“现代小冰期”，旱灾较为严重[98]5-6。从气候的周期性变化与朝代的更替时间节点可以发现，气候和社会稳定、朝代更替有着一定的内在关联。

关中地区气候的变化与全国的变化是一致的,在关中地区大的时空尺度上,气候变化导致区域资源环境随之改善或恶化,所以气候变化从根本上决定了区域经济社会发展的格局。居民为了居住或者获得更好的生活生产环境,不断优化居住地选择,充分利用资源环境优势选择居住地,避免受到因气候变化而引起的自然灾害的影响,进而形成了不同时期关中聚落营建、迁移的空间地理过程。

3.2 关中文化形态特征

关中地区位于全国的中心位置,是农耕经济区和游牧经济区的过渡地带,两类经济模式的相互交流和补充,加强了多民族之间的文化联系,促进地区文化多样性和地区文化特色性的深度发展。凭借得天独厚的地理位置、优越的自然资源和丰富的多元文化,关中地区在发展中遥遥领先,从而获得了封建政权的青睐,封建政权的核心空间逐渐向关中迁移。在政治、经济和资源等多重优势刺激下,关中对周边民族产生了巨大的吸引力,而多民族的汇聚促进了多元文化的蓬勃发展。

关中地区在历史上不仅以千年古都为人所称道,还以其丰富多彩的文化扬名海内外。关中地区地处黄河中游,是我国早期文明最为发达的地区之一,国家级和省级文物保护单位在此密集分布便是有力的证明。西安作为十三朝古都和国家级文化、政治、经济中心,人文荟萃。秦汉时期以函谷关作为区分关东和关西的界标,由俗语“关西出将,关东出相”可知关西尚武、关东崇文,而西安不仅将关东崇文与关西尚武相结合,还构建了中外文化交流中心,其在中华文化领域的贡献和作用历经千年依旧为人所称道。

3.2.1　关中正统文化特性

关中优越的自然条件和生态资源为先民在此繁衍生息提供了物质基础，奠定了关中地区文化的始源性特征。距今约7000年，随着原始农耕的出现和发展，先民们逐渐形成了定居模式，并在关中地区逐渐开始了营造活动，《易经·系辞》中的“上古穴居而野处”就是对该时期先民居住模式的写照。

从地缘关系分析，关中地处中国古代农耕文明和游牧文明的过渡地带，这奠定了关中地区文化的多元性特征。关中作为中华文明的重要发祥地之一，不仅是蓝田、半坡、姜寨等古老文化的发祥地，也是周、秦、汉、唐等朝代都城文化的代表。从西周开始，先后共有十三个王朝建都于关中的长安(今西安)。在一千多年的建都史中，这里不仅形成了大量的高规格城池、精美的官式建筑，还留下了许多与官式建筑相呼应的民间建筑，体现了以正统文化为核心理念的关中地区乡村人居环境营造传统和营建智慧。

周代的丰京和镐京作为关中地区早期的都城，位于沣水的两岸，规模宏大、布局整齐。《周礼·考工记》是中国第一部工科巨著，提出了我国早期的“城市规划”思想。秦汉统一全国后，均定都于关中地区中部，并先后进行了16次(秦朝2次、西汉14次)大规模的迁徙活动，中央政府将原六国贵族大批迁入统治中心即关中地区，极大地增加了关中的人口数量，扩大了关中的城市规模，同时也将不同地域的文化习俗进行融合。汉代兴农重桑、恢复经济，“文景之治”时期采取了一系列“与民休息”的政策，使汉代成为中华文明迈入帝国时代后的第一个盛世，完成了思想上的大一统。隋唐是经历了五胡乱华和南北朝后出现的又一个全国统一时期，是中华民族大融合的重要时期，文化得到空前发展，其辉煌的经济文化成就具有颇高的国际影响力。盛唐时期长安城常住人口达185万之多，虽然长安后来失去了国都的地位，中国的政治中心开始东移，但各个朝代仍然把长安作为控制西北和西南地区的军事重镇。

辐射性是主流文化和强势文化的特性。处于核心区位和政治中心,且同时具有文化始源性的关中地区文化亦具备辐射性。长安被誉为天然历史博物馆,奠定了关中正统文化的地位,全国甚至邻近国家均深受其文化影响,决定了关中文化向各地区辐射推广的态势。

3.2.2 关中防御文化演进

1.关中传统聚落安全防御的历史渊源

从《说苑·反质》中的“居必长安,然后求乐”,以及古汉语中的“房”通“防”[99],可以看出在家本位思想影响下的聚落和民居营建活动中,房屋的安居功能常置于首要位置,也可以看出在安居思想影响下的房屋基本功能中最显见的便是“居住的安全性”。求安心理是人类的重要心理特征,也是聚落择址定居时考虑的关键要素。刘沛林先生在《古村落:和谐的人聚空间》一书中对中国原始社会人类生活的环境结构进行生态效应分析,指出原始人多生活在地理环境的边缘地带,蓝田猿人遗址分布于关中地区东南部秦岭山地和秦岭北麓黄土台塬过渡区,以及灞河左岸最高的一级阶地公王岭,这种选址于过渡区域所呈现的地理边缘效应有利于获得不同类型生态系统中的丰富资源,同时高于周边的地势使居住地具有“瞭望+庇护”的防御便利性,便于居民及时做出有效的防范和攻击行为。原始人选择的聚居地,常集中在一个尺度适宜的有限范围内,如山间盆地、谷地或大平原之角隅[100]116,蓝田猿人便生活在关中盆地东南角,东南方向背靠秦岭,西南方向毗邻灞河,闭合的空间形态、有限的空间尺度,构建了天然的屏障,有利于阻挡外来侵略[100]117。关中地区作为人类文明的发祥地之一,在长期生活和实践中总结出的选址智慧、营建方式,有着显著的防御效果并被后代沿用,这种警惕性使聚落防御模式的营建逐渐变成人类营建行为中的“潜意识”,影响着中国几千年的聚落形态与空间布局[101]11。

进入新石器时代后，人类的居住模式逐渐由游居转为定居，作为这一转变的时代标志就是防御性聚落的诞生，即“环壕聚落”。关中地区的半坡遗址、姜寨遗址等母系氏族聚落，以向心式为主要的聚落布局形式，在聚落外围挖掘壕沟将聚落与周围环境进行隔离，如临潼区姜寨遗址四周挖有壕沟。这种明确的、具有突出防御功能的营建活动印证了聚落的防御功能由来已久[102]。环壕聚落是人类文化进入农耕时代后较为常见的一种聚落形式，并逐渐发展为“村寨、邑、城”，城墙及其四周的护城壕亦是环壕聚落的延续和发展。著名历史学家钱耀鹏先生认为，从防御功能看，环壕聚落与后来的城具有同样的意义和作用，只不过后者的防御性更趋严密，两者在形态上和功效上的最大区别仅在于防御设施的重心发生了变化[103]。从聚落居民挖掘壕沟这种明确、刻意为之的建设行为具有明确的防御功能中，可以看出人类的求安意识很早就反映在居住形式上了。关中部分地区的村落，在其选址、布局等方面都体现着居民对安全防御的重视。

2. 陕西村落防御工事及地方武装演进

《舆地志上·城池》有言“国之有城有池也，所以捍寇而卫民也”，关中地区凭借其“中原龙首”的战略枢纽地位，自古便是兵家必争之地，安全防御理念深入人心。历代王朝为保障其政权稳定、防范异族入侵而修堡筑城。汉朝时期，《后汉书·董卓传》中记载董卓修建郿坞，郿坞为典型的地方武装割据点；五代十六国时期，政权更迭，战乱不止，各地的民间自卫组织纷纷修建坞、堡、壁、垒，《晋书》卷一一四《苻坚载记》中记载“关中堡壁三千余所”，《资治通鉴》中记载“三辅堡壁及四山氐、羌归坚者四万余人”。唐代及以前，关中地区自卫武力多为民间自行聚集，百姓自觉组成“土团”“山棚”等自卫武力，据坞、堡、壁、垒以保护家族、邻里和乡党。随着唐代政权体制的变革，以坞、堡、壁、垒为依托的地方自卫武力逐渐衰落，但其外围设防的建筑学意义长期影响着关中地区。

宋明时期,政府为了防御势力日盛的北方民族的侵扰,加筑城寨、城堡,起到防守边陲的作用。同时,民间的各地武装力量纷纷凭借山水地势而建山水寨,寨内可屯田,兼具防御和生产生活双重功能[101]37。由于山水寨突出的防御能力,边疆州县免遭战乱,所以山水寨逐渐被政府纳入边防系统。自宋以后,山水寨的营建方式是民间自建和官督民办并举,形成以士绅阶层为领导,以农民阶级为成员,以地缘和血缘关系为纽带的民间自卫武装力量。山水寨的防卫据点凭借优良的山水、田地资源形成了独立经济单元,其可以做到持久抗战,同时因地势险要,所以易守难攻。

明清晚期,社会矛盾日益激化,各地不断发生农民起义,明末李自成起义、清代的白莲教起义、太平天国运动、捻军起义等起义不断发生,关中时常处于战乱之中。政府颁布《筑堡御城疏》等,鼓励民众组建民间自卫组织。这一时期,"乡兵"成为乡村地区主要的武装力量。关中地区掀起了三次民间堡寨的营建高潮,现存堡寨遗迹多为这一时期修建,同时对村落防御格局、宅院建筑特征产生了巨大影响。与此同时,清廷大力兴办"团练","团练"与户籍保甲制度相结合,形成乡村自卫武装格局。

民国时期,陕西土匪数量众多,陕西曾一度被称为"土匪产地"。军阀统治时期,关中更是被各方势力争夺。关中居民为捍卫人身财产安全,将防御理念和措施贯穿于传统村落每一层级的规划、建筑设计和房屋装饰中。

3.2.3 关中地区传统村落文化现状

一度落后的传统村落保护政策、"千村一面"的建设怪象、对村落机理的"割裂式"修复,以及村镇政府拮据的财政状况使关中地区传统村落错过了及时复兴的契机。关中传统村落的保护力度、研究热度和开发程度等方面不但落后于东南沿海地区,甚至在西北地区、西南地区也无明显竞争优势。

截至 2019 年 6 月，陕西仅有 113 个村落入选中国传统村落名录（如图 3.2 所示），不到全国总量的 2%，其中关中地区的传统村落有 45 个，约占陕西入选村落总量的 40%。

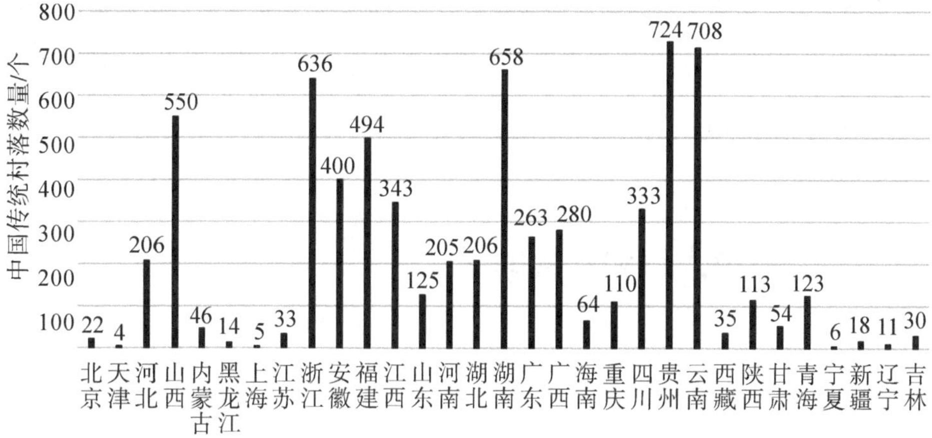

图 3.2　2019 年中国传统村落统计图

横向比较全国范围内的传统村落，从风貌的完整度、遗存的丰富度等多方面进行比较，均以浙、黔、皖的传统村落为佳。相比之下，关中地区传统村落的机理风貌常因不具备代表性强的空间语法和辨识度高的机理表达，而被人认为是贫穷的、无审美的、平庸的功能空间。但是，本书认为文化的价值评判不应该以现存遗迹的数量多少、装饰的华丽与否来判断，应充分考虑其在历史演进过程中的多重因素和自身具有的遗产性质，并充分考虑其作为正统文化和文化始源对其他地域的营建模式和文化范式的影响，从广义的辐射性视角来解读关中文化。一方面，关中地区具有重要的文化地理区位、政治经济地位，人类活动非常丰富，进而诞生的正统营建思想对不同地区的村落构建形态、规格、形制等方面产生影响，才形成了经典的早期规划思想和典型的地域图式符号。另一方面，由于文化的影响程度和辐射距离成反比，因此向周边地域进行文化辐射时，按照距离由近及远依次呈现原生机理、次生机理、衍生机理、再生机理等不同的文化空间表征形式。

关中作为一个显赫历史地位与没落近代境遇、厚重文化底蕴与遗存保护落后现状并存的地区，如果能构建出一套合理的文化解读体系和有效的智慧传承策略，那么受益的绝非关中传统村落本身，亦能带动地区形象提升与竞争力凝聚，甚至使关中传统村落成为西北经济欠发达地区人居生态保护和智慧传承的典型代表。因此，突破传统村落保护瓶颈、还原符合关中语境的人居环境营建逻辑、制定贴近关中村情的传统村落传承策略等任务具有紧迫性。

3.3 关中人口和社会的演变

3.3.1 关中人口规模演变和移民政策的影响

1.关中人口规模的历史演变脉络梳理及原因挖掘

(1)秦汉至南北朝——关中人口先升后降

陕西省是中华民族的先民们最早定居的地区之一，且关中地区的人口数量自古便多于陕北和陕南地区。史前时期，关中的沣河中游、浐河、灞河两岸人口集中，关中以外地区人口稀疏[104]。先秦时期，关中人口密度稍有提高，至秦代实现全国统一后，关中作为都城咸阳所在地区，其灌溉农业的发展带动了粮食产量的提升，《史记·秦始皇本纪》中记载“徙天下豪富于咸阳十二万户”，大量人口迁入促使关中地区人口数量快速增长。

汉代人口增长的原因主要包括两个方面：一是自然增长，休养生息政策促进了人口的自然增长；二是移民，《史记·刘敬叔孙通列传》中记载“乃使刘敬徙所言关中十余万口”[105]，后续汉代帝王一直延续该移民政策，大力向长安及其附近移民。西汉元始二年(公元2年)，京兆尹的人口密度约为97.6人/平方公里，分别约是汉中郡、上郡人口的22.7倍和10.2倍,其中关中平原东部、渭河以南地区人口密度最大。东汉时期,关中地区兵连祸结,关中气候转寒,人口减少情况相当严重,人口最稠密的地区依旧是关中平原东部、渭河以南地区。东汉永和五年(140年),京兆尹的人口密度约为17.6人/平方公里,约是人口最为稀少的陕北地区的51倍。西晋统一后,关中人口仍然很少,西晋太康元年关中地区在籍人口只有西汉末年关中地区在籍人口的三分之一[106]416-424。

(2)隋唐——关中人口先升后降,再升再降

隋唐时期关中人口整体上呈现增长态势,新政权的建立结束了长期混战的局面,政治、军事、户籍制度改革,以及隋代关中地区气候回暖,社会秩序安定、气候宜居宜耕带来了人口自然增长。隋朝国都大兴城(今陕西西安)成为全国的政治、文化中心,而隋文帝开皇年间是我国历史上南北人才流动、文化交流的重要时期,关中成为主要的人口迁入区。隋大业五年(609年)位于关中平原中部的京兆郡人口密度约为61.7人/平方公里,冯翊郡的人口密度仅次于京兆郡,再往后依次是北地郡和扶风郡,关中人口平均密度约为50.5人/平方公里,约是陕北地区的4.8倍,陕南地区的15.9倍[106]426-434。

从唐初至天宝十四年(755年),关中地区在籍人口经历了长达130年左右的快速增长时期,唐天宝元年(742年)京兆府人口密度高达83.9人/平方公里,华阴郡人口密度高达76.7人/平方公里,关中地区的人口总量在天宝十四年安史之乱爆发前达到巅峰。唐代人口分布格局与隋代人口分布格局相比没有太大变化,关中人口平均密度约为55.8人/平方公里,今西安、咸阳(兴平、武功、礼泉、乾县、泾阳、三原)、渭南(蒲城、富平)、铜川(耀州)等[106]430,以及关中平原东部的华县(今渭南市华州区)和大荔等地区是人口最为稠密的地区。该时期陕西省人口分布的不均衡性更加突出,人口密度最高地区约是最低地区的76倍[108]110。

唐代关中地区人口的持续增长主要有以下原因:唐朝前期社会安定、经济快速发展,为人口的增长提供了有利条件;唐朝定都长安,关中地区成为全国政

治、经济、文化中心，对外有强大的吸引力，成为全国重要的人口迁入地；唐朝大力推行鼓励婚育的政策，将户口增减作为地方官员政绩考核的重要指标之一，从而有效促进人口增长；唐朝加强了户籍管理制度，有利于户籍人口统计的完善。在上述因素的共同作用下，唐代关中地区人口规模远超前朝历代，达到了新的高峰。

关中地区在唐前期（618—763 年）共发生风灾 14 次，唐后期（763—907 年）共发生风灾 26 次[107]，唐前期发生水灾 20 次，唐后期发生水灾 39 次[108]101－128，唐后期发生旱灾的次数明显高于唐前期。自然灾害造成重大人员伤亡、财产损失，农业生产遭到破坏，从而引起物价上涨和饥荒，对人口增长的抑制作用显而易见。自安史之乱始，关中地区屡屡遭受战火侵袭，人口大幅下降。安史之乱平息不久，长安于 763 年被吐蕃攻占，长安城及周围村落遭受了严重损坏，《旧唐书》中记载“诸军溃卒及村闾亡命相聚为盗，京城南面子午等五谷群盗颇害居人”[109]，在二十余年里，关中绝大多数地区沦陷。除了战乱和自然灾害导致人口锐减，政府为满足军费和官俸所需而增加赋税，“秋税”“户税”“地税”等税率大幅增加，百姓负担沉重。关中地区百姓在战乱不断、自然灾害频繁、赋税繁重和土地兼并的多重压榨下大量流亡。唐代自开元时期至元和初年人口锐减，京兆府人口下降 33.54%，唐前期人口密度第二高的华州人口下降高达 95.33%[108]101－128。

（3）五代十国至元明清——国家经济政治中心东迁，关中人口格局变化

北宋时期，国家政治经济中心开始向东迁移，陕西省人口分布格局仍是关中地区明显高于陕南、陕北，华州人口密度最高约为 89.6 人/平方公里，包括今潼关、华州区、蒲城等，人口高密集区向关中平原东部偏移。唐僖宗广明元年（880 年）著名的黄巢起义开启了唐末五代的巨变时期，该时期关中失去了全国政治中心的地位，成为兵家必争之地，据《资治通鉴》等记载，自后梁开平三年（909 年）到后汉乾祐二年（949 年）40 多年间，关中地区战乱不断。因为陷入了军事斗争的旋涡之中，所以关中地区人口急速下降，各个阶层的居民均向外迁

出，在战争、经济和政治地位下降等多重作用下，关中地区人口大减，这种情况一直持续到北宋初年。北宋时期，关中虽失去了国家政治中心的地位，但是经济的繁荣发展使关中人口逐步回升，关中平原东部的华州人口密度达到89.6人/平方公里，成为关中人口密度最高的地区[106]440。

清嘉庆二十五年(1820年)，陕西省人口总数突破1000万人，本书据薛平拴对《嘉庆重修一统志》的相关研究，结合今陕西省地理范围进行校正，得出今陕西省在彼时人口达到1020.7万人。陕西省人口密度最高的同州府(今大荔县)，包括韩城、合阳、澄城、白水、朝邑，人口密度高达164.6人/平方公里[106]443。

关中平原人口由东向西呈递减趋势，关中平均人口密度约是陕南的2.28倍，约是陕北的4.85倍，人口分布的不均衡性得到了一定的缓解[106]442-443。明清时期，关中人口在全省所占比重较历史时期已明显下降，陕南、陕北人口在全省所占比重却有所上升。明清时期是古代陕西省人口分布格局的重要变换时期，至此，关中乃至陕西省的人口分布格局已经基本形成了。

(4)1911年以后——关中人口格局趋于稳定

1911—1949年，关中地区自然灾害频发、政治军事情况不稳定，造成了关中人口规模和分布格局的变动。1929年陕西大旱、1931年陕北鼠疫流行、全面抗战爆发等事件导致人口锐减[90]70。新中国成立后，人民生活安定，卫生条件改善，生活水平提高，这一时期关中人口增长可分为1949—1971年人口自由增长阶段，以及1972—1988年人口控制阶段。

2.关中移民活动为多元文化发展奠定了基础

(1)秦汉时期政府主导下的团体移民政策及影响

秦汉时期中央政府为了充实都城地区，先后进行了13次(秦朝2次，汉朝11次)大规模的移民活动(见表3.1)，其中以齐鲁贵族的迁入为最。齐鲁贵族迁入关中后，大多数人选择聚集在一起生活，从而形成了许多以山东移民为主体的自然村落,关中称之为“山东庄”。聚居在关中的山东人保留了其山东老家的风俗习惯、生活生产方式和山东方言,从而形成了“山东方言岛”,这些方言岛主要分布于关中东部渭河北岸,即泾河以东、渭河以北一级台塬和二级台塬,大致分布于咸阳市三原县、泾阳县,西安市高陵区、阎良区,铜川市耀州区,渭南市临渭区、富平县、蒲城县、大荔县,甚至关中西部宝鸡市眉县也有少量分布,张洁等人推测关中地区的“山东方言岛”有 30 多万人[110]。

表 3.1 秦汉时期关中移民活动一览表

朝代	移民次数	年代	事件	奖励手段	目的地	资料来源
秦	1	秦始皇二十六年(前 221)	徙天下豪富于咸阳十二万户	皆复不事十岁	咸阳	《史记》卷六《秦始皇本纪》
	2	秦始皇三十五年(前 212)	因徙三万家丽邑,五万家云阳	皆复不事十岁	丽邑、云阳①	《史记》卷六《秦始皇本纪》
汉	1	汉高祖九年(前 198)	徙齐、楚大族昭氏、屈氏、景氏、怀氏、田氏五姓关中,与利田宅	赐田宅	长陵	《汉书》卷一《高帝纪》 《汉书》卷二十八《地理志》
	2	汉惠帝七年(前 188)	孝惠帝葬安陵,徙关东倡优乐人五千户以为陵邑	—	安陵	《汉书》卷二《惠帝纪》
	3	汉景帝五年(前 152)	春正月,作阳陵邑。夏,募民徙阳陵	赐钱二十万	阳陵	《汉书》卷五《景帝纪》
	4	汉武帝建元三年(前 138)	赐徙茂陵者户钱二十万,田二顷	户钱二十万,田二顷	茂陵	《汉书》卷六《武帝纪》

① 丽邑:指秦始皇陵寝所在地;云阳:指甘泉宫所在地。

续表

朝代	移民次数	年代	事件	奖励手段	目的地	资料来源
汉	5	汉武帝元朔二年(前127)	又徙郡国豪杰及资三百万以上于茂陵	—	茂陵	《汉书》卷六《武帝纪》
	6	汉武帝太始元年(前96)	徙郡国吏民豪杰于茂陵、云陵	—	茂陵、云陵	《汉书》卷六《武帝纪》
	7	汉昭帝始元三年(前84)	秋,募民徙云陵	赐钱、田、宅	云陵	《汉书》卷七《昭帝纪》
	8	汉昭帝始元四年(前83)	徙三辅富人云陵	赐钱,户十万	云陵	《汉书》卷七《昭帝纪》
	9	汉宣帝本始元年(前73)	春正月,募郡国吏、民资百万以上徙平陵。二年春,以水衡钱为平陵,徙民起第宅	—	平陵	《汉书》卷八《宣帝纪》
	10	汉宣帝元康元年(前65)	春,以杜东原上为初陵,更名杜县为杜陵。徙丞相、将军、列侯、吏二千石、资百万者杜陵	—	杜陵	《汉书》卷八《宣帝纪》
	11	汉成帝鸿嘉二年(前19)	遂徙郡国豪杰资五百万以上五千户于昌陵	—	昌陵	《汉书》卷十《成帝纪》

(资料来源:贾俊侠.秦汉关东贵族迁徙关中之特点与影响[J].秦汉研究,2010(00):93-94.)

注:"—"表示无相关资料。

到西汉时期,关中在大量移民的补充下,人口密度达到全国之冠。大量移民为关中地区的经济发展提供了充足的劳动力保障。秦汉时期移民的影响主要体现在以下三个方面。

首先,移民政策促进齐鲁儒家礼仪文化和秦地法家制度文化的交流与融合。齐鲁地区是儒家、墨家等春秋战国时期主要学派的发源地，经过秦汉时期齐鲁贵族迁入关中，齐鲁儒家礼仪文化和秦地法家制度文化逐渐融合，产生了更具生命力的文化动力[111]。

其次，移民政策促进关中经济繁荣和社会风俗多元化发展。关东地区农、工、商均较为发达，如丝麻纺织业在全国首屈一指，煮盐业、冶铁业等均处于全国领先水平。迁入关中的齐鲁移民不仅引进了先进的生产方式，还带来了“好贾趋利”的商业理念，他们利用关中地区丰富的物产资源和四通八达的便利交通条件，带动关中逐渐成为全国的商业经济中心。

再次，移民政策促进齐鲁地区与关中地区宗族团体的融合。秦汉时期的移民政策在中国文化史上具有积极意义。在传统农耕社会“安土重迁”思想的引导下，区域之间的交流极少，以个人为单位的小规模迁徙所起到的文化交流作用甚微，大多被迁入地文化所覆盖，而政府主导下的团体迁徙、集中安置政策，可以有效地保障移民在文化上保持相对完整和独立，甚至能对迁入地的文化结构产生一定影响使其发生改变。宗族团体的整体迁入，使齐鲁大家族逐渐融入并影响着关中地区，具体表现在当前陕西和山东地区姓氏高度重合，两省的前十大姓氏中几乎80%是相同的。

(2)隋唐时期关中地区的人口迁移及其影响

隋唐时期定都关中，但政府没有颁布类似于秦汉时期的强制性移民政策，而是把关中作为全国政治、文化中心，利用政治红利和经济红利等对外地人口所产生的强大吸引力使关中成为重要的人口迁入区。这一时期的迁入者多数成为现代意义上的移民，其中有些未入籍者则成为现代意义上的“常住人口”[112]61－70。

隋朝迁入关中地区的人口主要分为三类：一是隋灭陈导致的移民，589年隋军南下灭陈，全国得以统一，陈后主及王公百司全部被迁入长安；二是隋朝定都大兴城，关中重新作为全国政治、经济中心后，对全国各地的文人学士、官僚贵族都产生了极大吸引力，中央政府广招人才并将他们纳入关中；三是隋朝选官制度的变革削弱了门阀士族的政治特权，促使各地士族迁入关中。

唐朝对于人口的迁徙有许多明确的规定，比如，政府允许人口从“狭乡”迁往“宽乡”，从边地迁往近地，从轻役之地迁往重役之地，以及严格限制京畿人口外迁等。总之，唐朝政府的移民政策以鼓励人口迁入关中而抑制人口外迁为核心。唐朝对于关中人口的外迁管理极为严格，外迁主要有以下三种形式：一是和亲引起的移民，唐朝十分重视和亲，鼓励采用和亲的方式加强民族之间的联系，巩固国家统一，增强文化交流；二是被贬流放引起的特殊移民；三是饥荒、战乱导致的移民，这种形式的移民主要发生于隋唐更替时期和唐晚期。唐朝时期迁入关中的人口大致分为以下六类：一是唐高祖建唐过程中的功臣、军人；二是山东等地的旧士族出于政治考量而迁入关中；三是因婚姻关系而迁入关中地区，此类主要是与李唐皇室结亲的后妃、外戚，以及与关中地区的官僚、贵族结亲的外地名门望族；四是少数民族及域外人士大量迁入；五是高僧等宗教人士的大量迁入；六是手工业者、商人。

外来人口的大量迁入，导致关中等地的人口密度大大提高，并对当地的土地占有状况产生了重要影响，而大批文人学士及高僧等文化人士的迁入，则有力地推动了关中地区文化的繁荣。长安胡食、胡服等“胡风”的兴盛则是大量少数民族迁入关中的直接结果。

(3)秦汉时期和隋唐时期移民的区别和意义

斯图尔特(德)在论述文化生态学时曾谈道：“文化生态过程的考察必须考虑基本社会文化形态被移民从一种环境中传播或者携带到另一种环境中的可能性，同时考察这些形态是否被改变。”[69]106社会文化形态主要是通过一些外部表征，如建筑类型、空间形态、艺术风格等进行评估。

移民政策的颁布与实施，促使关中地区人口结构和人口数量发生突然改变，同时导致关中地区文化结构稳定性、生态适应固定模式受到影响，需要对其进行重点分析。关中地区作为国家政治、经济、文化中心，历史上有两次大的人口迁入时期，分别为秦汉时期和隋唐时期。首先，本书从关中地区迁入人口的身份进行对比分析，可以发现秦朝迁入者多数为各地的“富豪”，西汉迁入者主要是六国后裔、各地“豪杰名家”，而隋唐时期迁入者的人口类型多元化，甚至包含一定数量的域外人士[112]69。其次，移民政策由秦汉时期的强制性转变为隋唐时期的可选择性，这是由于隋唐时期关中地区的人口分布、人口密度等已经发生了显著变化，关中已经不再是秦朝统一初期地广人稀的状态，隋大业五年(609年)关中实际人口已超过300万人，并不需要大规模的人口迁入。关中地区的移民历程不仅带来了不同的社会文化形态，更奠定了关中地区多元文化发展的基础。

3.3.2 关中政治地位演变和行政区划调整

“关中”一词最早出现于战国时期，但历史上其所指的地域范围屡有变化，史念海在陕西人民出版社1985年出版的《陕西军事历史地理概述》(第13页)中对关中的范围进行了界定：“现在的关中，一般是指陕西中部秦岭以北，子午岭、黄龙山以南，陇山以东，潼关以西的地区。”本书的“关中地区”行政区划及县级建制的演变分析，皆以今陕西省关中地区为准，以便对关中不同时代的行政区划和建制进行比较。

1.秦汉至南北朝

春秋初期，秦孝公任用商鞅进行变法并大力推行郡县制，为后来秦王朝把郡县制推行于全国打下了坚实的基础。秦代实行郡县二级制地方行政区划制度，在今陕西省境内共设置了49个县，在关中地区设置了37个县，隶属于内史，属中央直辖区域，经济文化发达，地位比普通诸郡更高，县的设置较多，已和今天关中地区市、区、县的设置十分接近。秦二世时期关中所属行政范围略大于今天的关中范围。

西汉时期，在今陕西省境内设置了93个县，这与如今陕西省(截至2019

年）辖 69 个县、7 个县级市、31 个市辖区的数目十分接近。西汉时关中地区设置了 57 个县。西汉继承秦制实施郡县二级制地方行政区划制度，并分封诸侯。与秦代相比，西汉时期今陕西省境内的政区设置变化主要发生在关中地区，即将秦代内史辖区分为京兆尹、左冯翊和右扶风三个地区，号称“三辅”，为京畿要地。中央直属的特殊制度和政治地理的核心区位凸显出西汉时期关中地区作为国家政权核心区的地位，西汉后期关中所属行政范围包含如今陕西省商洛市和河南省的东部地区，其面积远大于今天的关中地区。

东汉时期，迁都洛阳，作为国家政治核心区的三辅地区转至河南郡、河内郡和河东郡。政治中心的转移导致关中人口骤减，由西汉末年的 200 多万人降至东汉时期的 50 多万人，县级行政区设置大为减少。东汉末年，为镇压黄巾起义，原本只有监察之责的刺史逐步被授予军权、财政等多种职权，刺史之名也被改为州牧。州成为郡之上的一级行政区划，原来的郡、县两级制发展为州、郡、县三级制，并沿用至三国时期，司马懿在今陕西咸阳淳化县设置抚夷护军。西晋时期，依旧定都洛阳，原汉代的三辅地区不再具有任何特殊的政治意义，关中地区的主要变化为关中西部分为扶风国和始平国两个藩王（诸侯）王国，撤销了三国时期设置的抚夷护军。北魏时期，县治变化较大，布局日趋合理。西魏时期，重新定都长安，于是关中重回区域政治中心。此后，直至北周时期一直定都长安。

2. 隋唐至宋代

隋代自统一全国后大力整顿地方政区，开皇三年（583 年）隋文帝撤销郡级行政区建制，实行州、县二级制；大业三年（607 年）隋炀帝改州为郡，以郡统县。隋代关中地区设置 41 个县，分属于京兆郡等 4 个郡，隋代大兴城定都长安龙首原，隋大业时期关中呈东西向划分，涉及 5 个郡，关中自西汉以后再次成为统一帝国的政治核心区。

唐代再一次恢复为州、县二级制，并依据山川形势将天下划为 10 道，后增至15道，后来，道变成州、县以上的一级行政实体。唐代关中地区设置48个县，分属于京兆府等6个府州，归京畿道和关内道管辖。唐代改大兴城为长安城，长安城自此拉开了长达200多年的大一统帝国国都的序幕。

五代时期“道”名存实亡，形成了府州统县的局面。北宋定都开封，国家政治中心开始东移，陕北北部为西夏政权，北宋实行路、州（府、军、监）、县三级制。这一时期关中地区设置50个县，分属于京兆府等7个府州，归于永兴军路、秦凤路两路管辖。

3. 元明清

元代时，形成了省、路、府、州、县多级行政制度，历史上首次将今陕西省的关中、陕北和陕南三大地域的主体部分同时纳入一个高层行政区行省之内，同时使用“陕西”两字作为行政区名称，奠定了当今陕西省辖区的基础。元代关中地区设置33个县，均归属陕西行省管辖。明代撤销了路的建制，以府州统县，关中地区有34个县，与元代相比，仅增1个县。清代在重要地区设置县级州厅，关中地区设置39个州厅县，分属于西安府等5个府州，改变了散州辖县的状况。清代陕西社会经济进一步发展，人口大量增长，村镇数量大幅增加，主要集中于陕西主要的河流平原谷地，呈面状和线状分布；同时，清代对于山地的开发明显增多，这一时期山地中留下的古村落也很多，如秦岭的佛坪老县城村，表现出清代特色。

4. 1911年以后

辛亥革命以后，民国政府废弃清的府、州、厅制度，改为县治，地方政区形成省、道、县三级制，在今陕西省境内设置92个县，其中在关中道设置41个县。

新中国成立以来，县的设置未有大的变动，仅对部分进行了合理化的布局调整，以更有利于社会经济发展。

关中地区也是秦代、西汉、隋代、唐代等统一政权的京畿要地，在漫长的历史发展过程中形成了稳定的地缘关系、共同的文化基础、紧密的社会经济内在联系，所以在对传统村落进行研究的过程中应将其作为一个完整的地理单元进行分析。

3.3.3　关中社会制度演变和乡村治理特征

1. 社会制度演变及聚落单元的变更

营国制度和社会结构的重大调整带来了中国古代聚落结构的三次大规模变化：第一次是商、周更替中，周朝建立了一套完备的宗法制度，宗法分封制度带来了一次史无前例的大规模营建城邑的活动，导致国野的区分，乡村地区的利益团体在殷周表现为“氏族聚落”；第二次是六朝至初唐以“豪族聚落”为主的门阀社会时期，当时，“豪族聚落”可以说是氏族成员团结应对外界的唯一方式，是蒙昧状态下的宗族观念体现，而到了唐、宋变革时期，科举出身的官僚兴起，城乡经济发展，社会开放程度提高，“豪族聚落”逐渐消解[113]；第三次是明、清时期，民间宗族组织获得官府许可，以祠堂（宗祠）、宗法为特征的宗族在中华大地上迅速发展起来，“宗族聚落”是以血缘为纽带的更为团结、内聚、稳定的共同体，由等级更为分明的规则来指导村落的格局和形态，由发展手工业、商业积累起家族财富的宗族首领逐渐转变为乡绅，并不断地扩大产业，将族人组织化。清朝对宗法观的接纳度高于明朝，从而促进了宗族村落体系的形成与完善。

2. 社会制度演变影响下乡村聚落治理的特征

农耕社会时期，中国乡村社会长期存在的治理方式，表现为“上分”与“下治”两套治理结构。这种治理方式充分考量了乡村社会结构，融合了历史、地方和民间智慧，突出了实用主义的治理理念，是国家权威和村民共同体需求下产生的内生性制度安排，达到了官民两便的治理效果。

探讨社会制度演变对乡村单元的影响,首先应该从国家层面建立的制度体系分析。皇权对每个层级的聚落单元都有约束作用,具有绝对的权威和强制力。其次可以从族长、乡绅或地方名流掌握的地方性管制单位分析。乡村地区的事务具有灵活、琐碎、繁杂、数量巨大等特征,单纯依靠制度治理,政令难以及时传达,也不利于对接村民的真实需求。半正式治理模式有效弥合了自上而下层级化管理与自下而上非程序化执行之间的鸿沟,既保持了乡村基层社会解决实际问题的机动性和灵活性,也有利于国家上层政策在执行过程中获得优化和纠偏的空间。

3.3.4 关中城乡格局演变和城乡关系梳理

笔者从自然、政治、经济、交通、农耕水平等多方面梳理关中地区不同时期城乡格局演变的特征和城乡关系改变的驱动因素,分析多种要素综合作用和单一要素独立作用这两方面对关中地区聚落发展的影响,并对以长安为中心的城乡发展格局特征进行深入解读。

1. 史前萌芽期——关中人居聚落雏形的诞生

由关中地区古遗址可以发现,史前聚落遗址普遍分布于渭河及其支流的河流阶地处,城垣聚落大致出现在仰韶文化晚期及龙山文化时代。由于社会生产力的发展,剩余产品出现,财富和权力逐渐集中,为了保护部分富人的财产和氏族部落的安全,人们开始在聚居地的核心筑“城”。城垣聚落的出现反映了这一时期关中地区聚落开始由邑向城市乃至国家转变。

2. 先秦依存期——城乡资源供给与安全保障的依存关系

夏商时期,从都城的规模、布局、建筑可以看出该时期的城市格局已经具备了防御、商业、行政、居住、生产(作坊)五大基本职能,与史前聚落形态相比发生了根本性的转变。聚落格局的中心从祭祀祖先的宗庙转变为统治者居住的宫殿,城池的防御和分隔功能合二为一,商贸活动逐渐向城市中的固定区域集中,手工业作坊等生产空间为了便于贸易交换也逐渐由城郊向城市边缘集聚,聚落逐渐发展为内城外郭的整体格局。早期城市主要具有政治和军事功能,大部分居民则生活在城市周边的乡村地区,遇到战争或者需要进行商贸交换活动时居民才会前往城中。城市为乡村提供安全保障,乡村通过"助法"(一种劳役租赋制度)向城市提供其所需要的资源和劳动力,城乡之间形成相互依存的关系。

3. 西周分化期——城乡分化及营国制度建立

西周时期关中平原居民点集中分布在宝鸡市与周至县之间的渭河和千河沿岸阶地处,特别是宝鸡市岐山、扶风所在的周原尤为密集。周原是周人的大后方和重要的人口聚集区,人口最为密集。周代对于城市以外的乡村地区实行"国鄙制","国鄙制"与城市管理体制不同,首次明确提出了城乡分离的管理制度。《周礼》开篇提出:"惟王建国,辨方正位,体国经野,设官分职,以为民极",提出"城""乡"分化,即国与野之分。西周时期奠定了我国城乡关系的基本格局,以《周礼·考工记》为代表的营国制度为中国城市制度的形成和发展奠定了重要的基础。乡村聚落纷纷效仿城市的布局结构,改变了原始的、均质的聚落形态,地势平坦的平原和台塬地区的乡村聚落通过轴线、中心、高台等方式体现贫富差距和礼制等级。

4. 春秋战国分离期——城市对乡村地区生产属性的依赖性增加

春秋战国时期封建制度下的城市商业和经济不断发展,新的经济形式打破了过去单一、孤立的自然经济形式,城市商业专业化程度逐渐提升,城市的手工业产品与乡村地区的农产品形成了较为对等的商品流通关系。但是由于该时期商业处于萌芽期,社会经济仍以自然经济为主导,生产和生活资料的需求在较小的范围内便可以满足,因此城乡体系呈现出封闭性和城乡规模的局限性。

春秋战国时期划定城市等级时逐渐开始注重腹地经济、土地规模、农业产量等客观因素。该时期的城市和乡村是封建社会经济结构一元体系下的两种不同的聚落形态，但是乡村生产属性和城市消费属性越发明晰，城市对乡村地区的依赖性更加显著，城乡之间的分化加剧。春秋时期，乡村文化摆脱了对城市文化的依附，私学的兴起推动了乡村地区文化教育事业的发展，乡村形成了具有自身特色的文化，乡村文化与城市文化的互动交流进一步促成了“百家争鸣”的文化盛况。

5. 秦汉发展期——制度变革和全国交通网络的修建推动区域城乡格局构建

秦汉时期的城市管理以中央集权为主，实行郡县二级制的行政区划制度，县下设乡、亭、里等，形成了自上而下的纵向城市等级体系。在全国大一统背景下，秦代“修驰道以通天下”，筑长城、修直道、通驰道、建郑国渠等大型营建工程都是从全国范围内进行规划的。

全国交通网络的修建，加强了区域间的经济文化交流，从而出现了横向的区域城市体系，即各具特色、不同规模的城乡经济区逐渐兴起。这些城乡经济区基于相似的自然地理环境、接近的地域生产条件、趋同的地域风土人情，是通过区域内的中心城市将人口流动、物质交换等进行调剂并集结在一起形成的经济共同体。横向区域城市的形成依赖于全国城市网络的构建。东汉时期全国城市网基本形成，城乡体系也随之逐渐完善，黄河中下游地区的城市数量最多，超过了全国城市总量的三分之一，关中地区便是当时的十大城市经济区域之一。秦汉时期以陵城为核心的区域城乡格局便是典型的例子。

6. 隋唐成熟期——城乡关系由互动发展走向分离

隋唐时期的城市与乡村在社会经济的快速发展中逐渐由互动发展走向相互分离。按照唐朝基层行政单位的划分，城内设坊，郊区设乡、里。唐朝初期，对于在城中居住的“坊郭户”和在乡村地区居住的“乡村户”，基于不同的城乡居民属性分别采取不同的命名方法和不同的管理方式。《旧唐书·食货上》记载,唐武德(唐高祖)七年(624 年)所颁布的律令中指出,唐朝的土地制度不因居民的居住地而受到影响,坊中居住者可能是务农者,而村中居住者也可能是工商业者,亦可能是士子等。由此可知唐代虽对城乡居民采取不同的命名和管理方式,但并未体现出城乡分离、阶级分化的政策和意图。

随着城市建设和国家其他支出的增加,国家财政对于货币的需求逐年增加,以往对城乡居民统一的征税方式无法适应时事的发展,唐元和(唐宪宗)年间规定"坊郭户配见钱须多""乡村户配见钱须少",城市中工商业者地位提升,传统的"四民(士农工商)分业"转变为"城乡分业",城乡之间存在贫富差距已成为人们的普遍认识,自此城乡分离的趋势进一步加强。

7. 五代十国至宋元的繁荣期——商品经济繁荣促进城乡一体化发展

五代开始,附城草市逐渐繁荣。草市是一种以农村商品经济发展为基础,沟通城乡的纽带。规模发展壮大后的草市成为镇市,丰富了城市层次,商业性集镇的繁荣是这一时期社会经济发展的一大标志[114]。

宋代迁都开封,长安从此失去国都地位,被称为京兆府城,其城市职能由从前的政治职能为主转变为政治、经济职能并重。宋代商品经济的繁荣使商业活动逐渐突破了城垣的限制,传统的里坊制已经不适应经济的发展,所以坊墙逐渐被侵蚀,自此里坊制逐渐退出历史舞台。宋代时期对商业活动放宽了政策限制,这使附城草市得到了充分的发展,不仅扩大了原有城市的规模和范围,还使城市摆脱了坊市分离的传统格局。城市郊区的范围逐渐扩大,且状况复杂,与城市的界限模糊,在城市以外交通干线两侧呈点状分布的草市为大量的农副业基地服务。宋元时期,经济作物的地区专业化生产趋势加强,各个地区的城乡之间形成了密切的经济联系和生产协作关系。在新的城乡经济关系下,市镇和乡村地区的经济形式、人口职业、生活方式等方面都出现了非农化和城市化现象,城乡之间呈现一体化发展的整体趋势。乡村地区逐渐变为政治上受国家政权直接领导，而社会生活中则推举有名望的士绅来管理聚落中的日常事务。

8. 明清解体期——血缘聚落发展为地缘、业缘、血缘兼有的聚落，政府对宗族的宽容态度促进乡村防御体系构建

明末清初，在自然灾害和战乱的双重影响下，关中地区经历了漫长的衰退期，乾隆至道光年间，社会稳定、人口增加、粮食产量增长，该时期村镇数量大幅度增加，最密集区主要集中于河流平原谷地。晋陕地区商贸繁荣，人口的流动使宗族关系逐渐弱化。关中渭北以泾阳和三原为代表的地区，作为区域性商业中心在商品流通中发挥着重要的枢纽作用，其商业活动影响了附近数十个县，其周边的农村地区的集市作为区域内最基层的市场，促进城市和乡村逐渐成为一个商贸交流的整体，并形成了业缘和地缘型聚落。

明清时期，关中平原地区既是陕西经济发展的核心区，又是西北地区政权的核心区。明代掀起了筑城的热潮，西安城作为明代西北重镇被大规模扩建与增修，清代的西安府亦是重城形态，其城市防御体系对乡村地区防御格局、防御构筑有较大的影响。明清时期政府对待宗族的宽容态度，以及政府对于民间修堡建寨的许可，使关中乡村地区掀起了修建堡寨的热潮。尤其是韩城、合阳地区，在晋陕交界地区商业快速发展的背景下奠定了良好的经济基础，在富裕乡绅的带领和经济支援下修建了大量格局完整、建筑精良、堡寨防御体系严谨的村落，如党家村等，至今保存完好。

9. 关中城乡格局历史演变特征

关中城乡格局的形成受到自然环境、正统文化、社会经济和政治体制演变的影响，而中国传统城乡关系在漫长的历史进程中经历了西周时期的国野分离，春秋战国、秦汉和隋唐时期的城乡分化，在宋、元、明、清的城乡一体化的背景下，呈现出以西安为中心、沿渭河及其支流发展、文化生态适应性演化的城乡格局。

3.4　本章小结

本章是对关中地区生态格局、文化形态、社会背景等一般概况的宏观勾勒，对关中地区文化生态特质及人口和社会的历史演进特征进行深入解读，为后文基于文化生态学的传统村落的空间分析提供了宏观背景与基础性依据，同时为进一步的系统论述做铺垫。

首先，采用定性的背景描述方法，针对关中自然生态环境，分析和提炼了“中部平原—渭北黄土台塬—秦岭北麓黄土台塬—秦岭山地—北山山系”整体地貌格局，高平塬地和低湿河谷构成的“塬隰”地势特征，横贯关中全域的渭河干流和支流“叶脉”状水系结构，以秦岭为核心的山川形胜体系，并总结了关中自然生态环境为聚落持久而稳定的营建提供的保障和产生的影响。

其次，从历时性角度揭示了关中地域文化的生成过程和传统村落生成与发展的演进背景，针对关中地区社会背景，梳理了关中政治地位转变和关中在移民政策影响下行政建制、人口规模、社会制度和城乡关系的演变，揭示了关中社会历史演进脉络对城乡格局构建的影响。

最后，针对关中地区文化形态，系统地梳理了西周至隋唐关中作为都城时期正统文化的影响范围，提炼了重要军事区位及频繁战乱影响下的防御文化的演进脉络，分析了农耕文明与游牧文明的交汇地带多元文化的产生环境，以及当下关中文化显赫历史地位与没落近代境遇、厚重文化底蕴与遗存保护落后现状并存的尴尬境地。

第四章　关中传统村落分布特征

传统村落文化景观遗产是在不同的历史时期和文化背景下，在特定地貌、气候、土壤等自然环境和地域范围内注入人类文化基因后形成的比较独立、完整的文化形态。它是人类文化与自然景观相互作用的结果，是具有一定功能和结构的景观系统，亦是社会再生产的空间。传统村落历经百年甚至更长时间，能够保存完好且传承至今，除了村民强大的凝聚力、与时俱进的适应能力外，最不容忽视的便是村落选址定居的区域环境。传统村落宜居宜耕的生态环境为农耕文明时期村民自给自足的生活方式提供了丰富的物质资源和良好的农耕环境，即使在现代社会，其生态环境依旧具有一定的优越性，能够吸引部分村民继续在此生活。

研究以传统村落依托的生态环境为对象，构建生态宜居性评价模型，核心是运用当代科学评价方法，对农耕经验主导下的人居智慧进行重新审视。确定传统村落样本是验证评价模型的基础。为实现全域覆盖，研究在已评级的各类传统村落的基础上，增加了关中地区废城和聚落古遗址以解决部分区县存在传统村落分布空白的现实问题，从时间维度和空间维度完善关中人居空间样本库。

本章对文化和生态互动作用下传统村落的空间智慧进行分析，从土地利用科学性、人居环境宜居性视角审视传统村落选址择地的正确性，为更进一步分析选址择地和营建智慧奠定了基础。

4.1　生态宜居性评价

4.1.1　研究方法和数据来源

生态宜居性是指关中地区气候水文、地形地貌等生态环境与农耕时期传统村落自给自足式的生活生产活动的适宜程度。

由于传统村落是时间跨度较大的聚落类型，因此以区域性地貌类型、植被分布和水系走势作为其最基本的地理环境构成要素来评价各个时期的村落选址和建设布局具有较强的参考意义。当代城市的生态宜居性评价体系包含经济子系统、社会子系统，但由于时代差异较大，参考意义较弱，所以在本次评价中不予考虑。

1.研究方法

因为生态宜居性评价融合多源数据，所以传统村落文化景观遗产的空间分布、景观生态评价应更宏观、全面、精细、科学。本研究结合遥感土地覆盖监测技术和 GIS 空间分析方法，从传统村落文化景观的自然生态环境要素的空间分异规律方面设定评价因子，运用层次分析法计算评价因子权重，结合多因子叠加法建立传统村落生态宜居性综合评价模型，利用 GIS 空间加权叠加技术，生成关中地区综合宜居性评价等级分区图，为探寻关中地区传统村落的选址择地空间分布规律提供科学评价依据。

(1)归一化植被指数分析

归一化植被指数(Normalized Difference Vegetation Index ,NDVI)是能够较好地反映地表植物生长状态和植被覆盖情况的一种指数，NDVI 也是目前使用较广泛的植被指数。研究采用 Landsat 8 卫星遥感影像数据提取 NDVI 值,建立植被指数与植被覆盖度的反演关系获取植被覆盖度信息,其核心思想是 NDV1 像元二分模型[115],按像元灰度值与植被覆盖等级对应情况进行等级划分,处理流程见图 4.1。

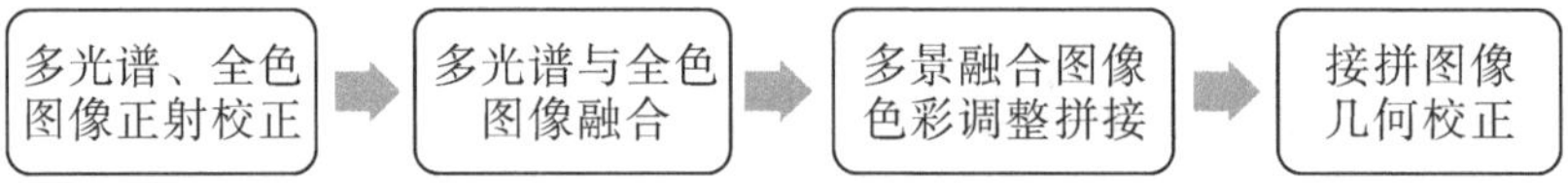

图 4.1　NDVI 图像处理过程示意图

NDVI 的计算公式为:$NDVI = (NIR - R)/(NIR + R)$　　(4 - 1)[115]

式中,R 为红光波段反射值,NIR 为近红外波段反射值。

$$NDVI_{0\sim255} = (NDVI - NDVI_{min})/(NDVI_{max} - NDVI_{min}) \times 255$$

式中,$NDVI_{0\sim255}$表示植被指数值,即把 NDVI 的值归一化到 0～255 区间。

(2)层次分析法

层次分析法(Analytic Hierarchy Process,AHP)作为定性与定量相结合的评价方法,简单明了、层次清晰、科学可信。研究采用层次分析法计算生态宜居度评价指标体系中各评价因子的权重,首先构建评价指标体系,其次采取专家群决策方式构建判断矩阵,根据判断矩阵计算各因子的相对权重,最后进行一致性检验。

一致性检验计算公式为:$I_C = \dfrac{\lambda_{max} - n}{n - 1}$　　(4 - 2)[116]

$$R_C = \frac{I_C}{I_R}$$　　(4 - 3)[116]

式中,I_R 为随机一致性指标,I_C 为一致性指标,λ_{max}为最大特征根,R_C 为检验系数,n 为评价因子数量。

(3)多因子空间加权叠加分析法

在 ArcGIS 10.3 空间分析技术的支持下,笔者计算各因子的空间分布规律,统一评价因子的分级标准,再利用多因子空间加权叠加技术进行综合叠加。使用格网分析方法，将栅格数据统一重采样至“1km×1km”，再利用“栅格转点”将栅格数据转换为矢量数据，利用“空间连接”将矢量数据相应等级字段连接至1km格网矢量数据，根据不同影响因素的权重，对每个单元格最终的分值进行计算，最终生成关中地区生态宜居度分区图。

计算公式为：$P_j = \sum_{j=1}^{n} A_{ij} W_j$　　(4-4) [117]

式中，j 为评价单元编号，P_j 为 j 单元格的综合宜居度值，n 表示栅格像元个数，A_{ij} 表示第 i 个指标上第 j 个单元格上的生态宜居性贡献值，W_j 表示 j 单元格的生态宜居性。

2. 数据来源

本章数据来源：①传统村落名单来源于中国传统村落网、陕西省人民政府门户网、陕西省住房和城乡建设厅官网、陕西省文化和旅游厅官网；②降水数据来源于中国公里格网2015年降水分布数据；③关中的30米DEM（数字高程模型）来源于地理空间数据云平台；④河流数据来源于国家基础地理信息系统1∶400万基础数据；⑤归一化植被指数数据来源于Landsat 8卫星数据；⑥关中范围内传统村落的地理坐标结合谷歌地球（Google Earth）和百度地图，基于ArcGIS 10.3平台进行标定。

4.1.2　生态宜居性评价体系建构

研究从生态、生活、生产三方面阐述村落生态宜居性内涵，从地区自然资源丰富程度、农业生产条件、居民生活宜居三方面阐述宜居性内涵，从高程、水系、坡度、坡向、降雨、植被六个方面分析关中地区生态宜居程度。

首先，在综合分析关中地区传统村落自然生态环境、地形地貌特色和人类生活生产活动影响因素的基础上，选取生态宜居性评价因子，采用层次分析法计算各因子权重。其次,借鉴地理学适宜性模型研究中使用最为频繁的多因子叠加方法建立敏感性评价模型,其基本原理是基于叠加的方法进行汇总分析。但由于各因子的属性和计量单位都不尽相同,而且目前没有针对生态宜居性评价的专业分级标准,无法进行统一的量化比较和叠加分析,因此本书选择按照各因子数据特性和统计结果来进行有效划分,将单因子的原始信息等级化、数量化,以体现不同因子对人类生活生产活动的影响,并将所有因子用统一的分级标准进行分级处理,即将因子的评价结果划分为五个等级,并给予相应赋值,为最后的叠加分析做准备。最后,利用 ArcGIS 10.3 空间加权叠加技术划分关中地区生态宜居度综合分区,划定生态宜居度分级标准(见表 4.1),并通过叠加各传统村落的地理坐标获取各村落的宜居程度。

表 4.1 生态宜居度分级表

生态宜居性	赋值	生态宜居性	赋值
不宜居	$P_j = [1, 2)$	高度宜居	$P_j = [4, 5)$
轻度宜居	$P_j = [2, 3)$	极度宜居	$P_j \geqslant 5$
中度宜居	$P_j = [3, 4)$		

注:1. 作者根据相关研究中的评价等级划分标准,结合本研究综合整理并进行适宜性改良,自制表格。

2. 赋值区间中,[ ]表示包含本数,( )表示不包含本数。

4.1.3 生态宜居性评价指标选取

构建生态宜居性评价模型的过程中,科学合理的评价指标体系关系到评价结果的准确性,因此不仅要根据地方性特征选择具有典型性和代表性的指标因子,同时还要保证所选指标的完整性、可测量性和数据获取的准确性,控制指标数量,从而构建科学的评价体系。

区域性的地貌类型、植被分布和水系走势作为最基本的地理环境构成要素,在长期的历史演变过程中基本保持不变,在评价各个时期村落的选址和建设布局形式方面具有较强的参考意义。高程是用来描述地表形态的重要指标，既反映了地面点的势能，又反映了地表的起伏形态，而地表的起伏形态在一定程度上决定了地表资源的二次分配，使自然环境和地理格局产生局部差异，对传统村落的选址布局和空间组织有一定影响。坡度反映地表起伏变化的缓急程度，是划分地貌类型的重要参考指标。它不仅影响传统村落居住和耕种用地的选址布局，还对水土流失程度、交通可达性、区域间交流、经济发展水平等产生不同程度的制约作用。坡向会影响日照时数和太阳辐射强度，对山地生态有较大的作用。受取暖条件和技术的限制，古代的人们主要依靠太阳辐射取暖。不同坡向的日照角度不同，获得的日照时长也不同，导致居民在选址布局时对固定坡向有选择倾向性。人类文明自古便是依托水系发展起来的。古代人类水利工程技术水平较低，水源主要是自然径流和降水，因此传统村落常呈现出依水而建，甚至逐水而居的选址模式，水源和降水情况成为人类选址定居的首要参考因素。有的河流水系不仅为居民提供日常用水，还能提供水运交通廊道，带动航运经济的发展。优秀的传统村落文化景观遗产必然拥有良好的自然生态环境，"文化 + 景观"所具有的景观完整度更高，精神记忆性更强。

综合上述因子特征，本文选择高程、坡度、坡向、降水、水系缓冲区、植被覆盖率 6 个因子作为自然生态敏感性评价指标。

4.1.4　生态宜居性评价因子权重分析

本研究对传统村落生态宜居性评价指标中的 6 个因子分级结果进行汇总（见表 4.2），用层次分析法计算各因子权重。首先，构建评价指标体系，目标层为传统村落生态宜居性，指标层为高程、坡度、坡向、水系缓冲区、降水、植被覆盖率 6 个评价因子。其次，根据指标的相对重要性构建判断矩阵。采取专家群体决策的方式，选取 5 名相关领域的专家对指标体系构建判断矩阵，并将专家构建的判断矩阵进行加权算术平均。同时判断矩阵计算各因子的相对权重，并进行一致性检验。查“平均随机一致性指标表”可知6阶平均随机一致性指标为1.26,根据计算公式4-3,平均一致性指标小于0.1,说明该矩阵具有良好的一致性,权重指数分配合理。传统村落生态宜居性评价因子权重统计见表4.2,目标层传统村落生态宜居性的权重为1。

表4.2 传统村落生态宜居性评价因子权重统计表

指标层	权重
高程	0.1525
坡度	0.1205
坡向	0.2150
水系缓冲区	0.3081
降水	0.1246
植被覆盖率	0.0794

4.2 生态宜居性评价结果及规律总结

4.2.1 生态宜居性评价结果

对传统村落生态宜居性评价指标中的各项生态因子分级结果进行汇总,用层次分析法计算各因子权重,获得传统村落生态宜居性评价指标分级标准及各因子权重统计表(见表4.3)。利用空间加权叠加技术对评价指标中的6个因子进行综合叠加,将其叠加结果划分为不宜居区、轻度宜居区、中度宜居区、高度宜居区、极度宜居区。需要注意的是,极度宜居区是一种理想状态,现实生活中几乎不存在。关中地区生态宜居性空间分布如图4.2所示。

表 4.3 传统村落生态宜居性评价指标分级标准及各因子权重统计表

评价因子	极度宜居区	高度宜居区	中度宜居区	轻度宜居区	不宜居区	权重
高程/m	<500	500~900	>900~1200	>1200~1800	>1800	0.1525
坡度/°	<2	2~6	>6~15	>15~25	>25	0.1205
坡向	南	东南、西南	东、西	东北、西北	北	0.2150
水系缓冲区（退界宽）/km	<1	1~2	>2~3	>3~5	>5	0.3081
降水/mm	>650	>600~650	>550~600	500~550	<500	0.1246
植被覆盖率/%	>80	>60~80	>40~60	20~40	<20	0.0794

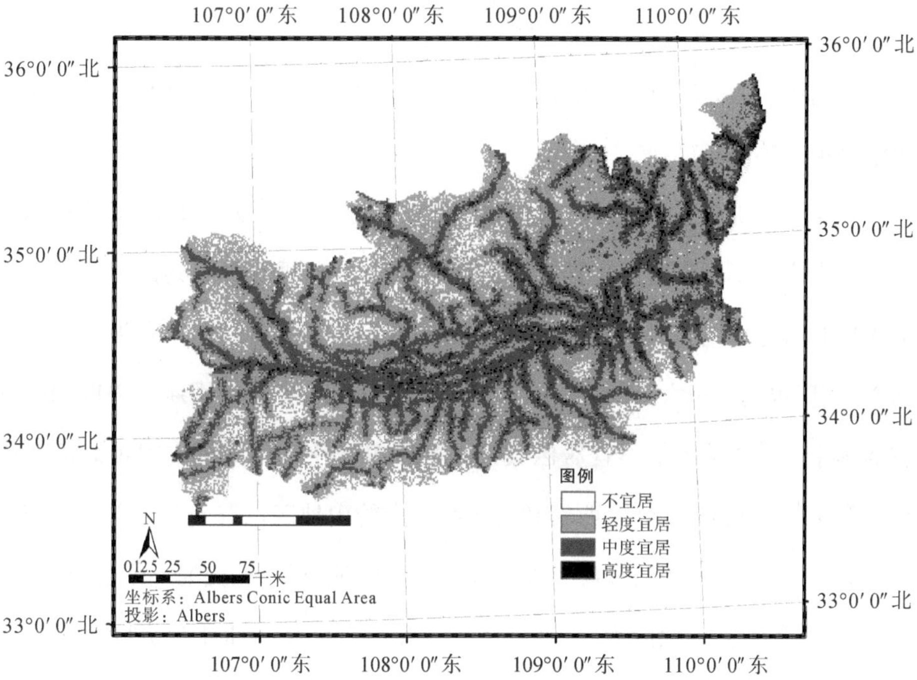

图 4.2 关中地区生态宜居性空间分布图

本图为作者自绘，审图号：陕 S(2024)015 号

4.2.2 分布特征:平原和台塬地区生态宜居性水平较高

关中平原和台塬地区生态宜居性水平较高,中、高度宜居区主要分布于关中塬地边缘。

关中地区塬隰地势中的典型塬地具有地势高、用地平坦、排水良好、视野开阔等优势,宜居水平较高。关中地区塬地多达50余处。因为塬地边缘靠近水系,所以塬地由中间向边缘宜居度逐渐升高。

4.2.3 变化特征:区域宜居水平由西南向东北逐渐升高

渭河以北的高度宜居区明显多于渭河以南地区,宜居水平由西南向东北呈逐渐升高的趋势。

宜居性评价中高程、坡向、水系缓冲区三个评价因子权重最高,反映出相关领域的专家对于影响居民生活生产行为的各个生态要素具有共识。渭河以南的平原和台塬用地狭窄,向南侧秦岭北麓地区过渡,高程逐渐升高,坡向以北向居多,坡度也越来越大,因此高度宜居空间分布较少,宜居型用地以中度和轻度宜居为主。关中地区的不宜居区大面积集中分布于关中西部宝鸡市北的北山地区和咸阳市北部山地区,西安和渭南南部秦岭山地区也有分布。宝鸡市南部的凤县、太白县及周边的秦岭山地区,高程较高、地形复杂、交通不便,由于地处渭河以南,用地多以北向为主、坡度较大,坡度超过15°后水土流失随坡度的增加迅速加剧,不利于农耕活动,自古鲜有聚落分布。

4.2.4　关联特征：水利建设水平与地区宜居水平呈正相关

北洛河下游的关中地区东北部的白水县、蒲城县、澄城县、大荔县用地宜居水平较高。

关中地区东北部的白水县、蒲城县、澄城县、大荔县作为农业发达区，宜居水平较高，虽然该片区降水量较西南片区低，但是丰富的自然水系和发达的人工水利工程为该片区的生活生产用水提供了保障。北洛河河道分为三段，白水县至三河口的下游段位于关中地区东北部。关中自古就有诸多人工水利工程，引北洛河河水灌溉农田的历史比较悠久。早在公元前 128 年至公元前 117 年的汉武帝时期，蒲城县就采用井渠施工法，历经十年修建了龙首渠以灌溉蒲城县洛河以东地区。虽然可能因未加衬砌而导致通水后水渠坍塌，但到了唐代再次重建灌溉工程，《旧唐书·姜师度传》记载“于朝邑、河西二县界，就古通灵陂，择地引洛水及堰黄河灌之，以种稻田，凡二千余顷，内置屯十余所，收获万计”。灌溉工程缓解了周边地区用水困难的情况，促进了地区农业发展。1933 年大荔县设置“引洛工程处”（后改为“泾、洛工程局”），主要负责洛惠渠（洛惠渠前身为龙首渠）的修建和管理。洛惠渠 1950 年通水，灌溉面积约 77 万亩（15 亩合 1 公顷），洛西灌区约 27 万亩，洛东灌区约 50 万亩。洛惠渠不仅承担着渭南境内的洛河防汛任务，更重要的是承担着澄城县、蒲城县、大荔县的农业灌溉任务。关中地区的经济高度发展与水利建设有直接关系。北洛河下游的白水县、蒲城县、澄城县、大荔县发达的水利工程对农业用地的改良效果十分明显，而且这些地区坡向以面南为主，高程较低、坡度较小，宜居水平普遍较高。

4.2.5 耦合特征：村落集聚区与中、高度宜居区基本耦合

关中地区传统村落趋向于分布在中、高度宜居空间，水系缓冲区、坡向、高程这 3 个评价因子的宜居贡献率相对较高。

笔者将关中地区 129 个传统村落按照村落中心点的地理坐标在生态宜居性空间分布图中进行落位（见图 4.3，因村落面积较小，在耦合图中有重叠，并未全部显示，但并不影响最终的分析研究），并获取各村落宜居性指数，通过统计分析可知关中地区 129 个国家级和省级传统村落均处于不同类型的宜居区（见图 4.4），其中 89 个传统村落位于中、高度宜居区内，约占总量的 69%。不宜居的区域没有传统村落分布。关中传统村落由西向东逐渐聚集。

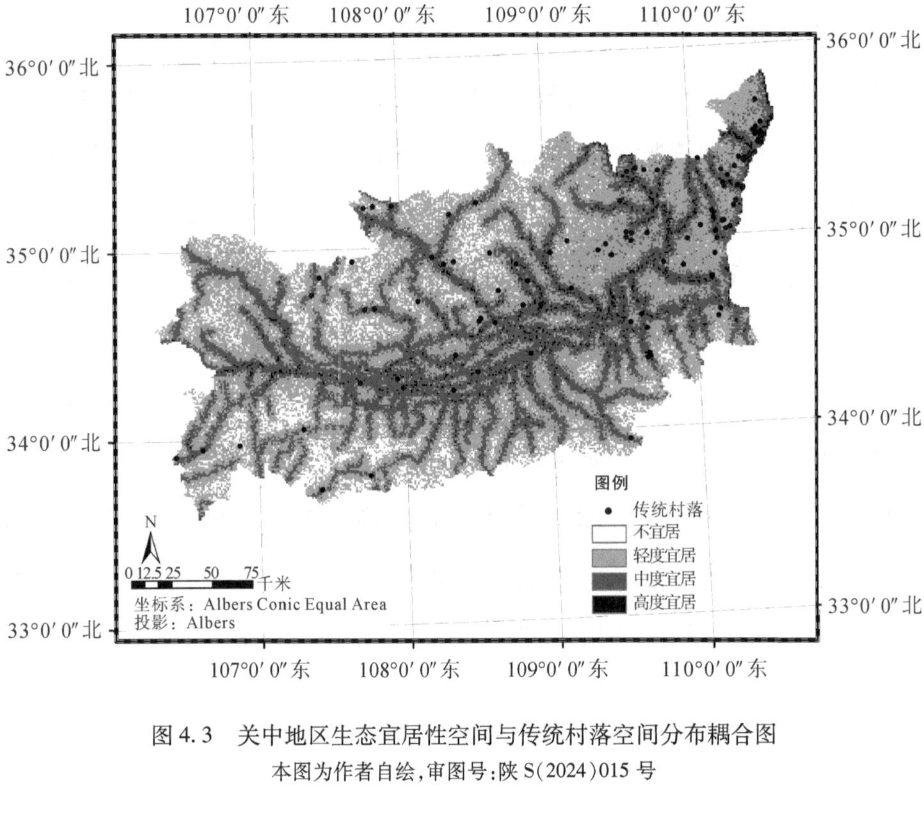

图 4.3　关中地区生态宜居性空间与传统村落空间分布耦合图

本图为作者自绘，审图号：陕 S(2024)015 号

为了进一步研究影响传统村落宜居性的主要评价因子，笔者对 129 个传统村落的 6 个自然生态因子的宜居性贡献率进行计算（图 4.5），通过统计分析来挖掘关中地区居民“趋利避害”式的传统村落选址布局智慧。

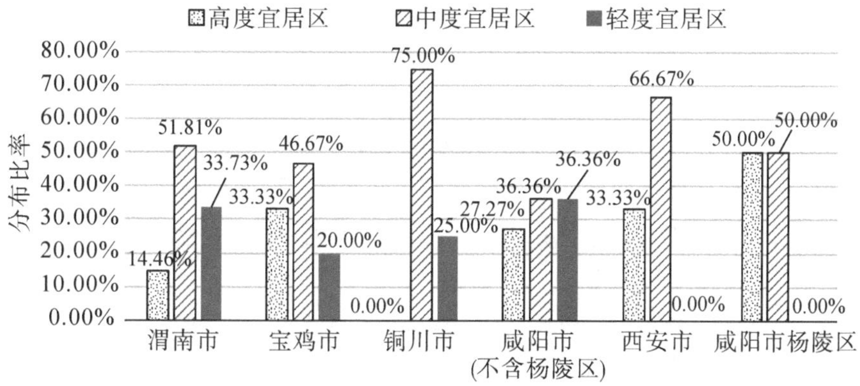

图 4.4　关中五市一区传统村落生态宜居性空间分布比率对比图

将关中地区传统村落各因子的宜居性贡献率平均值进行对比后发现，水系缓冲区因子对传统村落的生态宜居性影响最大，其次是坡向和高程，最后依次是坡度、降水和植被覆盖率。据此可以初步判断水系缓冲区是地理环境构成要素中对关中地区传统村落宜居性影响最大的生态因子，其次是坡向和高程，它们对传统村落的选址、格局、形态起到重要的作用，后文会有进一步解析。

4.2.6　差异特征：传统村落分布数量存在显著地区差异

关中传统村落集聚分布于东北部中、高度宜居区，但中部平原宜居水平较高地区的传统村落分布却较少，同时存在县域单元内传统村落分布空白的现象。

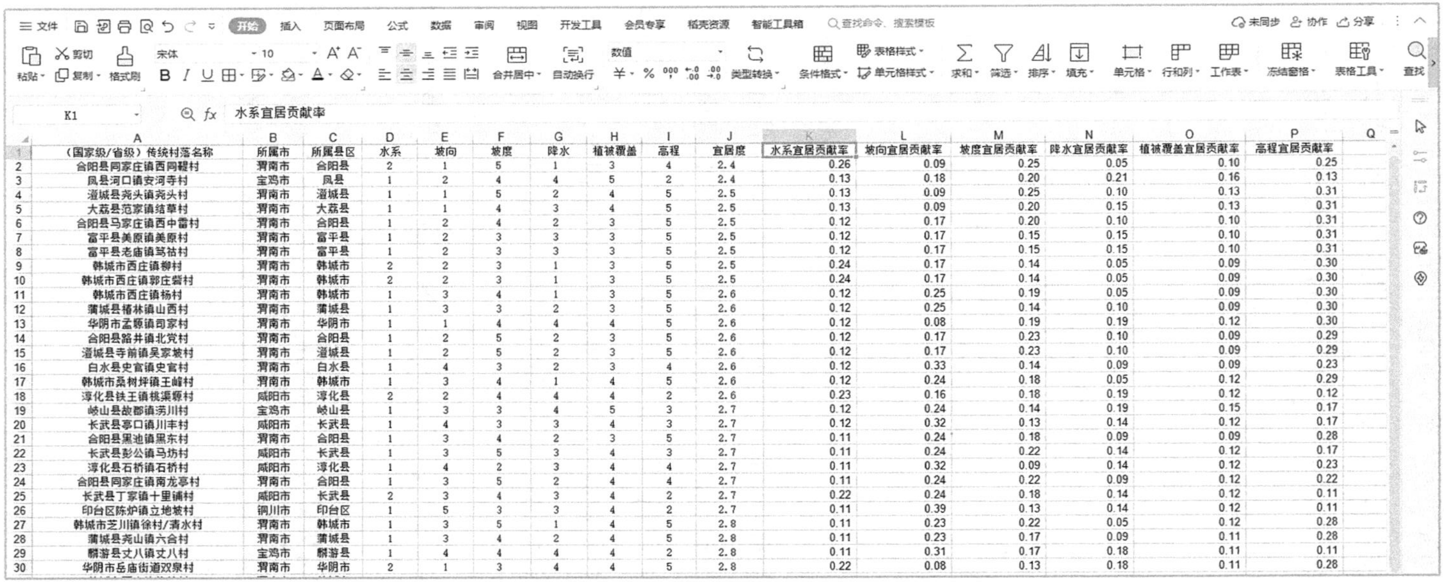

	A	B	C	D	E	F	G	H	I	J	K	L	M	N	O	P
1	（国家级/省级）传统村落名称	所属市	所属县区	水系	坡向	坡度	降水	植被覆盖	高程	宜居度	水系宜居贡献率	坡向宜居贡献率	坡度宜居贡献率	降水宜居贡献率	植被覆盖宜居贡献率	高程宜居贡献率
2	合阳县同家庄镇西同朝村	渭南市	合阳县	2	1	5	1	3	4	2.4	0.26	0.09	0.25	0.05	0.10	0.25
3	凤县河口镇安河寺村	宝鸡市	凤县	1	2	4	4	5	2	2.4	0.13	0.18	0.20	0.21	0.16	0.13
4	澄城县尧头镇尧头村	渭南市	澄城县	1	1	5	2	4	5	2.5	0.13	0.09	0.25	0.10	0.13	0.31
5	大荔县范家镇结草村	渭南市	大荔县	1	1	4	3	4	5	2.5	0.13	0.09	0.20	0.15	0.13	0.31
6	合阳县马家庄镇西中雷村	渭南市	合阳县	1	2	4	2	3	5	2.5	0.12	0.17	0.20	0.10	0.10	0.31
7	富平县美原镇美原村	渭南市	富平县	1	2	3	3	3	5	2.5	0.12	0.17	0.15	0.15	0.10	0.31
8	富平县老庙镇笃祜村	渭南市	富平县	1	2	3	3	3	5	2.5	0.12	0.17	0.15	0.15	0.10	0.31
9	韩城市西庄镇柳村	渭南市	韩城市	2	2	3	1	3	5	2.5	0.24	0.17	0.14	0.05	0.09	0.30
10	韩城市西庄镇郭庄砦村	渭南市	韩城市	2	2	3	1	3	5	2.5	0.24	0.17	0.14	0.05	0.09	0.30
11	韩城市西庄镇杨村	渭南市	韩城市	1	3	4	1	3	5	2.6	0.12	0.25	0.19	0.05	0.09	0.30
12	蒲城县椿林镇山西村	渭南市	蒲城县	1	3	3	2	3	5	2.6	0.12	0.25	0.14	0.10	0.09	0.30
13	华阴市孟塬镇司家村	渭南市	华阴市	1	1	4	4	4	5	2.6	0.12	0.08	0.19	0.19	0.12	0.30
14	合阳县路井镇北党村	渭南市	合阳县	1	2	5	2	3	5	2.6	0.12	0.17	0.23	0.10	0.09	0.29
15	澄城县寺前镇吴家坡村	渭南市	澄城县	1	2	5	2	3	5	2.6	0.12	0.17	0.23	0.10	0.09	0.29
16	白水县史官镇史官村	渭南市	白水县	1	4	3	2	3	4	2.6	0.12	0.33	0.14	0.09	0.09	0.23
17	韩城市桑树坪镇王峰村	渭南市	韩城市	1	3	4	1	4	5	2.6	0.12	0.24	0.18	0.05	0.12	0.29
18	淳化县铁王镇桃渠塬村	咸阳市	淳化县	2	2	4	4	4	2	2.6	0.23	0.16	0.18	0.19	0.12	0.12
19	岐山县故郡镇涝川村	宝鸡市	岐山县	1	3	3	4	5	3	2.7	0.12	0.24	0.14	0.19	0.15	0.17
20	长武县亭口镇川丰村	咸阳市	长武县	1	4	3	3	4	3	2.7	0.12	0.32	0.13	0.14	0.12	0.17
21	合阳县黑池镇黑东村	渭南市	合阳县	1	3	4	2	3	5	2.7	0.11	0.24	0.18	0.09	0.09	0.28
22	长武县彭公镇马坊村	咸阳市	长武县	1	3	5	3	4	3	2.7	0.11	0.24	0.22	0.14	0.12	0.17
23	淳化县石桥镇石桥村	咸阳市	淳化县	1	4	2	3	4	4	2.7	0.11	0.32	0.09	0.14	0.12	0.23
24	合阳县同家庄镇南龙亭村	渭南市	合阳县	1	3	5	2	4	4	2.7	0.11	0.24	0.22	0.09	0.12	0.22
25	长武县丁家镇十里铺村	咸阳市	长武县	2	3	4	3	4	2	2.7	0.22	0.24	0.18	0.14	0.12	0.11
26	印台区陈炉镇立地坡村	铜川市	印台区	1	5	3	3	4	2	2.7	0.11	0.39	0.13	0.14	0.12	0.11
27	韩城市芝川镇徐村/清水村	渭南市	韩城市	1	3	5	1	4	5	2.8	0.11	0.23	0.22	0.05	0.12	0.28
28	蒲城县尧山镇六合村	渭南市	蒲城县	1	3	4	2	4	5	2.8	0.11	0.23	0.17	0.09	0.11	0.28
29	麟游县丈八镇丈八村	宝鸡市	麟游县	1	4	4	4	4	2	2.8	0.11	0.31	0.17	0.18	0.11	0.11
30	华阴市岳庙街道双泉村	渭南市	华阴市	2	1	3	4	4	5	2.8	0.22	0.08	0.13	0.18	0.11	0.28

图4.5　关中传统村落自然生态因子宜居性贡献率计算示范图（电脑截图）

关中五市一区范围内入选第一至第五批国家级传统村落、第一至第三批省级传统村落的村落中，近三分之二的村落分布于关中东部渭南地区。而位于关中地区中部、渭河冲积平原核心区的西安市，其管辖总面积与渭南市接近，但仅分布有2个国家级传统村落和1个省级传统村落，传统村落数量不足渭南市内传统村落数量的4%。关中西南部的秦岭山地区和北山山地区传统村落分布极少，陇县、陈仓区、长安区、鄠邑区等区县单元内均没有传统村落分布。

各区县对传统村落保护工作的重视程度不同、居民对文化遗产价值认知水平不同、区域性建筑技术和建筑材料不同等客观原因导致村落风貌的完整度不同、分布数量不同。渭南地区的传统村落多为明清时期所建，建筑材料有利于长期保存，且宗族管理制度明确，乡规民约制订严谨，传统民居一直被当地居民所使用，所以废弃现象不显著。而渭北黄土高原地区因黄土材料抗雨水性能较差、新农村建设等活动促进建筑材料更新，从而导致留存下来的传统村落数量不多。主观方面，相关保护工作的滞后导致传统村落的发展潜力未被准确预判与评估。

4.3　古遗址和传统村落分布特征分析

仅以目前已经评选出的传统村落作为样本，进行时间维度和空间维度的特征、规律分析和空间利用智慧挖掘，具有一定的局限性。从史料记载的历史事件和人类活动信息进行综合分析，已评级的传统村落数量较少并不意味着这些地区在传统村落的时空演进过程中的影响力可以忽略，基于上述情况，本研究将引入聚落类古遗址作为分析的补充样本。

古遗址作为经专家考古认证的具有较为准确年代的古代人类遗留下来的痕迹，其形态规模和结构特征能够反映某一时期人类生活生产方式的典型性和特殊性，其分布和集聚区域可以反映不同时期人类生活生产的主要区域和历史演变下人类集聚区的迁移特征。结合关中地区古遗址进行传统村落时空分布特征分析,既可以部分解决传统村落形成年代难以考究的现实问题,还可以促进历史资源丰富地区的优质传统村落的挖掘和申报工作。

4.3.1 古遗址分析样本的选取及其概况

本研究选取关中地区已评选出的国家级和省级古遗址中的废城与聚落遗迹作为分析样本。按照社会、经济、文化活动遗址遗迹的划分类型,古遗址可以分为历史事件发生地、军事遗迹与古战场、废弃寺庙、废弃生产地、交通遗迹、废城与聚落遗迹、长城与烽燧遗迹等。其中废城与聚落遗迹包括已经消失或废弃的城镇、村落、屋舍等人类居住的区域、建筑和设施,与传统村落性质相同,具有一定的参考意义。本书在后续分析过程中将废城与聚落遗迹类古遗址简称为“古遗址”,将其和传统村落构成组合样本,并统称为“古今聚落”。

本研究从国务院核定并公布的第一至第七批全国重点文物保护单位、陕西省人民政府核定并公布的第一至第六批陕西省重点文物保护单位中去除已经被撤销的、在数字地图中难以准确定位的文保单位,选取了关中范围内 152 个古遗址。在没有科学生产技术和先进劳动工具辅助的渔猎文明和农耕文明时期,人们对生态环境的依赖性较高,而历经数千年仍能寻觅到踪迹的古遗址不仅可以印证当时丰富的文化,还能大致推断出该地区当年的宜居水平。在人类改造自然的能力尚不足的情况下,选址择地智慧对于聚落的长远发展具有举足轻重的作用,有待进一步探索。同时,对大量的生活生产类古遗址的分布特征进行总结,对于完善关中地区传统村落选址择地和空间营建智慧具有重要意义。

笔者结合陕西省文物局出版的《陕西省历史地图集》中所记载的古遗址信息，以关中为范围进行筛选，对关中地区152个古遗址进行地图落位（见图4.6，因古遗址面积较小，在图中有重合，未全部显示，但并不影响最终的分析研究）。

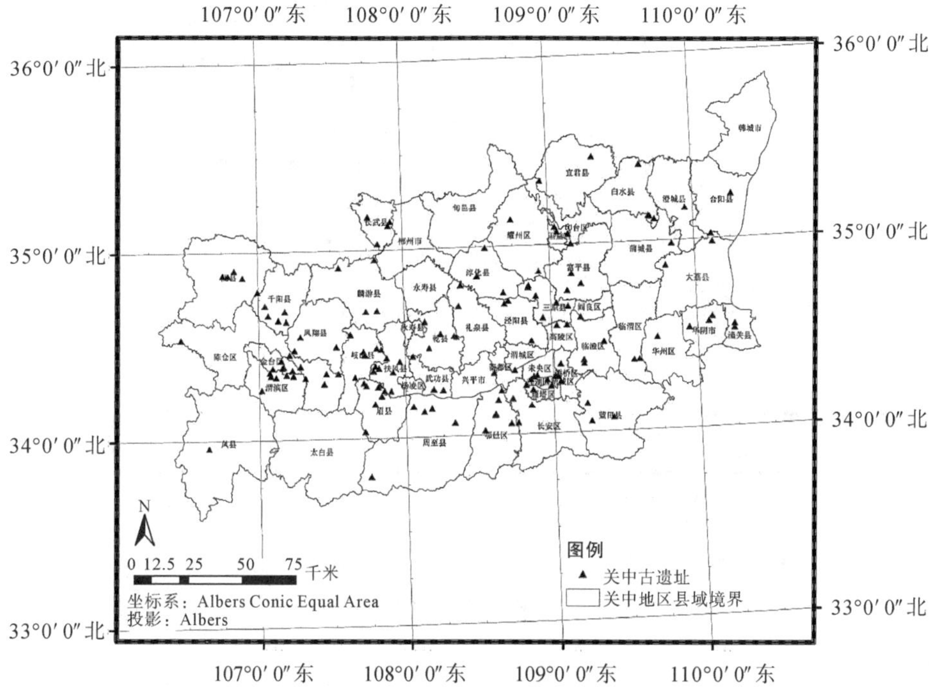

图4.6　关中古遗址空间分布图

本图为作者自绘，审图号：陕S(2024)015号

结合关中地区生态宜居性分析结果，对传统村落和古遗址进行宜居空间落位，可以发现152个古遗址样本中有124个处于中、高度宜居区，约占总量的81.6%，129个传统村落中约69.0%的传统村落分布于中、高度宜居区（见图4.7，因古遗址与传统村落面积较小，在图中有重合，未全部显示，但并不影响最终的分析研究）。

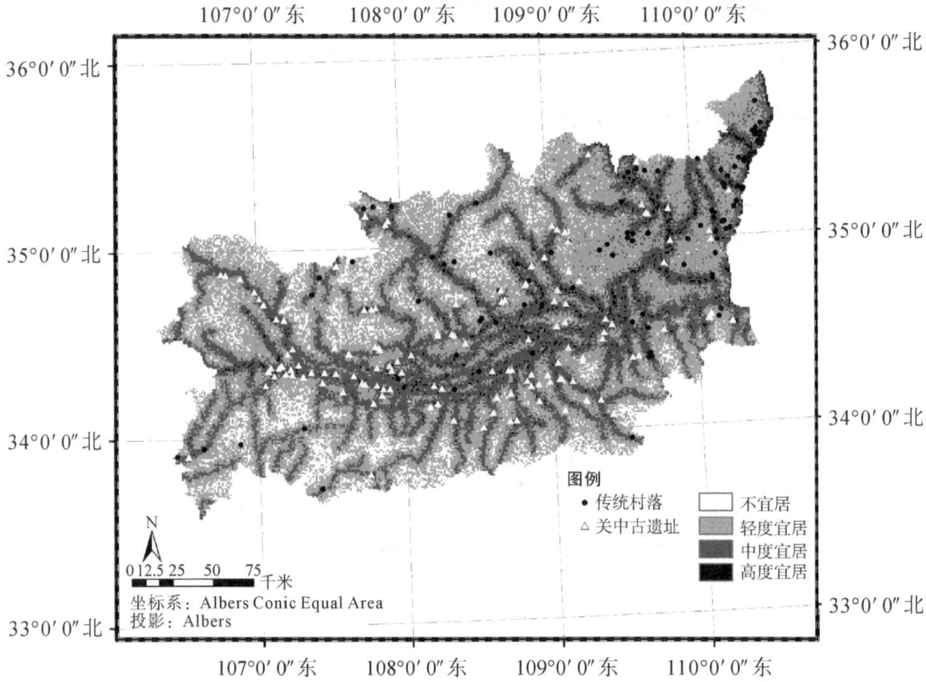

图 4.7　关中古今聚落分布与生态宜居性空间耦合图

本图为作者自绘，审图号：陕 S(2024)015 号

4.3.2　古今聚落的空间分布密度在宏观尺度下存在差异

关中地区古遗址和传统村落空间分布存在差异性，古遗址多分布于关中中部平原地区，传统村落多分布于关中东部黄河沿岸的黄土台塬地区。本书以古遗址和传统村落共同构建的古今聚落样本，空间相关性较弱，分布呈均衡、分散的整体形态，在宝鸡市的眉县和扶风县、渭南市的合阳县和韩城市呈现出相对集聚的特征。传统村落作为单独样本时，空间相关性较强，分布呈明显的集聚特征，主要集聚分布于渭南市的合阳县和韩城市。

为了更加直观地分析关中各地区古今聚落空间分布密度的差异性，笔者进行了核密度分析，并结合空间相关性分析结果，发现古今聚落空间分布存在差异性。传统村落主要分布于关中东部的黄土台塬和秦岭北麓台塬地区，在渭河冲积平原和北山山地区域零散分布，具体分布在合阳县、韩城市等，但这些区县古遗址分布较少（见图 4.8a，颜色越深，代表村落分布越密集）。关中地区古遗址主要分布于秦岭北麓台塬、渭北黄土台塬，以及渭河冲积平原的中部西安地区和西部宝鸡地区，北山山地区有少量分布，秦岭山地区仅有少量分布，具体分布在武功县、扶风县、岐山县、三原县、周至县、鄠邑区等区县，但这些区县传统村落却分布较少（见图 4.8b）。古今聚落在宏观尺度下的空间分布存在差异性，需要从时间和空间的维度，对其由生态环境、地形地貌、河流水系、自然灾害等导致的变化等进行动态、综合分析。

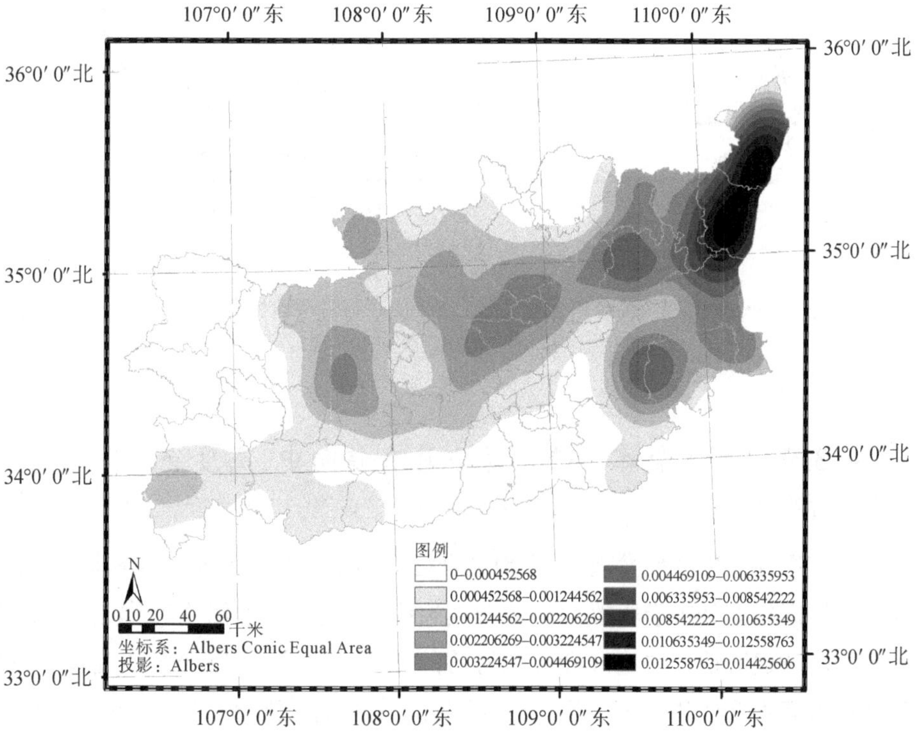

(a)

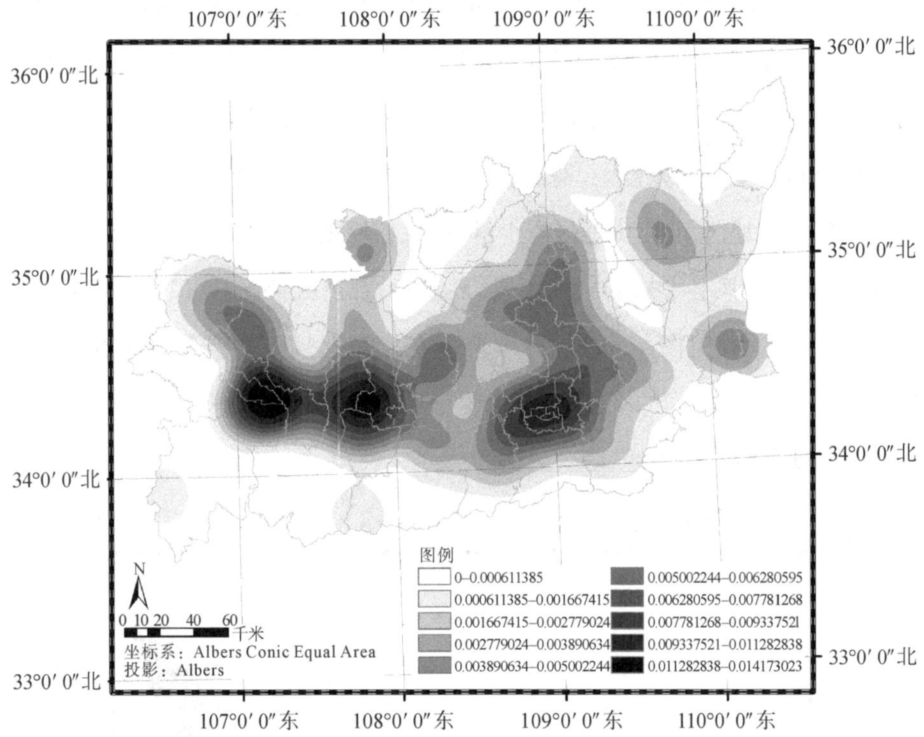

(b)

图 4.8　关中地区传统村落核密度分析图(a)与古遗址核密度分析图(b)

本图为作者自绘,审图号:陕 S(2024)015 号

4.3.3　古今聚落的选址择地具有趋向中、高度宜居区的特征

由宜居性评价结果发现,关中地区宜居空间主要分布于平原和台塬区,中、高度宜居区集聚分布于塬隰地势的塬地边缘,塬地具有生活生产优越性,早已出现聚落营建活动。古遗址和传统村落的分布与中、高度宜居区高度耦合,可见关中地区古遗址和传统村落在选址择地时都倾向于选择适宜生活生产的中、高度宜居区,但是具体的区位和环境有所差别(见图 4.9)。

关中地区古遗址和传统村落空间分布具有与河流高度耦合的共性特征,即具有明显的亲水性。例如,在宝鸡市的渭河干流和千河流域,以及西安市的浐河、灞河、沣河、涝河沿岸的古今聚落呈集聚分布(见图 4.10)。

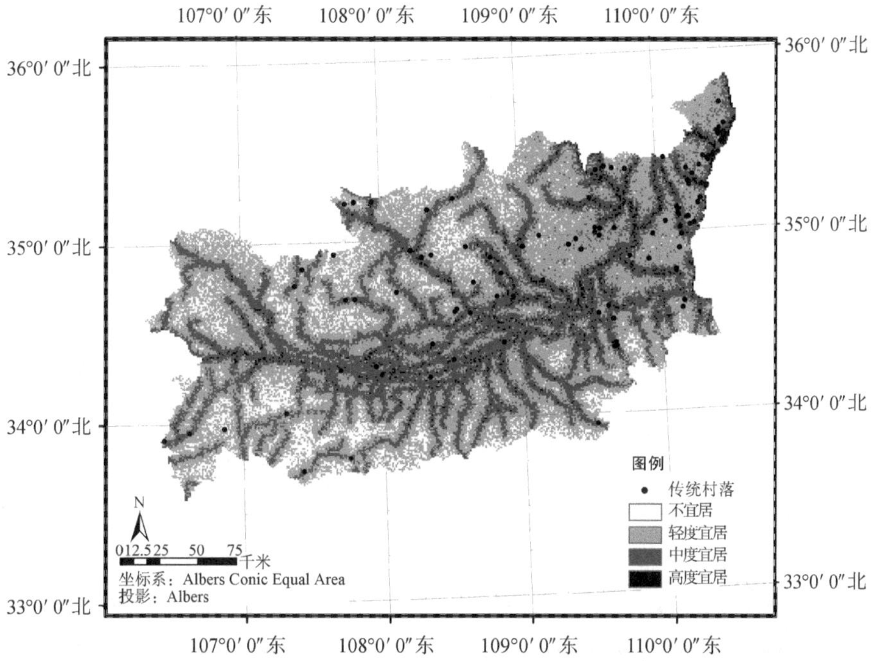

(a)

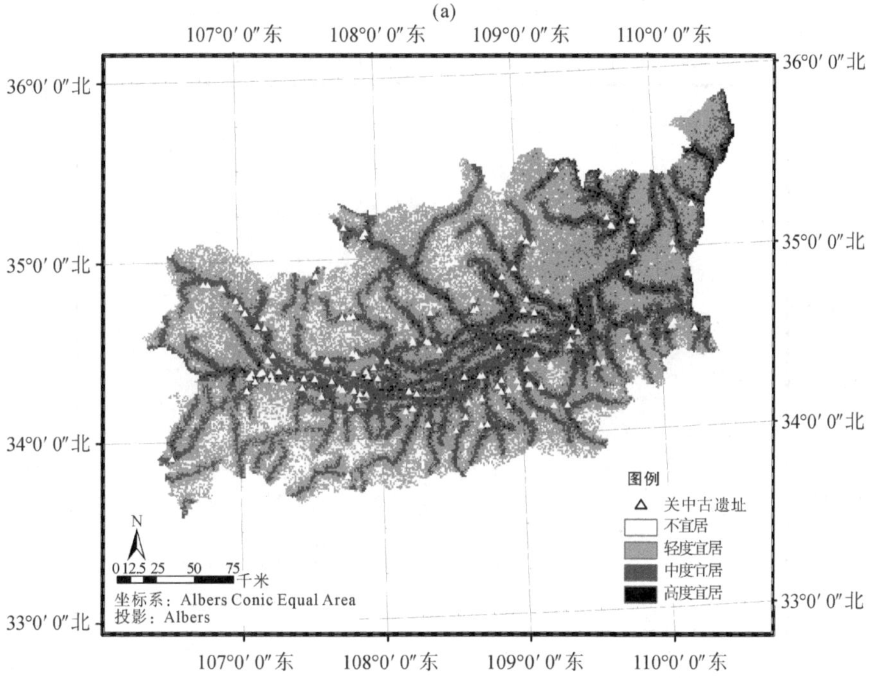

(b)

图 4.9　关中地区传统村落分布图(a)与古遗址分布图(b)

本图为作者自绘,审图号:陕 S(2024)015 号

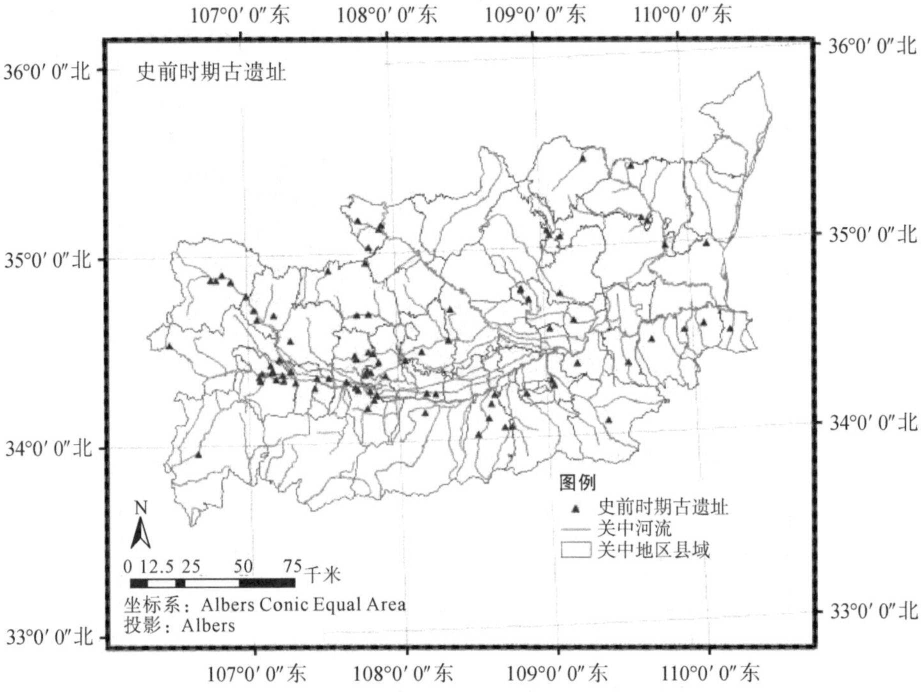
107°0′ 0″东
108°0′ 0″东
109°0′ 0″东
110°0′ 0″东
36°0′ 0″北
35°0′ 0″北
34°0′ 0″北
33°0′ 0″北
史前时期古遗址
图例
史前时期古遗址
关中河流
关中地区县域
N
0 12.5 25 50 75 千米
坐标系：Albers Conic Equal Area
投影：Albers

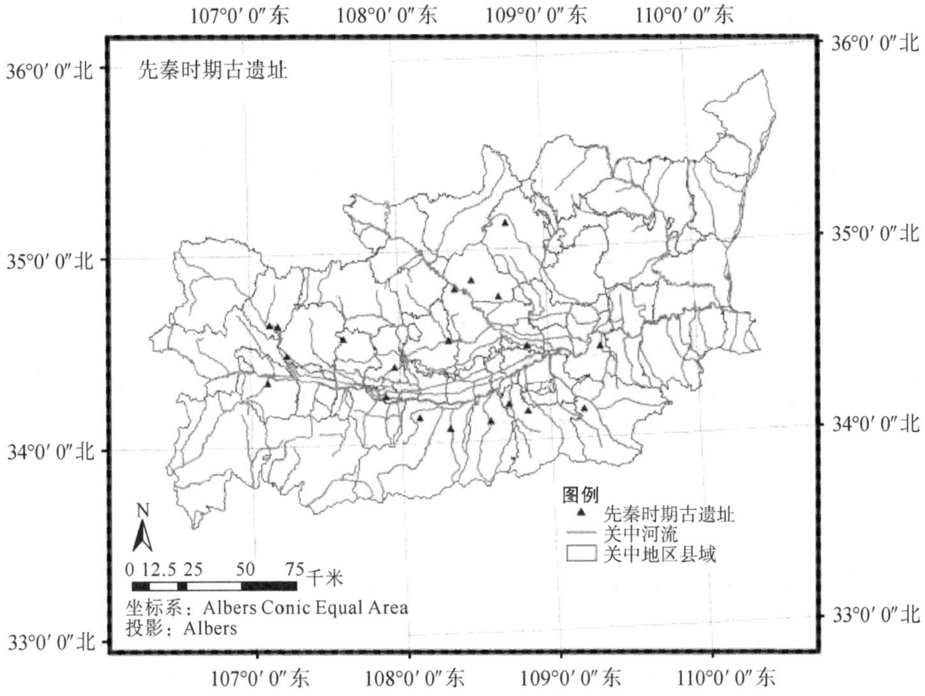
107°0′ 0″东
108°0′ 0″东
109°0′ 0″东
110°0′ 0″东
36°0′ 0″北
35°0′ 0″北
34°0′ 0″北
33°0′ 0″北
先秦时期古遗址
图例
先秦时期古遗址
关中河流
关中地区县域
N
0 12.5 25 50 75 千米
坐标系：Albers Conic Equal Area
投影：Albers

107°0′0″东
108°0′0″东
109°0′0″东
110°0′0″东
36°0′0″北
35°0′0″北
34°0′0″北
33°0′0″北
秦汉至隋(前期)古遗址
图例
秦汉至隋前古遗址
关中河流
关中地区县域
N
0 12.5 25 50 75 千米
坐标系：Albers Conic Equal Area
投影：Albers

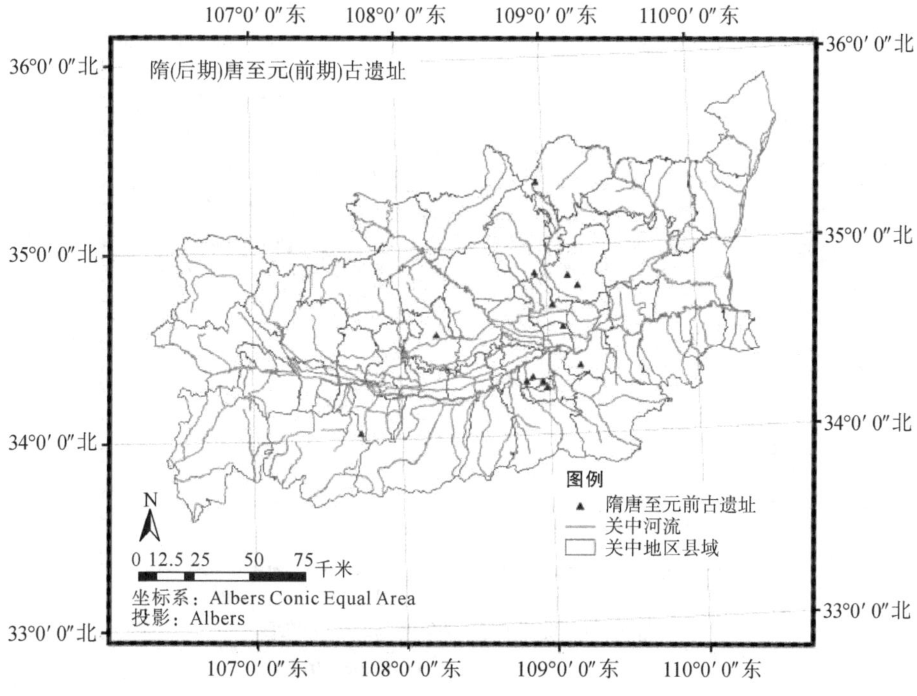

107°0′0″东
108°0′0″东
109°0′0″东
110°0′0″东
36°0′0″北
35°0′0″北
34°0′0″北
33°0′0″北
隋(后期)唐至元(前期)古遗址
图例
隋唐至元前古遗址
关中河流
关中地区县域
N
0 12.5 25 50 75 千米
坐标系：Albers Conic Equal Area
投影：Albers

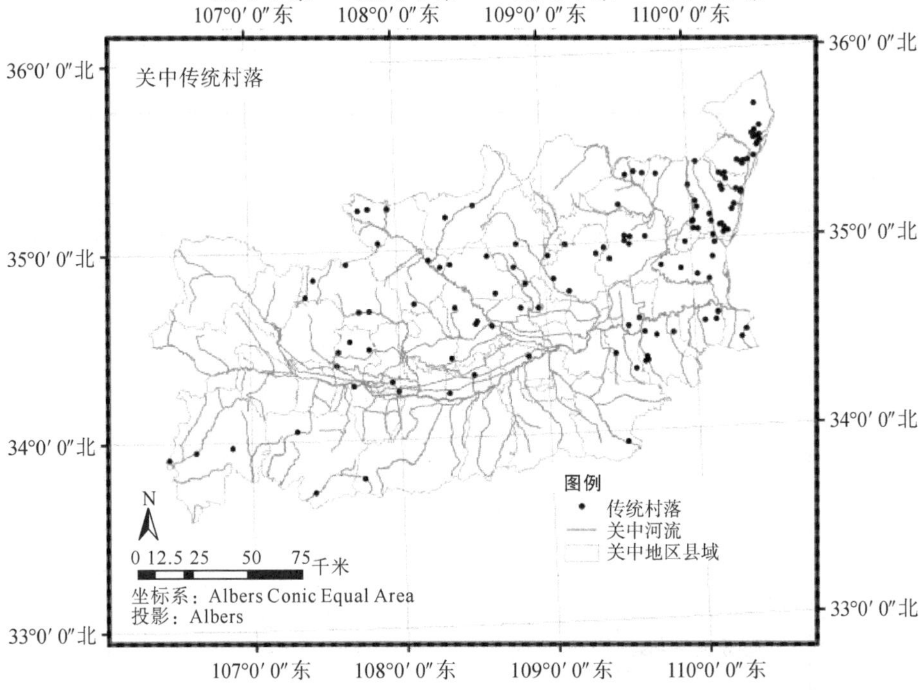

图 4.10　关中地区古今聚落时空分布图

本图为作者自绘，审图号：陕 S(2024)015 号

4.3.4　古今聚落的历史演进呈现逐渐由西向东聚集的规律

关中中部平原地区作为整个区域内中、高度宜居空间分布最为密集的地区，古遗址分布密度较高，而传统村落分布较少。为了探索其形成的原因，并进一步挖掘关中人居聚落时间维度和空间维度的演进规律，本书将古遗址划分为史前时期、先秦时期、秦汉至隋（前期）、隋（后期）唐至元（前期）、元（后期）明清时期五个时间段，对关中地区古今聚落的空间分布特征进行分析（见图 4.11）。

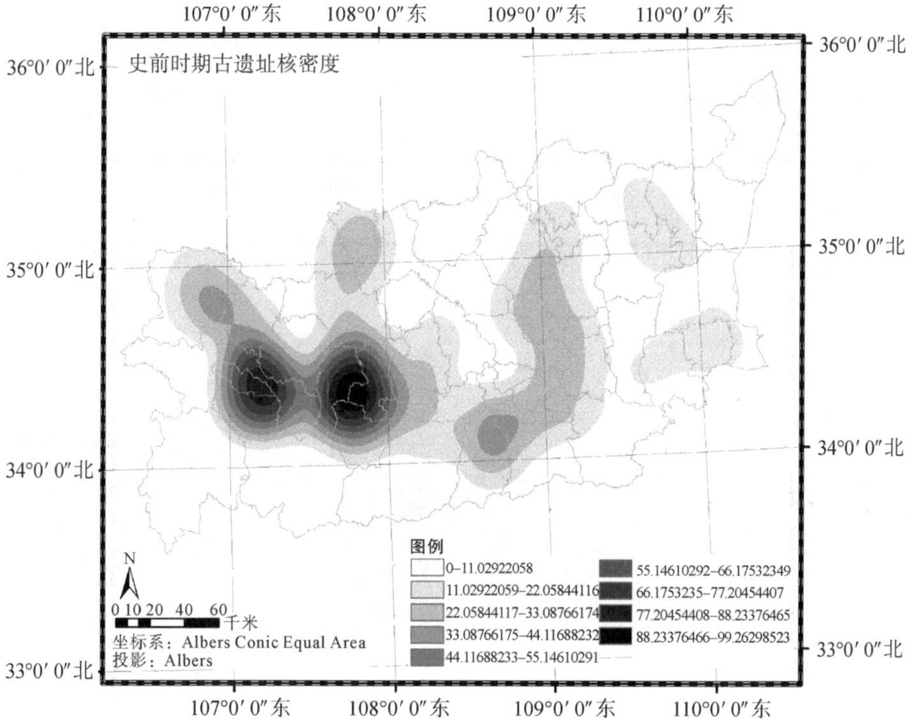

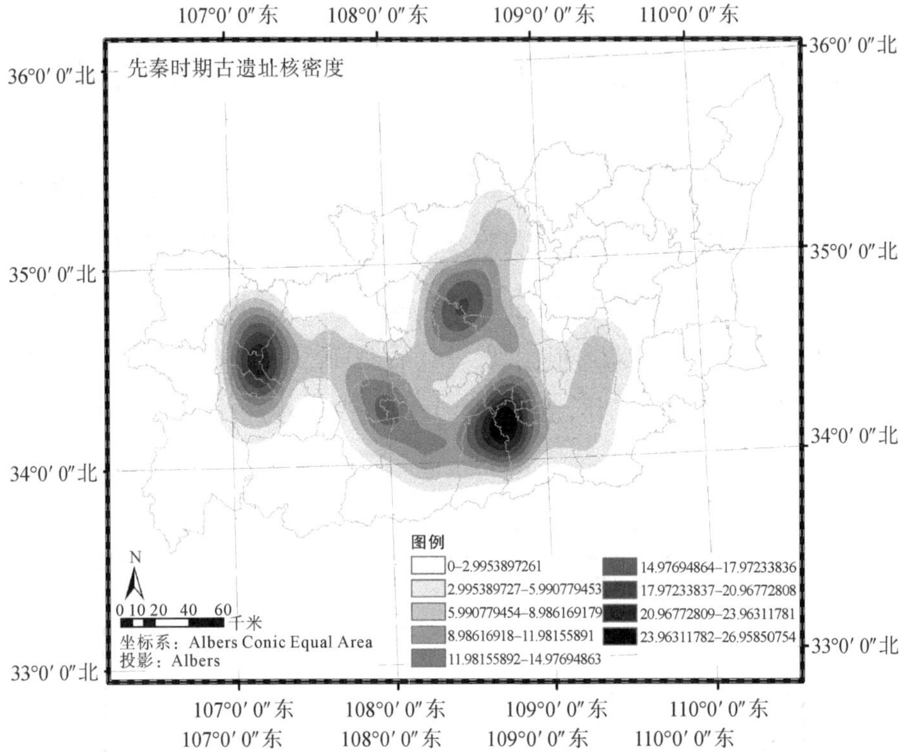
先秦时期古遗址核密度
107°0′0″东
108°0′0″东
109°0′0″东
110°0′0″东
36°0′0″北
35°0′0″北
34°0′0″北
33°0′0″北
图例
0–2.9953897261
2.995389727–5.990779453
5.990779454–8.986169179
8.98616918–11.98155891
11.98155892–14.97694863
14.97694864–17.97233836
17.97233837–20.96772808
20.96772809–23.96311781
23.96311782–26.95850754
N
0 10 20 40 60
千米
坐标系：Albers Conic Equal Area
投影：Albers

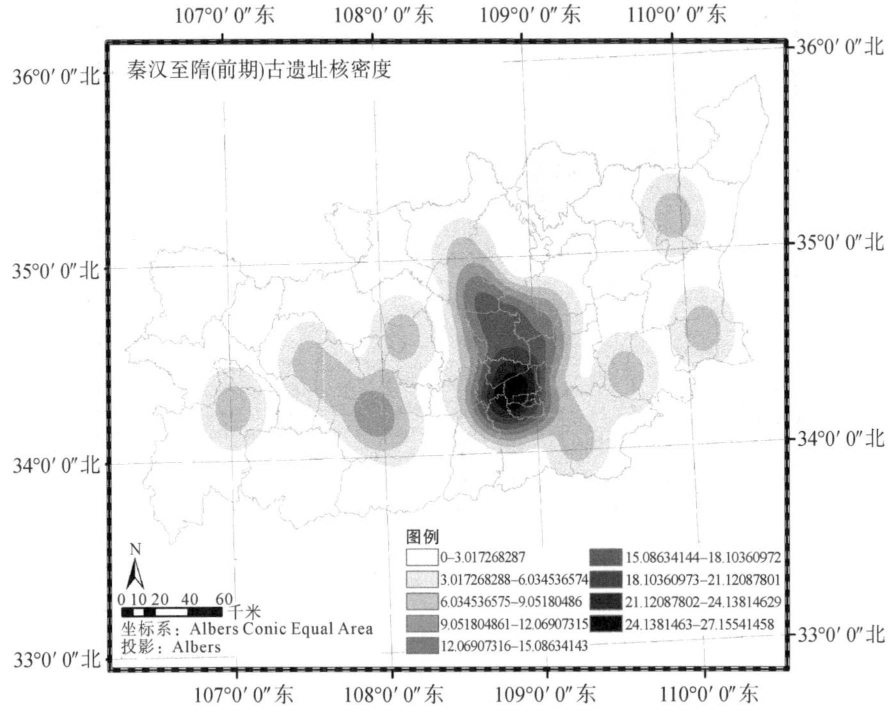
秦汉至隋(前期)古遗址核密度
107°0′0″东
108°0′0″东
109°0′0″东
110°0′0″东
36°0′0″北
35°0′0″北
34°0′0″北
33°0′0″北
图例
0–3.017268287
3.017268288–6.034536574
6.034536575–9.05180486
9.051804861–12.06907315
12.06907316–15.08634143
15.08634144–18.10360972
18.10360973–21.12087801
21.12087802–24.13814629
24.1381463–27.15541458
N
0 10 20 40 60
千米
坐标系：Albers Conic Equal Area
投影：Albers

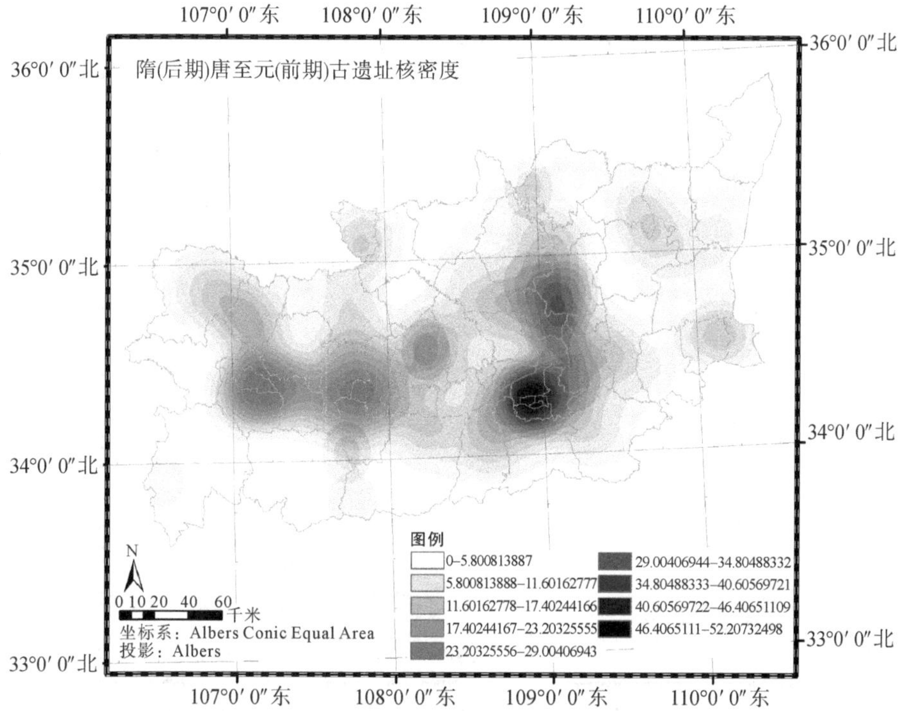
107°0′0″东
108°0′0″东
109°0′0″东
110°0′0″东
36°0′0″北
35°0′0″北
34°0′0″北
33°0′0″北
隋(后期)唐至元(前期)古遗址核密度
图例
0–5.800813887
5.800813888–11.60162777
11.60162778–17.40244166
17.40244167–23.20325555
23.20325556–29.00406943
29.00406944–34.80488332
34.80488333–40.60569721
40.60569722–46.40651109
46.4065111–52.20732498
N
0 10 20 40 60 千米
坐标系：Albers Conic Equal Area
投影：Albers

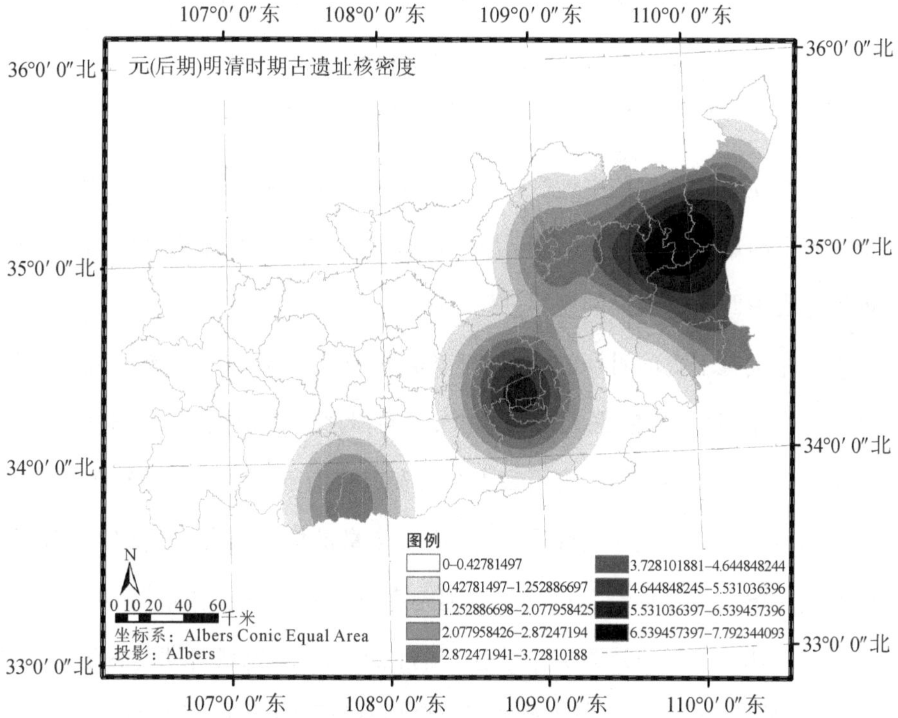
107°0′0″东
108°0′0″东
109°0′0″东
110°0′0″东
36°0′0″北
35°0′0″北
34°0′0″北
33°0′0″北
元(后期)明清时期古遗址核密度
图例
0–0.42781497
0.42781497–1.252886697
1.252886698–2.077958425
2.077958426–2.87247194
2.872471941–3.72810188
3.728101881–4.644848244
4.644848245–5.531036396
5.531036397–6.539457396
6.539457397–7.792344093
N
0 10 20 40 60 千米
坐标系：Albers Conic Equal Area
投影：Albers

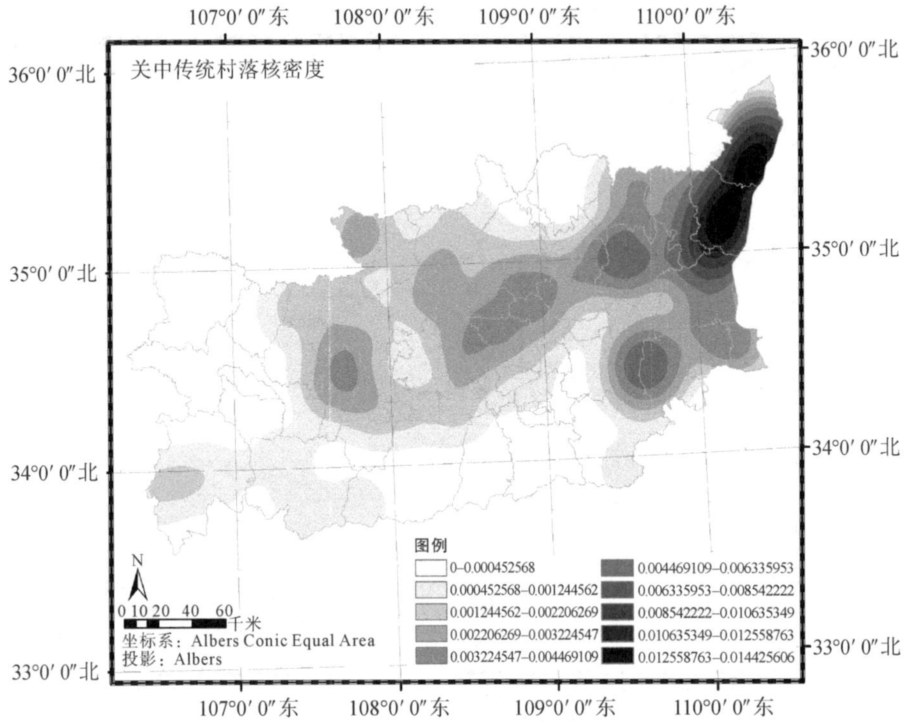

图 4.11　关中地区古今聚落核密度时空分布图

本图为作者自绘，审图号：陕 S(2024)015 号

从历史演进视角对关中地区古今人居空间格局进行分析，对每个时期的古遗址分布空间进行统计，并计算其核密度，通过对比各时期核密度分布图，发现古遗址呈现由西向东聚集的规律。

形成年代属于史前时期的古遗址有 90 个，约占总数的 59.2%，史前时期是 5 个历史时期中时间跨度最大的，因此该时期留存遗址相应较多。关中人居聚落历史悠久。一百多万年前蓝田猿人在西安市东南部的蓝田县繁衍生息；西安市西郊的鱼化寨遗址是一处保存完好、内容丰富的仰韶文化聚落遗址；新石器时代晚期炎黄氏族部落频繁活动于黄河与渭河流域。这些史前时期的古遗址印证了关中地区自古便是人类生活生产的宜居地区。先秦时期的古遗址有 21 个，约占总数的 13.8%，位于宝鸡地区的呈相对集聚的状态。周朝定都于丰镐，因此该地区先秦时期文化遗存较多。秦汉至隋(前期)的古遗址有19个,约占总数的12.5%。秦代定都咸阳,汉代定都长安,随着新的朝代建立与都城的变化,古遗址集中分布区也向东迁移。西汉以后至北朝时期,关中地区陷入战乱,直到隋朝重新实现统一以后,定都大兴,关中才恢复国家政治中心的地位。唐代是中国古代历史上经济和文化空前繁荣的时期。隋(后期)唐至元代(前期)以前关中遗留的古遗址有13个,约占总数的8.6%,古遗址集中分布区向关中东部和渭河以南迁移。元(后期)明清时期,盛世长安的辉煌不再,加上这一时期距今年代较近,大多数村落仍在使用,古遗址数量仅有9个,约占总数的5.9%,古遗址集中分布于关中东部渭南地区。

遗产界盛行一句俗语,即"地下文明看陕西,地上文明看山西",从考古学视角描述了遗产类型的时空分布规律。山西地区古建筑类遗址数量远超邻近省份,而关中东部紧邻山西,古建筑类遗址数量显著多于关中西部。传统村落在漫长的发展演变过程中或由于战乱等导致历史记载缺失,或于明清、新中国成立后进行了重建,或在移民政策引导下多数居民置换,等等,村落年代难以准确统计,因此本研究以国家级传统村落为代表进行村落年代统计时,将其划分为明清前和明清后两个时期。通过统计发现关中国家级传统村落中,有16个建村于明清时期,其中4个分布于关中中部的西安市和铜川市,12个分布于关中东部的渭南地区,同时东北方向的韩城市和合阳县为关中传统村落的核心集聚区,宝鸡和咸阳地区传统村落以宋、元时期及以前的传统村落为主,传统村落同样呈现出东北多、西南少的空间分布特征和由西向东聚集的规律。

4.4　空间分布及演进规律的影响因素

4.4.1　生态环境变化的影响机制分析

1. 河流摆动和涨落活跃的区域，传统村落分布数量较少

关中渭河平原地区河网密布（见图 4.12），古遗址靠近渭河干流分布，而传统村落多数分布于渭河支流两侧，呈临近河流水系分布的特征。湖泊沼泽的消失、河流干涸或改道等现实情况对于古遗址的时空分布也产生了深远影响。历

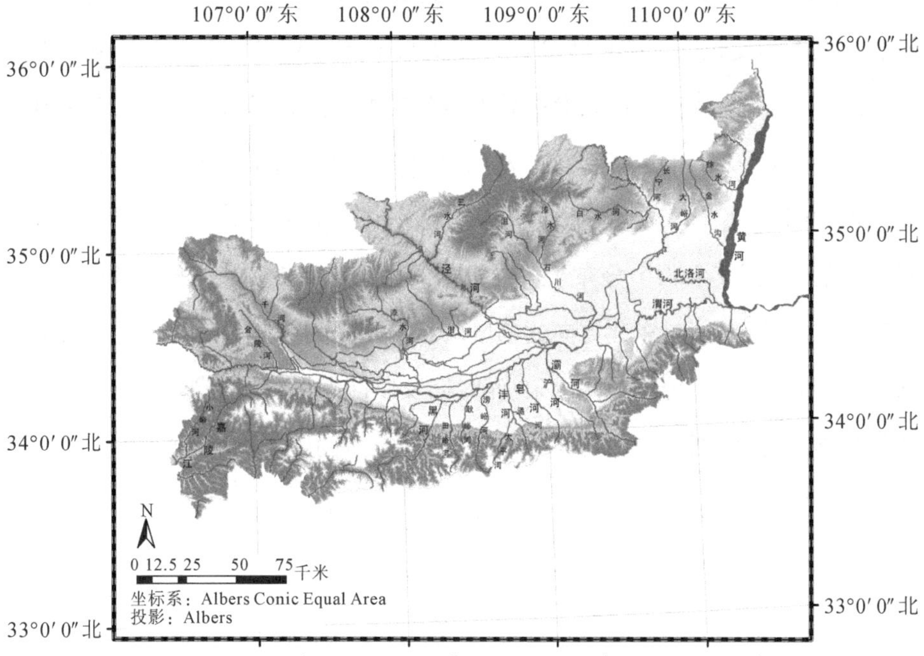

图 4.12　关中地区河流空间分布示意图

本图为作者自绘，审图号：陕 S(2024)015 号

史时期关中水系分布同当代并无巨大差异，水量呈稳态减少的演变趋势。在关中中部以渭河干流为中心的河网密度最高地区却少有古遗址和传统村落的分布，这与历史上渭河的摆动和涨落有密切关系。

渭河自西向东贯穿关中平原，历史上渭河南北摆动颇为频繁，对沿河地区居民点的分布有较大影响。清中后期，华州、东北一带临近渭河处，因渭河向南摆动导致田地房屋被毁。吴炳南所著《三续华州志》中记载，清嘉庆年间，"西河东侵，陷大涨村二百余户。咸丰初，东河自通渭、河头堡、南曲崩陷，金城一堡，逼近拾村"；韩邦靖所著《朝邑县志》中记载，朝邑县地处黄、渭、洛三河交汇处，"岁溢而善崩。溢辄没禾稼，崩乃数十年不得田"；贺云鸿所著《大荔县志》中记载，乾隆十六年（1751 年）渭河发大水，把临河的庄稼淹没，乾隆二十一年（1756 年）渭、洛两河河水水位上涨，邻近的村庄被河水摧毁，乾隆三十一年（1766 年）渭河又发大水，邻近渭河的村庄再次被毁。渭南市诸多县志中对此类现象有所记载。由于渭河在今渭南以东地区摆动十分频繁，在今西安和咸阳地区一带渭河的变迁也十分显著，对渭河两岸的居民点的安全造成了巨大隐患，因此该区域传统村落数量较关中其他地区更少。

除了河流的摆动，河流的涨落对于古遗址空间分布也有重大影响。渭河流域的浐河、灞河、皂河、沣河等河流沿岸遗址较多，特别是平原地带的中游沿岸地区，古遗址的分布密度约与当代村落相当，但在快要汇入渭河的地带遗址分布却较少，这与河流交汇地区易涨水有一定的相关性。后来渭河沿岸及河流交汇地区进行大量的城市建设，特别是隋唐时期修建了长安城，这一方面是由于渭河水量的下降，另一方面是对于水患有了一定的预防或克制措施。

2. 地势地貌变化导致宜居水平降低，村落逐渐向东迁移

关中地区最早的人居建设活动多发生于渭河平原地区。不同时期古遗址分布区域的变化，部分是由于地形地势变化导致宜居水平降低而被动迁移。周文王祖父古公亶父迁都于周原，立宗庙、建宗室，开始了建设活动。周原地处渭北黄土台塬区，西周时期的周原地区地势平坦、河谷不深，有时可以达到蓄水不流，塬面植被覆盖良好。东汉以前周原地区沟谷宽浅、水流对土壤的侵蚀较弱，但东汉以后用地条件逐渐恶化，随着城乡建设活动的增加和农耕的发展，森林遭到砍伐而导致水土流失情况加剧。水流对土壤的侵蚀导致沟壑迅速发育，发展至唐宋时期森林彻底消失，自唐代开始周原逐渐发育出很多深沟大壑，原来广阔平坦的周原地区变得支离破碎，最宽的塬面仅为 13 公里。随着地势的变化，周原已经不适合进行大规模的建设活动，大型沟壑对于东西向交通造成了一定的阻碍，不利于发展，于是人口开始逐渐向关中东部迁移。唐宋以后关中西部的城乡建设活动逐渐减少，只有遗留的古遗址记录着周原地区的辉煌历史，传统村落在此分布较少。

关中黄土台塬地区的沟谷发育、土壤侵蚀是地貌演进的自然过程，其变化主要是受到黄土性质、气候变迁、新构造运动等自然因素的影响，但大量营建活动对植被的破坏等人为因素也起到了很大作用。

关中淳化县北部甘泉宫所在地区同样反映出地势地貌的不断演变。秦汉时期的甘泉宫古遗址位于今梁武帝村旁边，宫城之外是云阳县城。作为秦代重要的离宫别苑，甘泉宫当时应选址于地势较高的宽阔塬地，而今甘泉宫遗址东西两侧被两条深沟所包围，沟中水流向南汇于冶峪河，西沟对面残存的城墙可以证明沟外也曾属于甘泉宫或云阳县城范围[118]。甘泉宫和云阳县荒废于汉代，该地区直至北宋时期都植被茂盛，而北宋以后随着植被被破坏沟壑逐渐发育，从而形成现在的地貌形态。淳化县北部现在被沟壑切割为大小不等的南北向条形用地，分布有省级传统村落桃渠塬村，以及其他村落，但因生态宜居水平的降低、地形地貌限制而没有大规模的区县级城市建设。

关中历史时期典型的塬隰地势中的“隰”是指不利于生产生活的低湿之地，而现在已经基本上不再沿用“隰”这一名称了。随着地壳变化和自然环境的改变，原来具有差异性的地势变得相似，现在为加以区别从低往高分别称为头道塬、二道塬、三道塬等。头道塬虽地势较低，但已经不属于低湿环境了，也无须排水。

3. 气候的周期变化影响不同时期传统村落的数量和分布

关中地区史前时期、先秦时期、秦汉时期和隋唐时期的古遗址较多，元明清时期省级聚落类古遗址有9个，但此时期没有国家级古遗址留存。关中地区的气候变化对于古遗址的分布有较大影响，有学者对历史时期关中地区的气候变化进行研究，划分出10个气候变化阶段[119]。

新石器时代早期，关中属于亚热带季风性湿润气候，到了晚期气温虽有下降，但是仍较现今温暖，降雨量充沛，河流径流量大。新石器时代古遗址分布较为均匀，渭河及其支流流域均有古遗址分布，且多分布于山前台地。先秦历史时期中，夏、商时期关中仍是温暖湿润气候，但是从西周初年开始，全球气温进入了明显的下降期，降雨量也随之减少。从渭滨区的茹家庄遗址可以看出该时期人类逐渐向低一级的台地或近河平原地带迁移。春秋战国时期关中气温有所回暖。秦汉时期，承接春秋战国时期气温回暖，关中气候保持温暖湿润，到西汉后期气温开始转寒。魏晋南北朝时期，关中气候寒冷干燥，再加上政权更替，农业荒废，关中大量人口南迁。《晋书·地理志》中记载，西晋太康元年（280年）关中地区在籍人口只有西汉末年关中地区在籍人口的四分之一，该时期遗留的古遗址很少。隋唐时期，关中气候又一次波动回暖，其中最为辉煌的贞观之治到开元盛世的百年之间气候温暖，建设活动频繁，遗存丰富，该时期的古遗址不仅数量众多而且规模宏大。唐晚期气温又再一次转寒。宋元时期，关中地区气候偏凉，京兆府甚至出现“大雪杀苗稼”的现象，此外最大的气候变化是干旱加剧，严重阻碍了关中社会经济发展，该时期古遗址的遗存极少。明清时期，更是进入了“现代小冰期”，气候波动剧烈，灾害频发，同时干旱的气候特征越发明显，该时期关中乃至陕西省内都没有国家级古遗址，但从传统村落的分布规律可以发现，在关中东部靠近黄河的地区呈现明显的空间集聚状态，临近黄河的渭南市合阳县和韩城市分布有全关中约32.6%的传统村落。

气候变化、自然灾害与聚落数量之间有着紧密的关系。在气候恶劣时期，灾害频发导致民不聊生，进而导致政权更替、社会动荡，甚至导致大规模的人口迁移，居民没有稳定的生活环境，就无法投入生产建设活动，所以难以留下具有重大价值的古遗址；反之，在气候良好时期，灾害发生频率降低，生活安逸，社会稳定，居民能够充分投入生产建设活动中，从而留下了众多有价值的古遗址。

4. 旱涝灾害影响不同时期传统村落遗存的质量和规模

关中平原作为我国古代政治经济中心和黄河中游典型的生态环境敏感地带，自然环境变化、旱涝灾害频率和朝代的兴衰、城市的建设之间有着密切的联系。殷淑燕等对关中平原旱灾、水涝灾害发生频率与人口增减规律的历史演变规律进行了统计与分析，发现从春秋战国时期至今的两千多年里，关中平原有两个旱涝灾害高发期，即隋末至唐中后期（610—850 年）和明朝以后（1580—2000 年）[94]78，涝灾和旱灾发生频率与人口增减密切相关，与城市的建设同样密切相关。

西周时期，关中平原的森林在黄河中游的几个平原中似乎是最多的，渭河冲积平原和河流两侧阶地就有大片森林。至秦汉、南北朝时期关中平原的森林虽受到了严重破坏，但仍旧可当“林麓泽薮”①之城。隋唐之前的关中地区旱涝灾害虽时有发生但影响较小，这与茂盛的森林植被对水土保持起到的重要作用关系密切。

隋唐时期定都长安，虽称“因袭”，实则为重筑，长安城作为世界级的繁华都市，常年兴建宫殿、庙宇，以及离宫别苑和皇家陵园。同时长安作为国家政治、经济中心，迁入大量人口，都城周边的乡村地区人口也迅速增长，农耕用地、薪炭、住房等需求随之增加，官民住宅被大量修建。由于古代的营建材料以木材为主，频繁的建设活动导致严重的伐木毁林，森林植被破坏严重，土壤蓄水能力

① 《后汉书》卷四十上《班彪传附子班固传》，林麓泽薮指山林湖泽。

减弱，水土保持功能下降。关中是季节降雨量差距较大的地区，夏季多雨，水量暴增导致遭遇涝灾的概率大幅上升，冬季则常因缺雨而遭遇旱灾。在经历了空前的繁荣后，频繁的城市建设和对自然的过度索取导致生态环境恶化，生态环境与植被破坏越发严重，河流水量随之大幅下降，如此恶性循环，旱涝灾害发生频率逐渐升高。由此可见唐朝以后关中古遗址数量锐减与灾害频发有较大的关系。

明清至民国时期关中地区虽然不再作为都城，但该时期恰逢中国历史上气候极恶劣的“现代小冰期”，气候变化大、灾害频发。在经历了康乾盛世后，该时期生产力提高，人口快速增长。嘉庆二十五年（1820 年），同州（今大荔县）人口密度高达 164.6 人/平方公里，而人口的增长是以自然资源的大量消耗为代价的。从明中叶起，关中森林遭受摧毁性破坏，明早期“高达千寻，粗逾十围”的松柏还很常见，可是到后来，甚至山岗上都变成了“童山”①。明代开始关中旱涝灾害发生频率呈现波动上升的趋势，清代以后仍经历了漫长的旱涝灾害期，城市和乡村的营建都受到了巨大影响，破坏环境和过度开发资源导致部分湖泊、沼泽消失，河流流量减少或改道等，不少居民点被迫迁移甚至消失，故渭南地区东部能留下些许完整、精美的传统村落实属不易。

4.4.2　地理环境效应的影响机制分析

1. 地理环境边缘效应为传统村落发展提供了物质保障

从宏观尺度的地理环境视角，结合生态宜居性和传统村落分布耦合图，可以发现关中地区传统村落具有明显的沿地理环境边缘分布的特征。边缘效应是指两个或两个以上生态系统交互区所呈现出的生态效应。在边缘效应明显

① 《关中两朝文钞》卷九《与大中丞屠东洲书》，“童山”指草木不生的山。

的区域,动植物群落物种丰富、互动活跃、结构复杂,生产力也相对较高,形成了多层次的物质和能量共生网络。

关中所在区域不仅处于农耕区与游牧区的交错地带,亦是温带半干旱气候与半湿润气候的过渡地带,在经济类型、生产生活方式、气候等方面具有明显的边缘效应。关中区域内山地、丘陵、台塬、平原、河谷等交错分布,境内有多个国家级自然保护区,存在多种生态系统的边缘地带,不仅为人类提供了丰富的食物来源,同时还形成了诸多栖息场所,增强了人类防御和躲避灾害的能力。关中河川谷地水源充沛、土质肥沃,有利于发展农业,是农耕文明起源和发展的极佳环境[120]。关中地区的人类活动历史悠久,在境内发现了大量的史前聚落古遗址。通过考古挖掘发现的石斧、石刀、陶钵、直壁缸、殉葬猪等,说明关中居民不仅培育原始农业,还驯化家禽,形成了以耕种农业为主、渔猎为辅的综合经济形式,这种经济形式的出现与关中地区独特地理环境的边缘效应是分不开的。关中黄土台塬地区作为山地和平原的过渡地区,在塬边、近水处分布有聚落遗址和传统村落,这说明该地区的人类活动历史悠久。周边林地不仅为居住于此的居民提供了营建房屋的木材,还提供了丰富的猎物。在生态和农耕文化的互动发展中,最初的狩猎、砍伐工具逐渐演变和改良为农耕工具。农耕的发展使居民的食物来源稳定,促进了人口的稳定增长,村落数量也逐渐增长。

从关中地区古遗址、传统村落空间相关性分析结果来看,扶风县、眉县、韩城市、合阳县为聚落分布的高高(HH)集聚区,这四个区县具有地貌形态丰富、生态资源丰富的共同点。关中中部偏西的渭河北岸扶风县和南岸眉县动植物资源丰富、水资源充沛。扶风县境内有渭河阶地、黄土台塬、山前洪积扇、低山丘陵四个明显的地貌单元,眉县境内有五个明显的地貌单元,两县相邻,形成南北高、中间低的不对称 U 型地形,构造复杂,境内海拔高差超过千米。渭南市东北部黄河沿岸的韩城市和合阳县东临黄河,位于陕西省和山西省两省交界的边缘地区,地形整体呈西北高、东南低走势。其中韩城市位于陕北盆缘褶皱区和汾渭地堑交界地带,地貌构造复杂、矿产资源丰富,其北部有韩城褐马鸡国家级自然保护区；而合阳县呈阶梯式地形，境内有河谷阶地、黄土台塬和低中山三个明显的地貌单元，有“一山一滩川，二沟六分原”之称。传统村落大多集聚分布于韩城市和合阳县的黄土台塬和河谷阶地处，宏观尺度下的地理边缘效应为传统村落居民提供了丰富的渔猎资源与光热资源，以及充沛的水源、肥沃的土地等，也为农耕活动奠定了坚实的基础，两者共同构建了适宜人类生活生产的优越人居环境。

2. 地理环境的围合与尺度效应为传统村落发展提供天然的安全空间

关中盆地是在喜马拉雅运动时期形成的“地堑式构造平原”，整体呈南、北、西三面环山，东临黄河，内部平坦开阔的总体格局，以山河为界形成相对封闭、独立又完整的自然地理单元。关中围合盆地不仅具有良好的小气候，能够为居民提供相对丰富的、维持生存的资源，同时大尺度的围合空间还为关中地区居民的稳定生活和社会经济发展提供了安全空间。

关中范围内，在塬隰地势的切割作用下形成了众多尺度不同的围合空间。在塬地这种小尺度围合空间中，边界明显。农耕时期的居民以地貌和山峦的特征和变化为参照，确定方位，在熟悉、稳定的空间内进行生活生产活动。地势高差构建的天然屏障有效保护居民不受外来者侵扰，地理环境的围合与尺度效应可为关中传统村落等人居空间的稳定发展提供天然的安全空间。

以韩城市为例，黄河向西的支流水系将其切割为大小不等的塬地河谷地。西以芝川镇为界，南北两条水系共同围合形成约 15 平方公里的围合空间，并分布有高门村（包含东高门村、西高门村、北高门村）、华池村、堡安村，村与村之间的间隔约 1.5 公里，村落保存状况良好，具有极高的文化价值。在韩城市大的围合结构中形成的小尺度、相对独立的围合空间有利于居民及时发现外来入侵者，天然屏障能有效地遮蔽村落，适中的村落之间的距离有利于居民守望相助，共筑安全防御体系；相对封闭的围合空间中稳定的地缘关系有利于形成完整和系统的血缘组织体系，同一利益集团为发挥整体优势而团结一致，从而形成集团内部高度的自治体系,促进其有序发展;围合的盆地或河谷地区具有良好的小气候,不仅有利于农业耕种,还能为居民提供丰富的资源供其生存和发展。

4.4.3 其他因素的影响机制分析

关中传统村落的分布格局,反映了历史上关中地区人口的均衡分布态势。通过前文对关中人口规模演变及人口分布的历史变迁的论述来看,随着耕种方式的改良和手工业等的发展,生产力水平、经济发展水平均得到了大幅提高,人口分布格局也随之变化,但关中人口分布密度总体呈由中间向四周逐渐降低的空间分布规律,与如今关中人口空间分布情况相近。人口和居民点的分布受环境的影响很大。人类不同于动植物,居民点分布能反映当时的社会经济现象。自然地理环境为居民点的营建提供了基本的物质基础,但是居民点的形态和规模深受居民的生产关系和社会经济行为的影响,各种经济因素对居民点的分布的影响力是不同的。

1. 水利工程修建和农业生产方式改良促进聚落空间分布趋向均衡化

农业生产水平和食物供给能力是决定人口和居民点分布的主要因素。远古时期生产力水平受自然环境的制约程度较高,因此关中地区先民多选择渭河及其支流附近的平坦阶地作为居住地,如半坡遗址和姜寨遗址。在第一次社会大分工中,畜牧业从农业中分离出来,关中平原河流沿岸的低平地区土壤肥沃、水源充足,易于农业耕种,从而形成了居民点高密度分布区。随着人们利用和改造自然的能力提高,水利工程对聚落空间分布的影响也与日俱增,秦国开凿的郑国渠使关中东部耕种环境得到大幅度改良。西汉时期关中修建了漕渠、白渠、成国渠、灵轵渠、龙首渠,在关中形成了一个完整的灌溉网,其中以西安、咸阳、渭南为核心形成水系密集区,而居民点聚集区逐渐向距离自然河流较远、地势较高的河流二、三级阶地延伸。

关中平原地区一直采取精耕细作的农业生产方式，同时还兴修水利工程，西汉时期更是尝试改进生产方式、创造新型农业生产工具。以赵过创立的“代田法”为代表的新型耕作方法大幅提高了土地产量，土地潜力得到了充分挖掘，但由于代田法对牛力和工具的要求较高，所以适宜于平原地区的大规模耕种。氾胜之始创的“区田法”作为一种更为精细的农业技术，促进了长安地区农耕的进一步发展。秦汉时期关中的农业技术代表了黄河流域的最高水平。唐代进一步扩大了水利灌溉的面积，不仅引渭河水来灌溉，甚至还引黄河水来灌溉田地，今关中东北部的韩城市所在地在当时用黄河水灌溉田地的面积达 6000 余公顷[121]。关中地区精耕细作的生产方式、良好的耕作条件、先进的生产工具等使该区域农产品供给水平显著高于周边地区。

唐代以后，关中各州县建设小型引水工程，康熙年间富平、蒲城等地开发了井灌技术，乾隆年间同州府所属华州、大荔、合阳、韩城等州县疏通、恢复了泉渠 163 道[122]29，引水工程和井灌技术缓解了关中渭北塬地的水资源匮乏问题，保障了农业生产，所以关中地区的种植大体保留了旧日规模。

2. 特色手工业发展促进传统村落向资源富集区集聚，形成村落集群

手工业作为农耕时期的核心产业之一，是劳动密集型产业，从业人员相对集聚。手工业发达地区的聚落分布相对集中，人口规模和密度往往较高。例如陶瓷业、纺织业、铸造业等，因为其生产方式要求大量的工人集中生产，所以促进人口集中。古代手工作坊多集聚于城市中，但是在繁荣的封建王朝时期手工作坊也会向乡村地区扩散。

制瓷业是陕西地区历史悠久的手工业。关中地区的铜川市以黄堡镇为中心，窑场沿漆河两岸密集分布、绵延百里，有立地镇、上店村、陈炉镇和玉华村等窑场，所产“耀州瓷”为中国国家地理标志产品，耀州窑属于宋代六大窑系之一。明代同官县（今陕西铜川市印台区）制瓷业继续发展，主要集中于黄堡镇、陈炉镇、立地镇，到清康乾时期，仅黄堡镇居民便达千余户。澄城县尧头镇历史上以烧制黑瓷而闻名，所在区域煤炭和高岭土资源丰富，为著名的“尧头瓷”的制造提供了丰富的原料和燃料，加上高原向平原过渡区的便利交通，尧头镇成为我国北方瓷器的重要产地，尧头村（第二批国家级传统村落）更是形成了总面积约4平方公里的大型集中制瓷区。

明代陕西地区产纸业有所发展，其主要分布于关中地区的凤翔府、华州、蒲城县。凤翔府细麻纸的生产集中于衡水旁的纸坊村，蒲城县蒲纸的生产集中于兴市镇及周围村庄。清中期陕西的造纸业随着秦巴山区林木资源的开发而达到鼎盛，其在陕南和关中西部得以普及，汉中府的西乡县、定远厅、洋县、略阳县，兴安府的安康县、紫阳县、砖坪厅，商州的商南县及西安府的孝义厅，凤翔府的宝鸡县与岐山县等均设有造纸厂。由于造纸工艺复杂，造纸业发达地区集聚了大量以造纸业为生的居民。

明清时期陕西地区的皮毛加工业在陕北和关中有一定程度的发展，同州府大荔县羌白镇与西安府的泾阳县同为清代陕西皮毛加工业中心。泾阳县地理位置优越，地处西北交通要道，原料的输入和产品的输出皆较为方便，而羌白镇则以皮毛制品加工技艺高超而出名。

作为农耕工具的原料，冶铁业一直是重要的手工业之一。汉朝重视冶铁，三辅地区就设置了多处铁官，分别在今华州区、彬州市、韩城市南部，其中韩城市芝阳镇清水村（第三批国家级传统村落）形成于宋代，历史上是重农、重商、重冶金铸造的商贸型村落。至北宋时期，韩城北部山区的河谷（冶户川），居住了大量的薛姓、善铸犁铧的冶铁人家，清水村亦被称为“铧薛”[123]。

3. 省域交界地带，多元文化交流、远离经济发展中心，促进传统村落平稳可持续发展

关中已评级的传统村落分布最为密集的区域位于渭南市的韩城市和合阳县，该区域地处黄河中游的陕、晋、豫三省交界处。三省均为文化大省，同时地理位置毗邻、习俗相近，根植于农耕文化土壤的民间营建智慧有着极强的趋同

性,多元文化促进该区域人居环境快速、繁荣发展。黄河沿岸的渭南地区水资源充足,常年受黄河滋养,土地肥沃、平坦,适宜耕种,为传统村落的建设和发展提供了保障。渭南市位于关中平原南北向最宽阔的地区,是丝绸之路经济带上的重要节点城市,历史上一直是陕西省的东大门,是关中地区对外交流、安全防御和粮食运输的重要关口,自古便人口密集,经济活动频繁。明末元初,明太祖朱元璋颁布的向中原地区移民的政策,带动了大量山西移民的外迁。山西文化在明清时期对周边省份影响深远,例如关中东部由于地理优势,深受晋文化影响,传统村落格局完整、建筑精美,以青砖为建筑材料解决了以生土为建筑材料建造的民居易坍塌的问题,使该地区传统村落历经漫长岁月仍被大量完整保存。近现代渭南地区社会、经济、文化各方面发展速度较慢,其传统村落也保留较多。

4. 商业和交通互动发展,区域间交流频率增加,聚落于交通枢纽处趋向集聚分布

商业区和交通干道对人口、聚落的布局同样具有重要影响。人口密集的城市或村镇地区和交通要道附近的商业活动往往较为活跃,而活跃的商业活动又促进了居民点规模的不断扩大。关中地区自古交通发达,既是西北地区的大门,又是东南部货品西运的集散中心,原料充足且销路通畅,商业活动活跃。汉代,关中作为丝绸之路的起点,是沟通中外的要地。东南部货品通过潼关入陕后,或沿西北干线经西安至甘州大驿路运货,或经建忠驿(位于三原县城)北上,直达延安、榆林二府,这样潼关、西安、泾阳、三原便成为这条路上重要的商业中心[122]。关中形成以三原和泾阳为中心的西北地域商业中心,商业中心不仅带动了区域商业经济的交流与发展,还带动了人口集聚,形成人口高密度区。随着晋、陕、豫三省商贸活动的加强,清代又增加了两条支路以构建商贸往来通道:第一条为由西安或径阳、三原从渭北同州府经大庆关过黄河的北路商业支线。大庆关地处今渭南地区的大荔县东,位于黄、洛两河交汇处,是晋陕两省的交通枢纽,水运发达、商业繁荣,明嘉靖初年发展为拥有3700户居民的大县。第二条为渭河水运,是关中与山西另一条重要的商业之路。华阴市的三河口镇是这条商路的重要水运关口。渭河水运联系着渭河两岸各州县,是长安得以保持商业中心地位的重要保障,沿河两岸居民点汇集,人口众多。渭南东部或为水陆要冲,或为交通要道,皆是商贾辐辏、人口稠密,居民点分布密集,传统村落留存较多。

4.5 本章小结

本章结合人居环境科学、文化生态学观点,针对关中地区环境特征构建生态宜居性评价模型。在空间维度上,研究借助地理信息系统ArcGIS平台,实现评价因子数据处理、分析的可视化,为关中地区宜居空间分布及规律性探索、用地区划等提供依据与支撑。以定量分析的方式,刻画出传统村落(以及多种人居聚落类型)与高程、坡度、坡向、降水、植被覆盖、河流分布等自然地理环境要素的依附关系,通过空间叠加来评价传统村落选址的生态宜居性,并计算各个要素的宜居贡献率,揭示传统村落空间分布特征。关中地区生态宜居空间分布呈现以下几个特征:高度宜居区主要分布于平原和台塬地区;区域宜居水平由西南向东北逐渐升高;地区水利建设与宜居空间分布呈正相关。

本章从宏观尺度对传统村落的分布特征及其规律进行分析,采用大数据分析方法。首先,扩大样本数量,以129个传统村落为基础分析样本,增加152个关中地区国家级和省级废城及聚落遗迹类古遗址作为分析古聚落时空分布特征的补充样本,弥补传统村落县域单元分布空白,一定程度上克服了仅以已评级传统村落为代表对聚落分布规律进行分析的主观性和片面性,同时克服了村落的建设时间和重建时间难以考证等困难,提升了关中地区人居聚落时空演变特征分析中时间维度和空间维度的完整性和准确性。其次,采用定量的莫兰指数空间相关性分析方法，借鉴文化地理学的研究理论和地理信息系统的量化分析技术，分析关中地区古遗址和传统村落空间分布的集聚状态和各区县空间分布的差异。关中地区约69%的传统村落分布于中、高度宜居区，约81.9%的古遗址样本分布于中、高度宜居区，古今聚落选址具有趋向于宜居宜耕地区和具有亲水性等共性特征；关中古遗址集聚分布于关中中部平原地区，而传统村落集聚分布于关中东部黄河沿岸的黄土台塬地区，古今聚落分布具有差异性。研究从时间、空间维度进行分析，揭示出关中地区人居聚落由西部逐渐向东部聚集的规律。

传统村落的分布特征和时空演进规律是在生态环境和社会经济的综合作用下形成的。本章从河流摆动、地貌变化、气候变化、旱涝灾害、地理环境边缘效应、围合效应、尺度效应等生态环境因素，以及农业技术改良、水利工程、特色商业分布、多元文化互动区和水路交通发展等社会经济因素进行分析，解释关中不同地区的传统村落分布集聚状态存在差异的原因和历史演进规律，系统、客观地揭示出影响传统村落形成和发展的客观因素，为进一步研究生态、文化、社会、经济互动下传统村落形成过程中的人居智慧提供参考。

第五章　关中传统村落空间形态

关中悠久的人居发展史是生态环境和农耕文化相互适应的演进史，传统村落在时间的长河里慢慢沉淀，并以不同的布局特征、空间形式展现出来。传统村落是当代农耕文化与自然生态互动下的典型人居环境代表，研究者通过分析不同尺度下空间复杂多元的表象，探究文化和生态互动的过程，犹如地质学家通过化石来考证生物和环境的变迁一样，是从“空间”剖面寻找生态环境留在文化系统的时空烙印和文化系统对生态环境的响应。任何一种营建方式、空间特征都是在丰富的实践经验下产生的，由物质、制度、习俗、需求多个层次连接构成，关中地区传统村落亦不例外。本书从选址择地、空间结构、安全防御三个层面分析生态文化互动下的关中传统村落空间特色和智慧。

5.1　文化生态交互作用下的选址择地

关中传统村落山水格局大多遵循“天人合一”的指导思想，强调自然与人类的和谐与平衡，先民对于居住环境的朝向、方位、环境及与环境的互动关系十分注重。关中自秦代便出现大规模以自耕农为主体的村落，农耕生活与村落选址的朝向、方位、环境的关系十分密切，因此村落对自然环境的依附性较强，科学的风水学的很多内容都是先民对选址择地居住实践经验的总结。自然环境的诸多要素中，水不仅是影响聚落生产生活的根本，更是关系农耕型聚落存亡与发展的命脉。自仰韶文化开始，原始聚落已经出现了逐水而居的选址特点，体现出人们在长期生产活动过程中已经总结出理想聚居环境的特征。

5.1.1 地形地貌约束下的选址择地

关中平原系地堑式构造平原，南北介于秦岭与渭南北山之间，东临黄河，呈现“南北西三面环山、东面临河”的宏观山水格局（见图5.1）。关中由“中部平原—渭北黄土台塬—秦岭北麓黄土台塬—秦岭山地—北山山系”五大典型地貌区组成，可将其归并为“中部平原、两岸台塬、南北山地”三种差异化地貌类型，其面积分别约占关中地区总面积的40%、40%和20%。

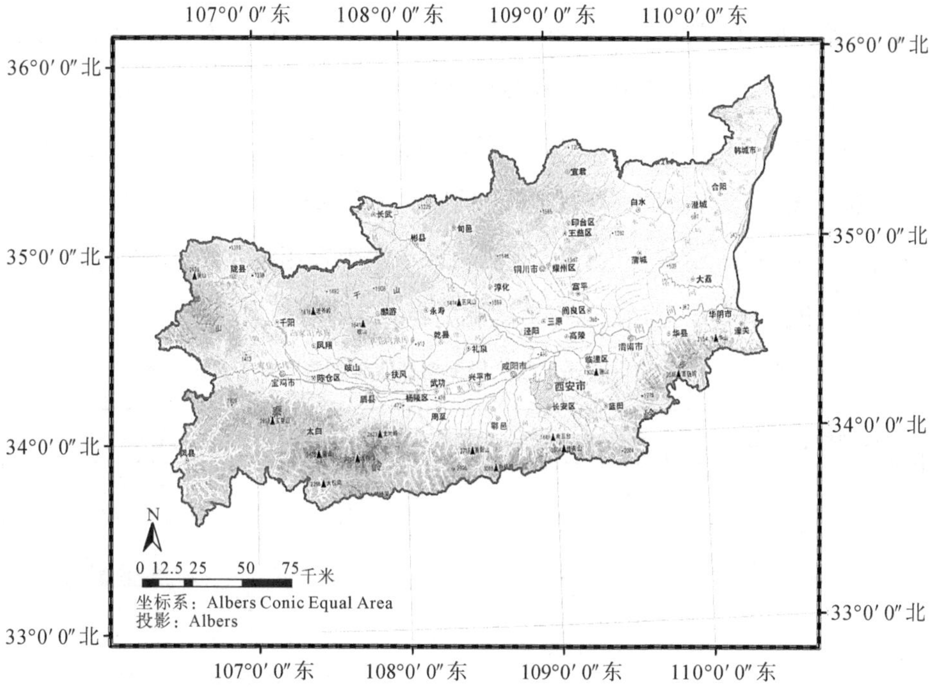

图5.1 关中山水格局图

本图为作者自绘，审图号：陕S(2024)015号

关中中部平原为渭河及其支流形成的冲积平原，地势平坦、土地肥沃、适宜

耕种，自古便是择址定居的理想之地，通过生态宜居性评价可以发现该区域高度宜居空间分布密度最高，但现今其多数用地已经发展为人口规模更大的城镇用地，传统村落保存较少。

渭河南北两侧台塬分别为“渭北黄土台塬”和“秦岭北麓黄土台塬”，渭北黄土台塬呈连续带状分布，台塬表面受自然侵蚀和水流切割形成槽形凹地或深谷沟壑，南侧普遍以数十米的陡坎地势作为渭河河流阶地平原的分界，秦岭北麓黄土台塬受秦岭北麓密集的水流切割形成窄形塬面。关中现存的传统村落绝大多数分布于台塬深谷或沟壑的边缘地区，一方面可以将平坦肥沃的土地用以耕种，另一方面可以利用自然形成的地势落差和地貌变化作为村落的防御屏障，此外，邻近沟壑的地理位置优势有利于村落排水。

南北山地中秦岭山地绵延起伏、高大雄伟，北山相对舒缓低矮、断续相连，在有山有水、地形多变的山地或丘陵环境中，四周山体环绕形成了相对封闭的空间，冬季可以有效防风。该区域的传统村落藏于深山之中，其与山间盆地形态相耦合，整体形态多呈带状，民居和耕地就近分布便于管理。山地区传统村落由于交通不便而少被外人打扰，使得村落风貌保存相对完好。不同地貌类型下的典型传统村落所遵循的规划原则和呈现的营建智慧如表 5.1 所示。

表 5.1 关中地区不同地貌类型下典型传统村落择地智慧统计表

典型传统村落	村落总平面示意图	择地智慧示意图
黄河阶地区传统村落： 相里堡村		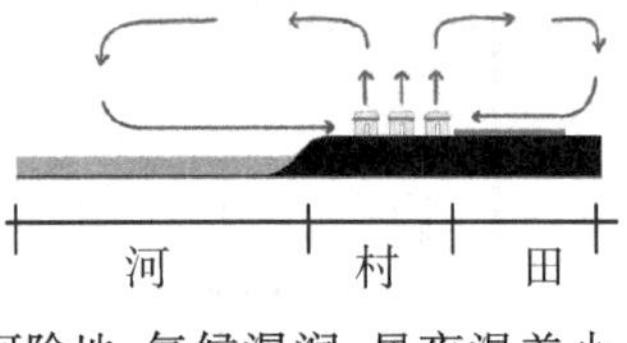 黄河阶地，气候湿润，昼夜温差小，河水对村落的微环境有调节作用

续表

典型传统村落	村落总平面示意图	择地智慧示意图
台塬沟壑区传统村落：南长益村	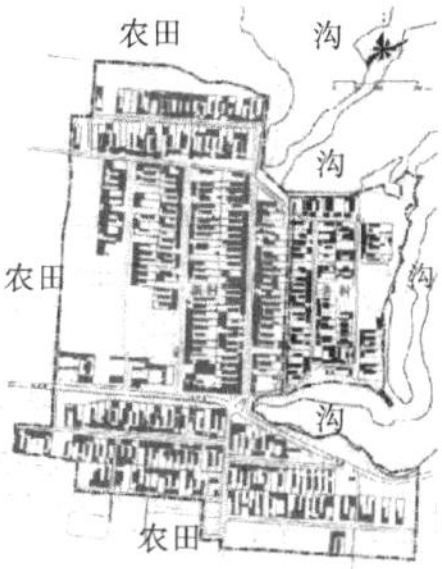	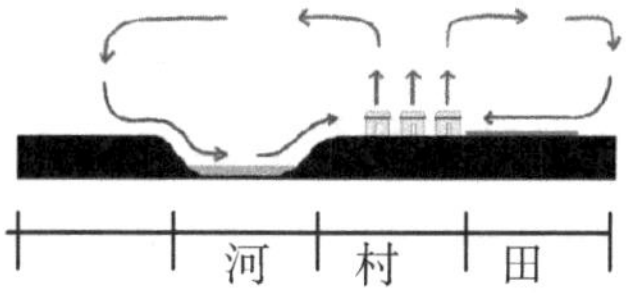 渭北台塬沟壑区，塬面宽广平坦，便于农业耕种，村落临河而建利于排水且能使微气候得到有效调节
台塬河谷区传统村落：党家村		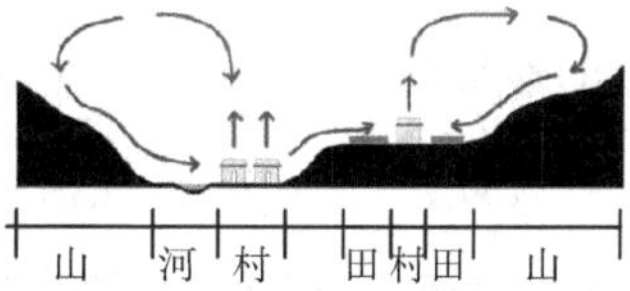 河谷畔的土地肥沃，依山傍水，相对封闭的村域微环境可避免冬季西北风的侵袭，有效遮挡夏季东西向烈日，调节村落微环境
丘陵沟壑区传统村落：程家川村	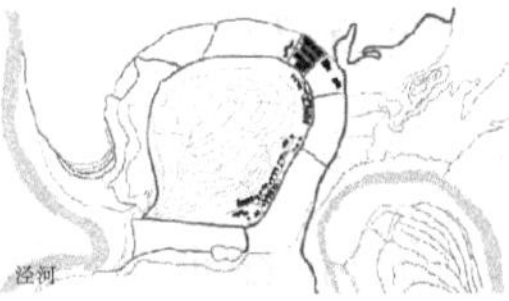	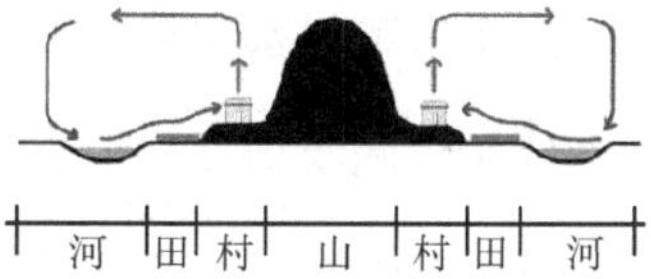 丘陵沟壑区，选址于靠近河、湖且地势较高的丘岗之上，可有效避免水患，利用山丘高度阻挡冬季西北风侵袭
渭河平原区传统村落：清水村		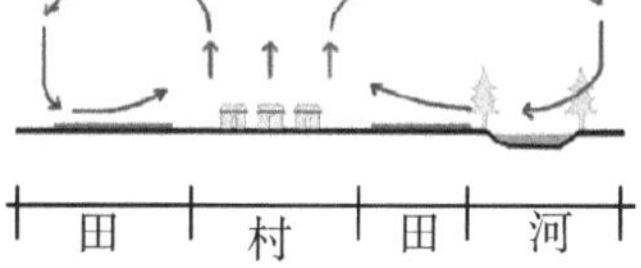 地势平坦、靠近河流、土壤肥沃，是农耕时期最佳的生活生产之地

续表

典型传统村落	村落总平面示意图	择地智慧示意图
秦岭山地区传统村落： 石船沟村		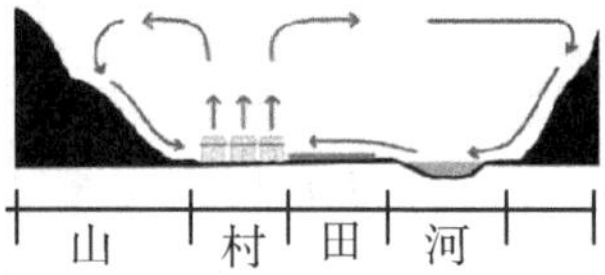 秦岭遮挡北部寒冷气流，群山环抱，一水中流，是构建宜居村落的理想环境

关中传统村落与水的关系可以分为滨水型、近水型、远水型，结合村落所处位置的地形地貌，村落分布呈现三种类型：平川带玉型、台塬望玉型、环山伴玉型。据统计，关中地区传统村落因考虑安全防御需求和农耕用地需求，大多数位于台塬沟壑的塬边地区，呈现出“近水、沿边”的普遍特征，因此台塬望玉型村落居多，而平川带玉型和环山伴玉型村落较少。

1. 平川带玉型——平畴沃野，伴水而居

平川带玉型村落主要指位于河流两岸阶地平原且毗邻水系的传统村落，村落周围环布开阔农田，对外交通便利（见图 5.2）。关中地区部分平川带玉型村落，如黄河岸边的周原村、梁带村、留芳村，泾河边的烽火村，遇仙河旁的辛村，石堤河旁的老官台村，金水沟边的东白池村、赤东村、岱堡村，以及芝水、甜水沟、遂水三水汇集绕村而过的清水村等。这类村落主要分布于河漫滩及一、二级阶地，海拔一般低于 600 米。

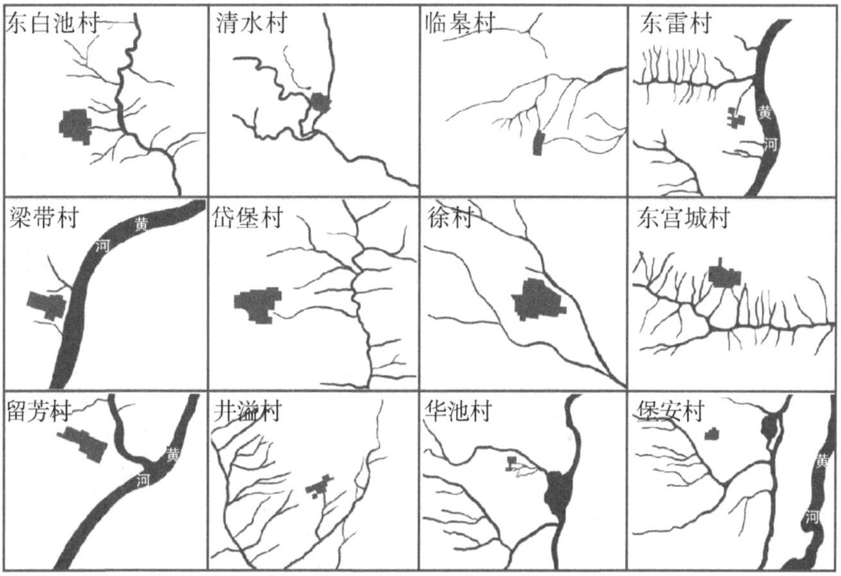

图 5.2　平川带玉型传统村落村水关系示意图

韩城市新城办留芳村东靠黄河，西依梁山，地势平坦，泌水从村东沟潺潺流过，被誉为“农耕典范，黄河明珠”。村庄北高南低，作为黄河岸边的典型平原村落，其面临的最重要的生态问题就是防洪排涝。村落东西方向建有两座涝池，西南方向的小巷尽头建有一座小涝池，东南花地崖畔挖有大涝池，大涝池蓄水量高达 1000 立方米，日常可以为居民提供牲畜饮水、洗衣用水、基建用水、农耕用水等，夏季暴雨天气可有效引导洪水经沟渠流入黄河，且有效避免村落遭受洪涝灾害侵袭。

2. 环山伴玉型——凭山栖谷，顺水而居

环山伴玉型村落多分布于山地区和丘陵区，村落周边山峦环绕，河流流量较小，农田规模较小，对外交通不便。如咸阳市彬州程家川村、旬邑县坪里村，西安市周至县老县城村，渭南市韩城市王峰村等。这些村落多分布于地处黄土高原和渭河平原的分界岭的北山地区，以及秦岭北麓地区，海拔一般高于 1000 米。

程家川村地处泾河流域中段，附近有野狐泉、老君泉，村域面积达 1.3 平方

公里，呈带状环绕于独堆山东侧，整个村落建筑分为川道及河滩两部分，围绕山体有一圈环山路。泾河自六盘山南麓至彬州炭店乡早饭头村进入峡谷后，河流百折千回、蜿蜒而下，形成了群山环抱、川原相连的特殊地形地貌。程家川村所处的独堆山周围分布有九条山梁，分别为岭脊后梁、洗脚梁、咀家坡、金鸡山、庵家梁、田家崖、中咀梁、张家坡、康家硷，各山梁形态各异、大小不一，形成了独特的“九龙戏珠”自然景观（见图 5.3）。程家川村所处地区水资源丰富，村落选址充分考量了水资源的重要性[124]46－47。

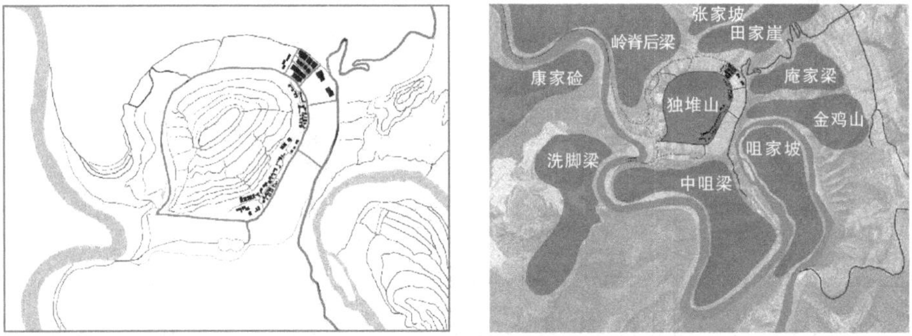

图 5.3　程家川村平面示意图

蓝田县石船沟村选址在黄龙山、青龙山等山脉平行而立的山谷之中，周边群山环绕，村落选址遵循“凭山栖谷，顺势而为，坡脚台地为居，山坡屋边作田”的原则。村落周边沟谷间山泉水汇聚流入石船沟河，河流流量较小，河床宽度较窄，沿地形走势环绕于山间沟谷之间，“水依山势，山因水柔”（见图 5.4、5.5）。

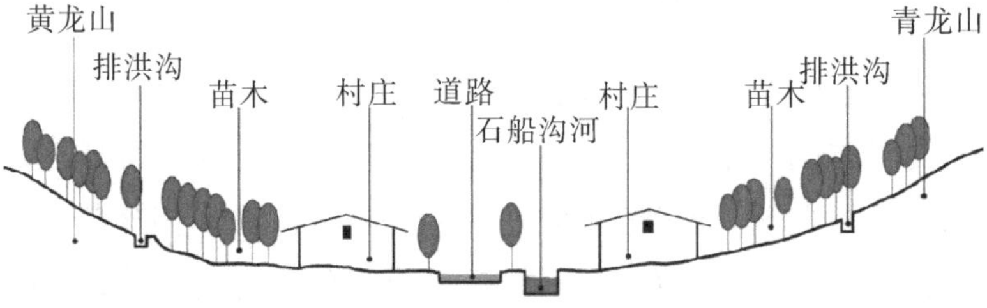

图 5.4　石船沟村剖面示意图

图 5.5　石船沟村平面示意图

韩城市王峰村西邻高祖山、霸王山，南衔盘龙道口梁文公洞，北依龙凤埝，是典型的山地村落。王峰村域内的凿开河被誉为王峰村的母亲河，凿开河、老虎河和苇龙河交汇形成 10 000 平方米的开阔水面和落差达 13 米、平均宽度 9 米的龙潭大瀑布，村内还有老虎河瀑布、落差达 30 米的一线天瀑布等，形成了王峰村独具特色的自然瀑布群。老虎大峡谷内的一线天瀑布、龙背梁、夹皮沟等，形成独有的自然景观。王峰村村民自古便在凿开河畔繁衍生息，自清代始在凿开河的 3 条支流上共建有 11 座形态各异的桥（清代修建的五孔王峰古桥和老虎河古石桥，20 世纪 70 年代修建的新桥，80 年代修建的西高渠桥，21 世纪修建的玲珑桥、浮桥、铁索桥、滚水桥等），成为西北第一"桥村"。王峰村位于国家级褐马鸡保护区，林木覆盖率 86%，被授予"生态文化村"称号。（见图 5.6、5.7）

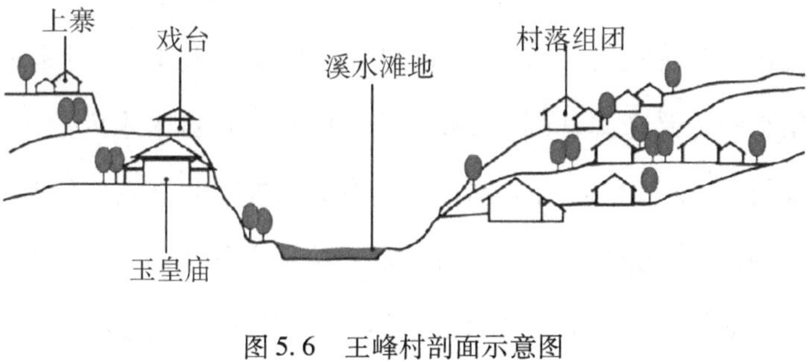

图 5.6　王峰村剖面示意图

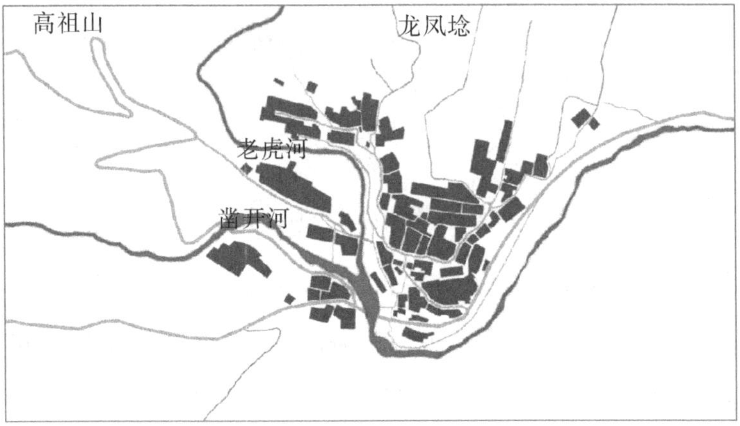

图 5.7　王峰村平面示意图

3. 台塬望玉型——塬隰之间,望水而居

台塬望玉型村落主要位于黄土台塬沟壑区,是关中传统村落集中分布的主要区域。如咸阳市三原县柏社村、永寿县等驾坡村、旬邑县唐家村等。这类村落主要分布于渭河平原与黄土高原之间呈东西延伸的渭北黄土台塬地区,以及渭河南侧由秦岭北麓向渭河平原缓倾的黄土台塬地区。

台塬地区传统村落由于距离自然水系普遍较远,涝池成为村落不可或缺的要素。涝池作为村落收集雨水的公共设施,可收纳数吨降水,既是村内非饮用水与消防用水的重要来源,同时也兼作排涝设施。在自来水入户之前,涝池不仅起到积聚雨水、排涝和节约水源的多重作用,同时也是主妇们日常洗衣、交流、聚会的场所。涝池内的水可用来灌溉,火灾时可用于救灾,平日还可以调节空气湿度。涝池作为干旱地区特有的水体景观,成为关中地区传统村落的一大特色。村民大多根据地形起伏,因势利导选择地势较低处修筑涝池,但考虑到村民公共生活的便捷性,涝池多位于村口、村中心或村落东南角。

韩城东部黄土台塬区的村落大多有一个或几个涝池,涝池的规模、数量与村落的人口规模、族群关系密切相关。人口较多的村子如西原村,除了村落中心的大涝池外，村落的东、南、西、北方向都分布有小涝池。又如高门村，村中心处曾分布着两个规模相近、位置相邻的涝池，分别与不同族群关联，其北为杨姓一族的涝池，其南为张姓一族的涝池，现已合成一个。此外，华池村、堡安村等均在村落入口处修建涝池。（见图5.8）

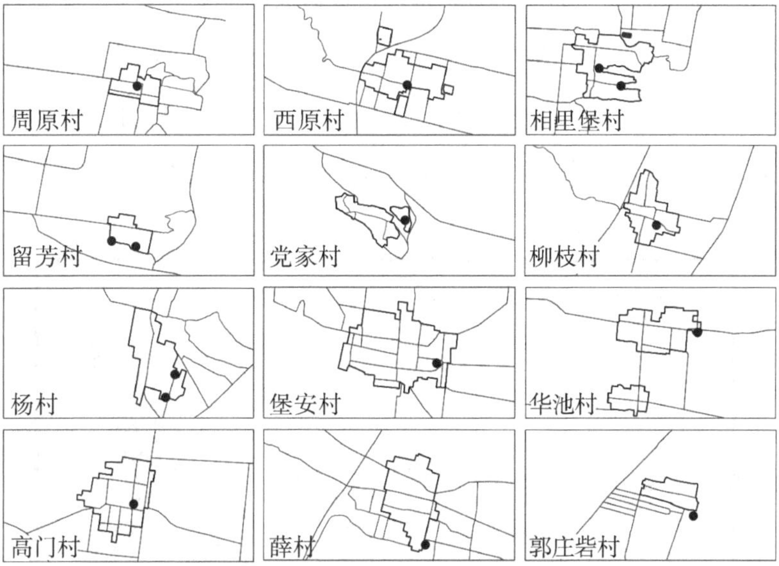

图5.8　关中传统村落涝池区位示意图

5.1.2　水网形式主导下的选址布局

水是人们选择居住地的首要考虑因素，江河湖泊既可以为居民提供日常生活用水，又可以用于发展水运交通，同时夏季村落可获得更多水陆风，起到降温、调节村落微气候的作用。史念海指出："早在新石器时代，先民选择居住地总是邻近于当地的河流或湖泊。"[125]古人不仅会在河流旁边选择住地，还更偏向于在两河交汇处选择住地。《陕西省历史地图集》中汇总的关中地区国家级和省级废城和聚落遗迹类古遗址，大多数分布于黄河、渭河及其支流的河畔，这一事实表明自古水资源就深刻影响着居民点的分布格局。

在生态宜居性评价模型中，水系因子的宜居贡献率最高，应用 ArcGIS 10.3 对关中传统村落和河流水系空间关系进行耦合分析（见图 5.9），通过统计数据可以看出约 74% 的传统村落分布于距离水系 5 公里的缓冲范围内，其中有 26 个传统村落临水而居，距水系不足 1 公里（见表 5.2），这说明传统村落的分布与河流关系密切。据《陕西省自然灾害史料》等文献记载，渭河干、支流在历史上常有水涝灾害发生，因此选择与河流适合的距离是村落选址时需要重点考虑的因素，应力求做到规避水涝灾害的同时，兼顾传统农耕生活生产用水的便利。

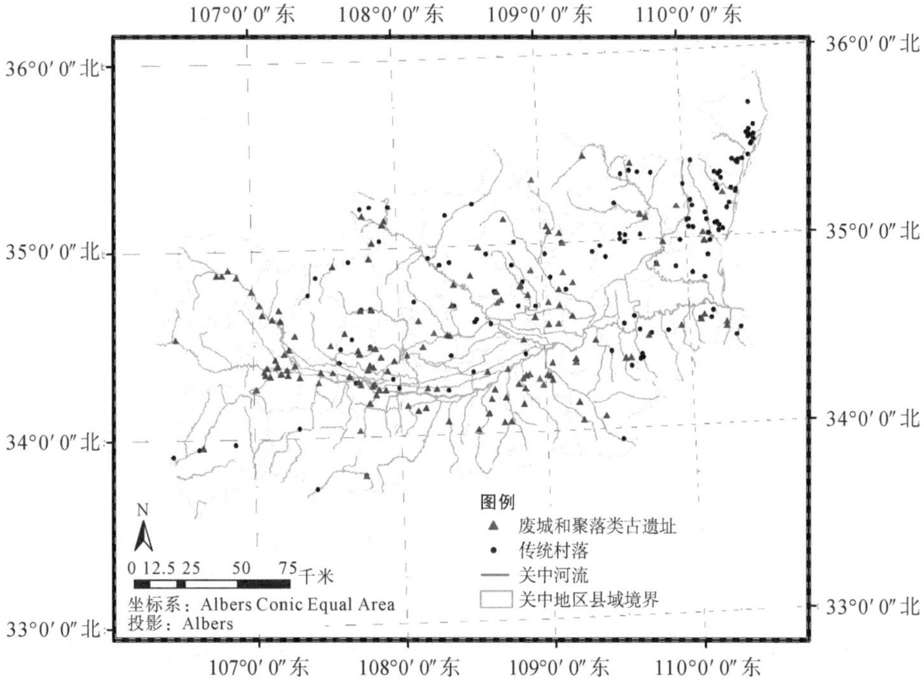

图 5.9　关中古遗址、传统村落与河流分布关系图

本图为作者自绘，审图号：陕 S(2024)015 号

表 5.2　传统村落水系缓冲区分布统计表

河流两岸向外的缓冲距离/公里	河流两岸缓冲区占地面积/平方公里	缓冲区面积占比/%	河流两岸缓冲区内传统村落数量/个	河流两岸缓冲区内传统村落占比/%
0～1	10 917	19.7	26	20
>1～2	9200	16.6	23	18
>2～3	8018	14.5	22	17
>3～5	13 074	23.6	22	17
>5	14 259	25.7	36	28

关中地区河流水系以渭河为主脉，以其众多支流为次脉，全域呈叶脉状河网结构，渭北流域河流面积大、数量少、间距大，渭河以南流域河流面积小、数量众多、间距小。通过分析关中传统村落和河流水系的空间分布关系，我们发现两者具有以下规律[127]（见表 5.3）：①河流交汇处的聚落多分布于“汭”位；②近河处的聚落多分布于河流水系的内侧“澳”位；③靠近河湖的聚落多分布于附近地势较高的丘岗之上；④黄河西岸传统村落多分布于河流冲积的一、二级台地上；⑤秦岭北麓山地、北山山地和黄土台塬过渡地带传统村落多靠近地形变化区，呈背山面水格局；⑥渭北黄土台塬地区传统村落多于塬边建村，具有“近水、沿边”的普遍选址特征。

表 5.3　关中传统村落村水关系规律总结表

村落	村落鸟瞰图	村落村水关系示意图	规律
韩城市桑树坪镇王峰村		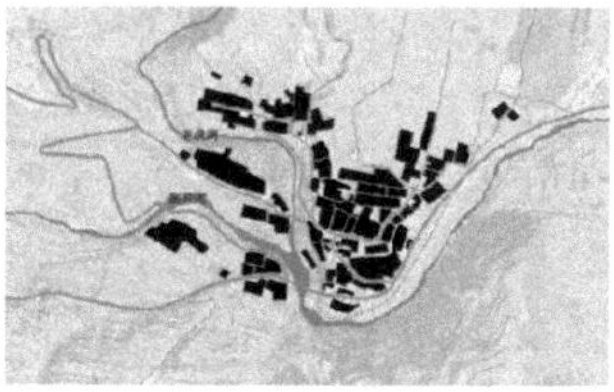	规律①：河流交汇处的聚落多分布于“汭”位

续表

村落	村落鸟瞰图	村落村水关系示意图	规律
宝鸡市 凤县 凤州镇 凤州村			规律②：近河处的聚落多分布于河流水系的内侧“澳”位
咸阳市 彬州 香庙乡 程家川村	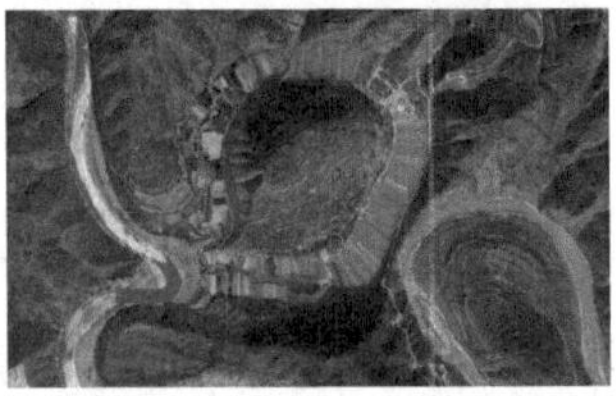	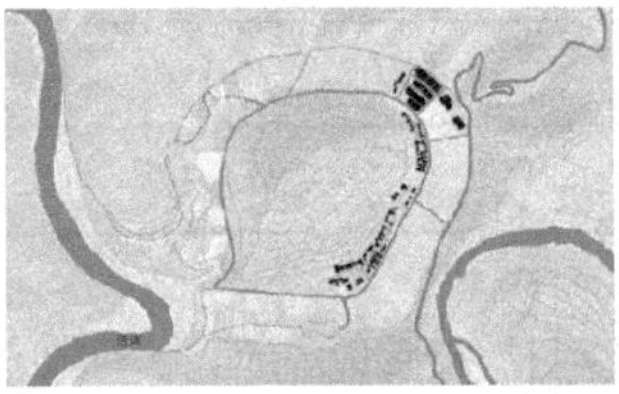	规律③：靠近河湖的聚落多分布于附近地势较高的丘岗之上
韩城市 新城办 相里堡村			规律④：黄河西岸传统村落多分布于河流冲积的一、二级台地上
铜川市 印台区 陈炉镇 立地坡村		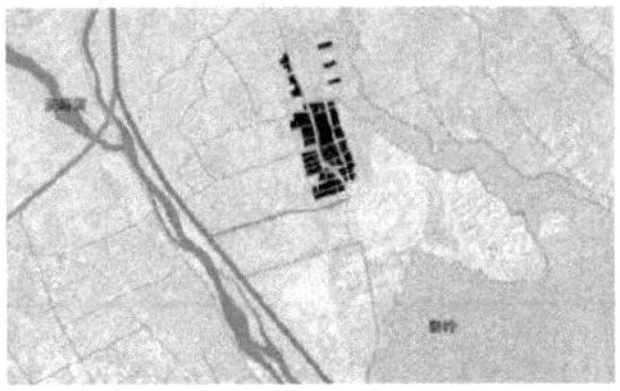	规律⑤：秦岭北麓山地、北山山地和黄土台塬过渡地带传统村落多靠近地形变化区，呈背山面水格局

续表

村落	村落鸟瞰图	村落村水关系示意图	规律
咸阳市长武县相公镇柳泉村		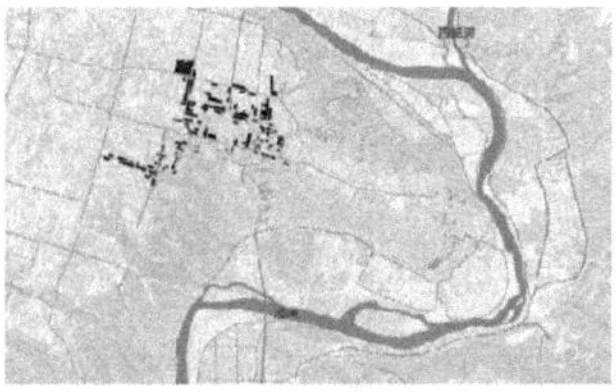	规律⑥:渭北黄土台塬地区传统村落多于塬边建村,具有“近水、沿边”的普遍选址特征

关中地区传统村落和水系空间分布关系呈现上述规律并非偶然,它们已在我国漫长的农耕文化时期延续数千年之久,这些规律的形成主要基于下述原因:首先,自秦代起,关中地区就出现了大量以自耕农为主体的村落,耕种农业为关中地区的居民提供了稳定的食物来源。农耕活动对自然资源的依附性强,逐水而居,背山面水的局部环境更容易获得充足的阳光、肥沃的土地和充足的水源,同时平整且蓄水能力强的土地与易守难攻的地势,更容易受到村民们的青睐。其次,耕种农业的发展虽然使人们对原始渔猎、采集等获取食物的方式的依赖程度降低,但是水产品依然是人们不可或缺的食物。关中地区位于黄河一级支流渭河流域区,水资源丰富,古代关中地区各府州县的治所几乎都位于河流沿岸或附近。可以用现代水文学的知识解释关中传统村落与河流水系之间的生态适应特征:在水流惯性力和地转偏向力的影响下,河流外弯更容易受到水体侵蚀,而河流的“澳”位泥沙容易堆积,有利于捕鱼、农耕等生产活动的开展;两水交汇处的“汭”位是鱼类资源最为丰富的地区,《史记》中有“舜居妫汭”的记录,《史记·五帝本纪》曰:“舜居妫汭……舜耕历山……一年而所居成聚,二年成邑,三年成都。”人们在靠近河湖的地方选址,且多选择丘岗定居,这样可以在利用水源的同时避免聚落遭受洪水侵袭,反映出先民对水既“需”又“怕”的心理。

5.1.3 天人合一观念下的“形胜”智慧

我国古代营建文化中，“天人合一”代表了人文生态智慧的核心理念，它要求人类在改造自然的同时遵循自然法则并保持生态平衡，其投射到具体的传统村落选址工程中的最重要的表现形式即为“形胜”。“形胜”是指利用地理位置优越、地势险要、资源丰富等自然环境特征进行宏观选址布局的方法，最早见于春秋战国时期的《荀子·强国》，自秦汉以后成为我国人居选址依据之一。

“师法自然”则代表了我国古代人居环境营建的核心手法，清代赵九峰所著《地理五诀》第八卷“平洋要诀·山地平洋总论”中记载：“山地属阴，平洋属阳。高起为阴，平坦为阳。阴阳各分，看法不同。山地贵坐实朝空，平洋要坐空朝满。山地以山作主，穴后宜高。平洋以水作主，穴后宜低。”关中地区传统村落在选址之初对环境也提出种种理想化的布局要求，如清水村位于芝阳镇东南方，整体地势南低、北高，中间低、两边高，北依北顶塬为主山，南枕龙亭塬为案山，西临西岭为西护山，东靠芝阳塬为东护山（见图5.10）。村落三面环水，村内水流常年奔流不息，主要的水系有芝水河、甜水河（西沟）、清水河、遂水河（南沟），其中甜水河（西沟）发源于北顶塬，自北向南流经村庄，为村庄主要的生活用水水源；芝水河沿村庄东侧，自北向南环绕村庄，汇入遂水河；遂水河沿村庄南侧自西向东流经村庄西南部；此外，在老村与新村之间还有东沟，自北向南汇入芝水河。村庄依山傍塬、河环水绕，以沟壑为屏障，建有四门四洞，形成天然寨堡，易守难攻、固若金汤。

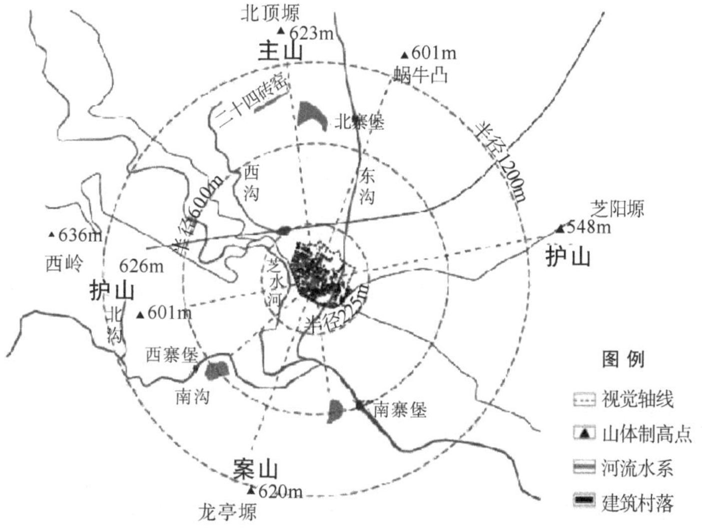

图 5.10 清水村山水格局图

除了传统风水观念中因地制宜的选址择地智慧深入人心外，以前人们总是把对福禄寿禧的希望和生老病死的恐惧也与村落选址、空间形态、功能布局、院落朝向等联系起来。如东汉刘熙《释名》曰："宅，择也，择吉处而营之也。"灵泉村毗邻黄河，北倚主山"寿山"和"禄山"，南靠案山"福山"，"福、禄、寿"三山拱围。传说东南福山大殿之后有一眼神泉，能医百病，灵验无比，因此村民择福地而居，取名"灵泉"，并在福山上修建福山古建筑群，形成村落神格空间，成为村民祈求平安的精神寄托。明朝时期便形成了灵泉村本村、东北防御寨、东南福山寺"村、寨、寺三位一体"村落大格局，福地洞天、易守难攻，充分体现了村民"趋吉"的思想[128]22。

在历史因素和自然因素的综合作用下，居民往往将村落周边的山水体系作为美好期望的寄托场所。神话传说作为人们趋吉思想的产物，其物化的形象特征在传统村落选址过程中也起到了一定的引导作用。

5.1.4 因地制宜理念下的构景补基手法

除了适应自然环境外，传统村落选址还是一个在构景和均衡补基人文规划理念主导下的利用和改善自然环境、构建优美人文景观的过程。所谓补基，是指面对不理想地形时通过规划建设手段对地形进行优化，达到均衡用地、弥补地形缺陷的目的。

1. 因借补基理念下的选址特征

“因借自然”思想是指将聚落的选址、布局、建设与宏观尺度的山川形势紧密结合，借助自然景观、地貌景观构建聚落人文景观体系，“笼山为苑”“包山通苑”“冠山抗殿”“疏泉抗殿”等手法与策略[129]一般多用于大尺度的城镇布局，多以“藏风蓄水、聚气蓄势”为主要目标，有时也会应用于传统村落的风水构景过程中。

水的形态、走势，水流量的大小，甚至是水质的清浊对聚落的选址都有不同程度的影响，水也是构建聚落人文景观的核心要素。关中地区以渭河为主脉，众多支流为次脉，构成全域“叶脉”状水网结构（见图 5.11）。渭河南北水网结构受地形地貌影响呈相异形态，渭河以北支流水系流域面积大、数量少，泾河、洛河、石川河、漆水河、汧河等主要支流间距百余公里，台塬沟壑区水系相对高程较低，不利于日常取水，因此渭河以北传统村落多数选择在村中挖掘涝池，集蓄水、排涝、提供日常生活生产用水等功能于一体，如杨陵区的姜嫄村，渭南市的康家卫村、柳池村、行家庄村、南社村、南长益村，韩城市的杨村、堡安村、高门村、华池村、徐村等都修建有涝池。渭河以南地区水系源短流急、流域面积小，该地区传统村落大多建设防洪排涝设施、人文景观、生态湿地型涝池，并将水系相互连通。关中传统村落中涝池大多建于村落入口，周围多有古树、古桥、古庙、古塔相伴，是村落的第一道风景。

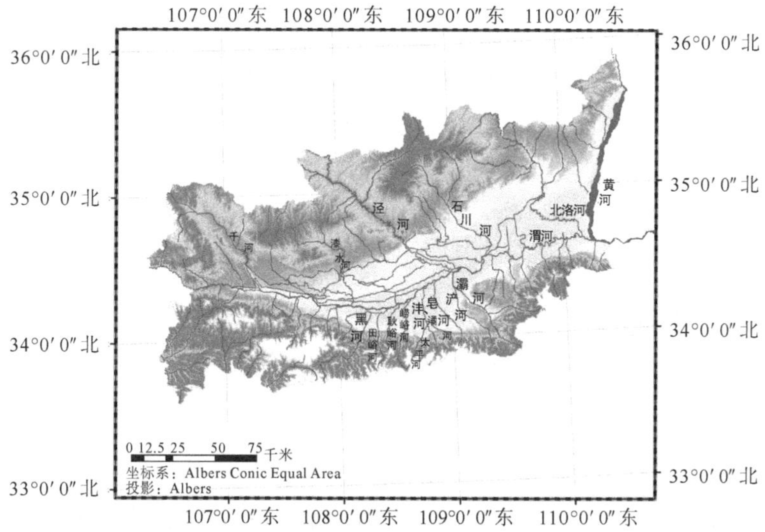

图 5.11　渭河及其支流分布图

本图为作者自绘，审图号：陕 S(2024)015 号

2. 均衡补基理念下的选址特征

居民经过与环境漫长的适应过程，在营建活动中积累了丰富的经验，遂从完全适应环境逐渐转变为适度改良环境，何晓昕说：“大自然姿态万千，并非都是佳境，面对不理想地形，风水既不一味‘放弃’也不完全‘顺应’自然。却认为‘以地气之兴，虽由天定’，亦可人为，即在‘顺天’的同时对地形进行积极处理，使之趋于上述理想模式。”[130] 在村落营建中人们通过补基手法均衡用地、弥补地形缺陷。

韩城市西原村西依梁山，西北有石门关天然险要，西南有穿山洞流水潺潺，地势西北高、东南低，向黄河倾斜。村民认为村落东南低、西北高，地形失衡而难以聚气，特意在村东修建一座“魁星塔”，在村南修建一座“文星塔”，这两座塔都是由六角形空心砖砌成的，每级都有楼板、楼梯，使村子东南由空变实，地势由低变高，从而弥补风水不足。

村民不仅可以通过对地形进行处理寻求村落格局的均衡，还可以在精神上寻求村落内在结构的均衡。自西向东远观韩城市郭庄砦村的格局，发现村子的城墙呈西高东低状，像一条在水中飘浮的船，村民称之为“在河一舟”。传说，只有三姓以上的人家才能平衡这条船，象征着村寨中的几姓人家要同舟共济，村落才能平安昌盛。

5.2 文化生态交互作用下的空间形态

从建筑和规划学的视角解读，形态是指在自然、文化、历史等多方面外部因素对村落规模、组合方式、功能构成等的综合影响下，一栋建筑物或一组建筑群最终呈现出的平面组合形状。

传统村落的形成机制可以划分为自发生成和规划营建两类，它们均是在“宗族血缘”和“农耕文明”思想影响下有机生长形成的村落组织形态，表现出一种均质、协调、缓慢生长的特征。传统村落可以根据不同维度进行划分，如根据轮廓形态可以划分为团块型、带型、散点型，根据疏密程度可以划分为集聚型、分散型，根据路网格局可以划分为面状网格型、线性串联型、散点串珠型。

5.2.1 地缘和血缘作用下的村落形态

1. 团块型村落

团块型村落在关中传统村落中占比最高，且多分布于关中地区黄土台塬和渭河二级阶地。由于村落四周不受地形限制，因此村落的扩张多数呈外延式多方位拓展，村落整体呈集中式分布，建筑布局紧凑。村落的空间形态多为不规则多边形或类圆形，其空间结构是以公共建筑为单中心或多中心的集中内聚型群体空间，建筑呈多层次发展模式，总平面依托轴线和建筑的疏密变化呈节奏性的起伏变化,村内开敞空间规模由中心向边缘地区递减[131]。

团块型村落多数为以血缘关系作为纽带的宗族村落,该类村落的布局形态受传统的宗族礼制、祖先崇拜思想影响,宗族祠堂作为村落的精神家园常置于村落核心位置,民居围绕祠堂分布。村落随宗族壮大而演变发展,宗族壮大后又有小的分支进而形成次级的宗族集团,次级宗族集团以次宗族祠堂为核心形成新的组团,新的组团逐渐发展,村落承载量趋于饱和,便以增加组团的方式不断扩大规模,形成放射状向外不断发展的生长轨迹。党家村是以党、贾两姓构建的宗族聚落,清水村是以薛姓构建的宗族聚落(见图 5.12)。

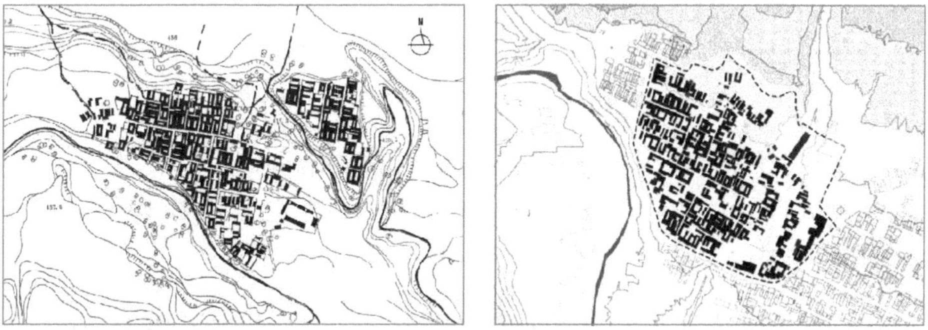

党家村平面图　　　　清水村平面图

图 5.12　团块型村落平面图

2. 带型村落

带型村落多位于山地区和宽度较窄的河流阶地平原、台塬地区,在地形限制下村落规模扩大时无法均匀地向四周延伸,只能在山体与河流之间的狭长地带沿等高线呈带状延伸。村落轴线方向与等高线方向平行,建筑排列成行,村落空间方向性明确。带型村落的组织结构同团块型村落相似。带型村落因宗族的壮大,分解形成小的组团从而不断扩大规模,顺应地形沿轴线向外不断延伸,层次鲜明、机理清晰。

渭南市澄城县尧头村地处渭北台塬区,村落沿冲沟和山谷边缘而建。古时村落中心为一条东西向主街,沿主街向四周分布着白、宋、周、雷、李五支宗族。

整个村庄以制陶产业链为核心形成带型结构，村落中人流行进的方向明确，空间序列清晰（见图 5.13）。

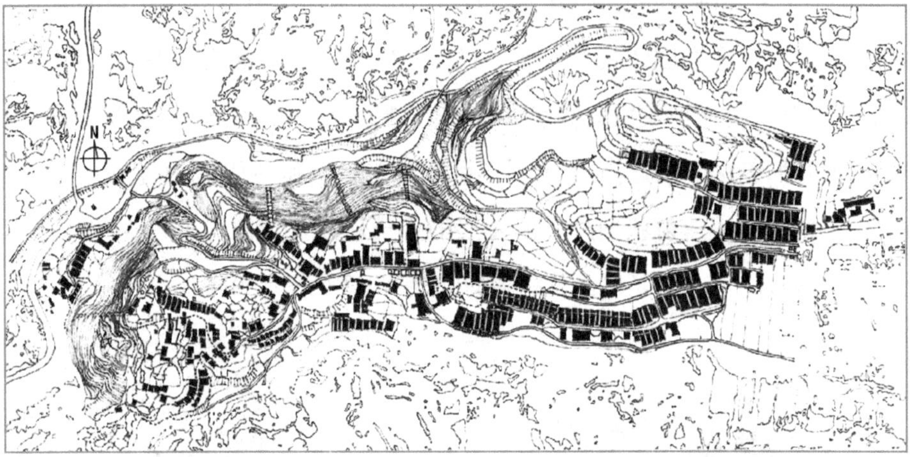

图 5.13　带型村落——尧家村平面图

（资料来源：中华人民共和国住房和城乡建设部. 中国传统建筑解析与传承［M］. 北京：中国建筑工业出版社，2017：33.）

咸阳市彬州程家川村，地处黄土高原沟壑区，村落外围河川地貌交错分布。古时程、田、巩三姓姻亲前后外迁于此，形成了程家川村。村落位于独堆山山脚东南方，外围是环山公路，村落建筑分布于川道和河滩，村落形态深受地形影响（见图 5.14）。泾河流经独堆山东南部时有大角度折返，程家川村恰位于“反弓煞”，考虑近河川地受河流侵蚀作用影响较大，河岸易发生崩塌，程家川村选址于独堆山山脚下地势稍高地区，并沿山地形态呈环带状延伸。

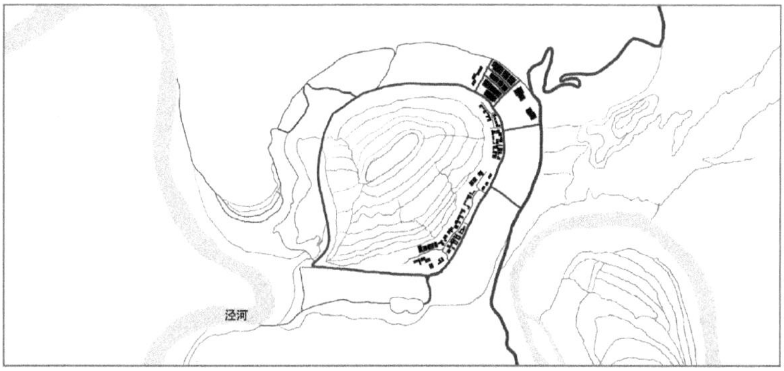

图 5.14　带型村落——程家川村平面图

3. 散点型村落

散点型村落多分布于黄土台塬地区。不同于团块型村落等以血缘关系为纽带的同姓宗族村落，散点型村落多为杂姓村落。该类型村落受地形和宗族影响较小，民居大多围绕寺庙、水井、公共活动场所等分布，村落形态顺应自然，建筑零散分布，道路布局自由灵活，公共建筑大多布局于村内主要道路交叉口或主干道旁。

关中地区散点型村落以三原县柏社村最为典型，该村位于三原县北部黄土台塬地区。由于其所处地区地势平坦、黄土层深厚，村民利用黄土的垂直节理挖掘洞穴获得居住空间，选址受地形限制较小（见图 5.15）。柏社村数百年里多次兴建城堡，民居聚集区伴随城堡的迁移而转移，村落布局分散，与自然环境结合密切。

柏社村平面图

图 5.15 散点型村落——柏社村平面图

5.2.2 血缘和业缘作用下的村落结构

氏族社会的早、中期已形成了建立在母系血缘关系上的社会组织，无论人类早期的游居还是后期的定居，均是以“家庭”为单元维系着群体组织关系的稳定。宗族是指拥有共同的血缘、崇拜共同的祖先，且拥有完整和系统的制度形式的组织体系，也是以家庭为单元构建的大规模社会组织结构。人类最初对于生物的生老病死的认知处于蒙昧阶段，认为祖先去世后灵魂仍会庇佑子孙，这促使最初的祖先崇拜思想的诞生。祖先崇拜思想促使以血缘关系为纽带的氏族社会群体的形成，宗法制也逐渐产生。《礼记・大传》强调：“人道亲亲也，亲亲故尊祖，尊祖故敬宗，敬宗故收族，收族故宗庙严。”[132]聚族而居的聚落格局被不断巩固，同时建祠堂、修族谱、立族规、管理族产和定期举办祭祀活动等得以传承数千年[133]36-38。宗族制度在不同的历史时期和地域范围有着不同的特征（见图 5.16）。

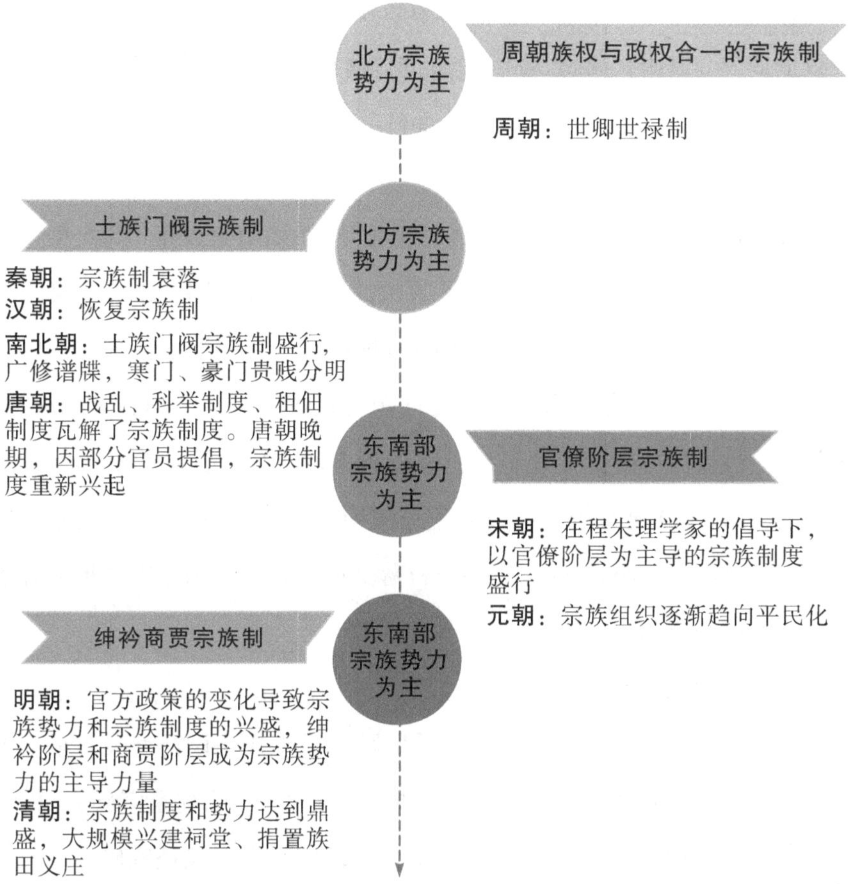

图 5.16　宗族制度发展示意图

以血缘关系为主要纽带的传统村落具有明显的结构特征："集聚性"与"等级性"。前者体现在村落的机理形态，后者体现在村落的格局和结构。这些结构特征应用于村落中便形成了村落的外在表现形式。

1. 宗族文化指导下的空间结构

关中地区传统村落中，单姓宗族聚落表现为全村同姓，血缘关系大于地缘关系，宗族制度严谨，等级划分明确，村落大多数呈单中心团块状集聚，宗祠等祭祀建筑处于村落核心位置；多姓宗族聚落表现为村内有几大姓氏，受多个宗族团体引导，地缘关系等于甚至大于血缘关系，各团体内部相对独立，村落形态大多数呈多中心组团状集聚，各组团通过村落核心道路联系，广场、寺庙、戏台等公共建筑通常取代单姓宗祠而布局于村落中心。多姓宗族聚落较单姓宗族聚落规模更大、公共建筑数量更多。

明代夏言所撰《桂洲夏文愍公奏议》中记载，明嘉靖十五年(1536 年)，嘉靖皇帝下诏允许民间建宗立祠。中国民间由此出现建立祠堂之风，不仅建立家祠，还建立宗祠，祠堂也逐渐成为村落的精神核心。关中地区传统村落以宗祠作为整个村落的核心，分解出更多的支祠作为组团核心，在空间上形成由内而外生长的异姓聚居村落。异姓聚居村落中祠堂的重要性远远超过了异姓杂居村落中的村庙，祠堂建筑较一般民居建筑规模更加宏伟、形制更为复杂。宗祠不仅是村落的结构核心，同时也是整个村落文脉的核心。祠堂前常形成开展公共活动的开放场所，居民常在此组织节庆活动。

(1)单姓宗族村落

单姓宗族聚落通常是共祖聚居。“累世同堂”模式是该类型聚落早期典型的家庭模式，但伴随着宗族的扩大，分房成为必然趋势。祖先是宗族的“根”，是宗族系统不可撼动的权威，各支房组织结构和家庭组合形式是宗族的“枝”，树形的宗族结构表现出“向心性”特征，所有宗族内部的尊卑秩序相对清晰。同时，树形宗族结构部分继承了氏族部落的“内聚性”特征和“择中”理念。单姓村落格局以宗祠为核心，构建村落的精神界限，各分支内部结构也遵循中心性，管控该层级宗族分支的整体格局，整体结构呈现出“中心”嵌套的机理状态(见表 5.4、图 5.17)。

表 5.4　宗族结构影响下单姓村落特征一览表

类别	特征
姓氏构成	一姓独大
社会联系	血缘
产生制度	宗族制度
机理形态	向心、集聚式
村落格局	多层次、纵向嵌套式
村落核心	宗祠
村落代表	清水村
村落结构	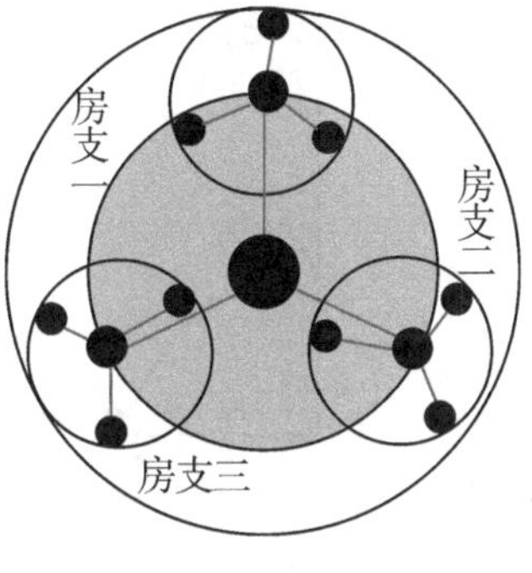

关中地区单姓宗族聚落的典型代表是清水村，它是薛氏族人聚居的村落，元末始祖薛仲礼来此处定居。《薛氏家谱》中记载，始祖薛氏仲礼，为薛翊五世孙二门薛栋三子，元末迁徙而来，娶妻张氏、李氏生四子，长子薛亮，二子薛恩，三子薛伍，四子薛普岩，从此合村分门，至今已有十九代。薛氏曾建有五个祠堂，分别是薛氏祖祠、一门祠堂、三门祠堂、四门祠堂，二门于后期才修建了小祠堂。

渭南市合阳县灵泉村是基于当地的党氏家族发展起来的村落，宗族建筑布置于整个村落的核心位置。灵泉村的宗祠在明清时期达到鼎盛，有 11 处之多，如总祠、南祠、北祠、义聚合祠、积述祠等[128]27。灵泉村多将祠堂选址在村落入口或主干道上重要的“丁”字形交叉口处，祠堂门前多有空阔的场地用以进行集会活动。灵泉村现在仅存党氏祖祠（党氏祠堂、西祠堂）和南祠堂两座祠堂，均位于老村的西侧入口处，为村落重要的公共活动中心。

清水村宗族格局示意图

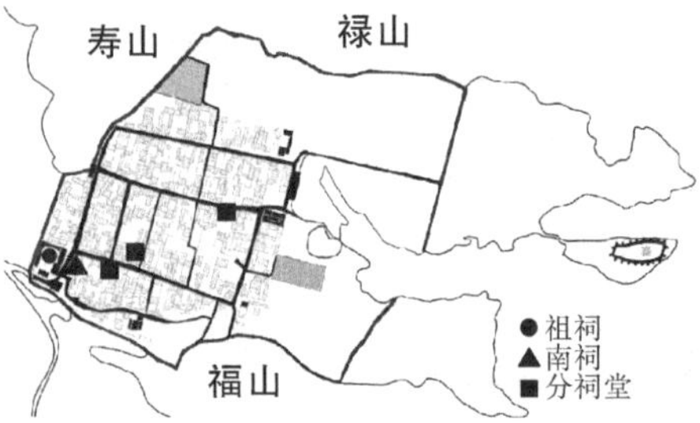

灵泉村宗族格局示意图

下甘谷村宗族格局示意图

图 5.17　单姓村落宗族格局示意图

咸阳市旬邑县唐家村，村落的核心是“家族堂”。村落形成初期住宅分布于“家族堂”两侧，随着人口增加住宅逐渐延伸分布至“有序堂”的左、右、后方，各房成员的住宅建在本房分祠的两侧，并以分祠为核心形成新的团块。各房继续发展壮大又生出新的分支，在外围形成低一级的支祠，并被支派成员的住宅所包围。唐家大院便是典型的多层级、团块式布局结构。大小不同的宗祠在村落中分布均匀，团块之间的空地也在村落的发展过程中逐渐被填满，村落整体结构以房派为单元向外扩张,呈开放态势,村落结构与宗族结构整体一致。

杨凌示范区毕公村同样是单姓宗族聚落的典型代表,该村不仅是东汉伏波将军马援等人的故里,还是全世界汉族马姓的发祥地。毕公村最早叫“马服村”“马家窟窿”,全村98%的居民为马姓。如今,一组所在地为马援故里旧址,故千百年来一直叫“老堡子”。此处原有古围城一座,南城门楼正中嵌有四块青砖,上刻“伏波古庄”四个大字,如今已被拆除毁坏,仅存城墙和城门石槛遗迹。毕公村被海内外马姓族人当作宗族圣地,祭祖成为毕公村重大的公共活动。

(2)多姓宗族村落

在多姓村,不同宗族共同生活,“人地”关系较单姓村弱,各姓氏家族内部遵循树状宗族结构,内部呈现出向心性特征,村落整体格局由多个单姓宗族共同构成(见表5.5)。

表5.5　宗族结构影响下多姓村落特征一览表

类别	特征
姓氏构成	两姓或多姓
社会联系	血缘、地缘
产生制度	宗族制度、经济联系
机理形态	分区、组团式
村落格局	多系统横向并联式
村落核心	寺庙、广场
村落代表	石船沟村、相里堡村、党家村、留芳村
村落结构	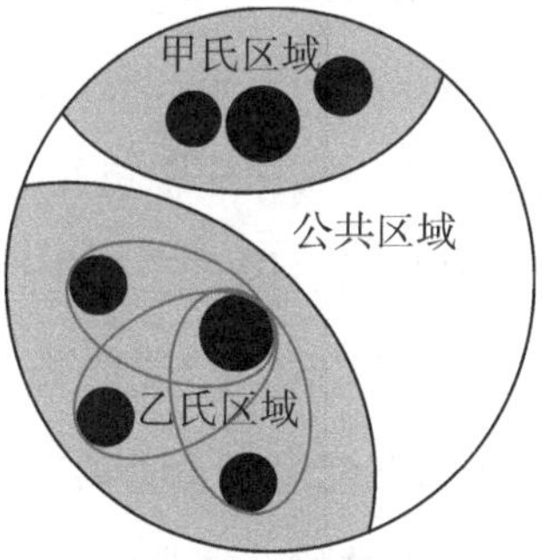

关中地区两姓宗族聚落的典型代表为石船沟村，村内齐氏家族和张氏家族是清初因逃难避荒从安徽省迁来的民众中的两支（见图5.18）。其中齐氏家族由安徽省安庆市宿松县鸡鸣村迁来，族内保存有《齐氏宗谱》24本，记载了齐氏家族的百年历史，搬来关中后依旧保留每年六月初六晒家谱、祭祖的传统活动。宗族观念发挥着精神层面的统领作用，其反映在村落整体空间和两大家族各自片区的结构布局中。齐氏家族选址于石船沟村北部的老屋场附近，张氏家族则在村落南部的台地脚下沿山谷筑屋建房，两大家族内部以各自的祠堂为核心有序布局。现在，随着宗族观念的淡化，宗祠逐渐没落，如今的石船沟村以村委会为界，形成了张姓和齐姓两个组团。随着人口的增加，村民沿主路自由选址，形成了组团式带状村落格局。

图5.18　多姓村落石船沟村宗族格局示意图

万家城村因以万姓为主而得名，清水村因薛姓聚居而成村，陶池村以校姓为主；柏社村（同姓、何姓）、南社村（雷姓、邹姓）、相里堡村（陈姓、张姓）等是以双姓居民为主的村落。关中地区除少数杂姓村落外，多数传统村落以宗祠为中心的建设习惯一直沿袭至今。清代林牧《阳宅会心集·宗祠说》中有“君子营建宫室，宗庙为先，诚以祖宗发源之地，支派皆源于兹”的记载，可见宗族制度在关中地区悠久的历史中一直深深影响着传统村落的组织构成。

韩城市党家村是以血缘与亲缘作为纽带，以“党”“贾”两姓家族发展起来的村落，元至顺二年（1331年）党姓先祖党恕轩自朝邑逃荒至此建村，故而得名[134]165。祠堂不仅是党家村重要的宗族建筑，同时还是村落规划布局的核心要素。党家村历史上共建有祠堂十处，目前仅有四处祠堂保存较为完整。全村以党家祠堂和贾家祠堂为中心，并以成规模的居住院落围绕祠堂的形式布局。党家村上寨的两处祠堂位于涝池的北侧和东侧，即使是用于临时避难的上寨内仍建有祠堂，足见宗族制度对其影响之深。

2. 宗族经济指导下的空间结构

宗族经济是在“血缘、地缘”基础上形成的“业缘”关系。在关中传统的农业型社会中，最初的聚落因血缘关系聚集并逐渐壮大。在社会经济不断发展、粮食产量逐渐提升的过程中，关中地区部分村落为了发展自身经济，开始开展商业、手工业等多种活动。

（1）同姓宗族业缘作用下的村落结构

北宋时期，韩城北部山区的全长近百里的凿开河谷（冶户川），居住了大量从事冶铁的人家。韩城市芝阳镇清水村形成于宋代，南宋咸淳五年（1269 年）薛姓大户迁于此处，清水村因薛氏宗族的发展而壮大。当时村内设有“炉院”，薛姓村民善铸犁铧，清水村因此得名“铧薛”，成为享誉省内外的重农、重商、重冶金铸造的商贸型村落。村落的选址和布局受到宗族经济的显著影响。薛氏宗族不仅维持着清水村社会生活各方面的秩序，同时还管理着商贸活动。祠堂作为商议家族活动的场所，其布局显得尤为重要。薛氏祠堂位于龙亭塬、蜗牛凸高点连接的轴线与芝阳塬、西岭连线的轴线的交会处，也是整个村落的中心（见图 5. 19）。清水村在吕庄川尽头，芝水河、甜水沟等绕村而过，清水村祖祖辈辈利用这一独特资源优势，沿河建起十多座磨面坊、油坊、弹花坊等作坊，不仅满足了本村居民日常生活所需，也方便了周边数十个旱塬地区的村民。清水村内砖刻题词均为家训，如“荆树有花兄弟乐，砚田无税子孙耕”，体现出宗族思想深入村民生活的点点滴滴。

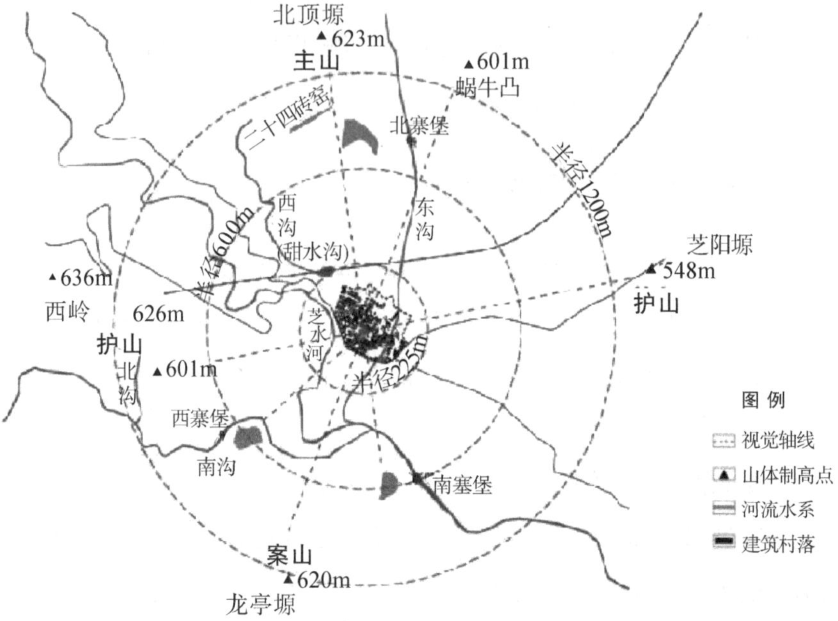

山水格局

宗族格局

图 5.19　清水村宗族格局与山水格局对照示意图

（2）异姓宗族业缘作用下的村落结构

基于产业的复杂性，有的村落以不同姓氏的宗族团体为单元，围绕产业进行布局。各宗族组团相对独立，以自己的宗祠为核心，宗族之间相对独立又相互关联。邻近的宗族基于共同的产业诉求形成以“宗族经济”为核心的业缘关系，集体趋于向资源富集区和交通便利区发展，形成了基于血缘和业缘的宗族集团。

澄城县尧头镇尧头村以烧制陶瓷而闻名，其选址受宗族经济影响十分显著。尧头村具有资源优势和区位优势。澄城县地处渭北黑腰带上，煤炭储量大，作为北方烧制陶瓷的重要原料的高岭土资源也十分丰富，资源优势和区位优势促进地区陶瓷产业的发展[135]。尧头村地处渭北高原东部，距澄城县城约10公里的漯河东岸，属于黄土高原向关中平原过渡的地带，洛河支流西河与后河交汇于此，形成“依塬而居、二水夹流”的格局。尧头村古时交通便利，便于商贸运输，成为颇具盛名的以制瓷业为主导的商贸型村落。窑神庙在当地居民心里有着举足轻重的地位，是尧头村祭祀与集会的场所，常年香火鼎盛。尧头村以窑场、老街和窑神庙为核心，村中心有一条东西向的主街串联起白、宋、周、雷、李五支宗族，划分出不同功能的制窑区。清代游得益曾赋诗描写尧头村“错落连岗迥不群，地形蟠结应天文。葱葱郁郁饶佳气，散作青霄五朵云”。村落形成以李姓、宋姓家族为主的黑窑烧造区；以李姓、宋姓家族为主的碗窑烧造区；以雷姓、周姓、杜姓和赵姓家族为主的瓮窑烧造区；以白姓家族为主的砂器烧造区；以李姓家族为主的挖矸和浆泥区。五姓宗族各自建有本姓祠堂，祠堂修建于不同时期（见表5.6、图5.20），整个村落形成了以宗族姓氏为单元，以制瓷业为依托，相互独立又相对集中的空间分布特征。

表 5.6　尧头村五姓宗族祠堂修建信息统计表

阶段	五姓宗族祠堂修建时间				
	李	周	白	宋	雷
初建	明朝初期	清道光二年（1822 年）	清雍正元年（1723 年）	清朝时期	不详
重建	不详	不详	清咸丰元年（1851 年）	不详	不详

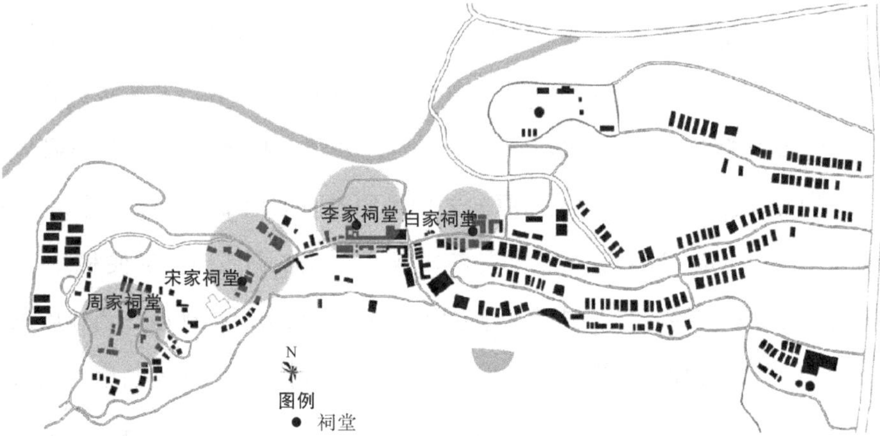

图 5.20　尧头村宗族祠堂位置示意图

3. 宗族位序指导下的空间结构

“周礼”文化发源于关中地区，它长期影响着居民的生活方式和行为。区别于以皇权为核心的都城建设，乡村地区是以宗族意识来团结全族上下、合理谋求安全与发展的凝聚力，如在村落建设中秉持居中为尊、四方围合、轴线对称等营建理念。

关中地区传统村落格局受宗族位序理念影响，呈“自上而下”整体规划和“自下而上”有机生长相结合的形式（见表 5.7）。村落内部祠堂、民居等建筑布置也常遵循宗族位序形态规则，宗祠占据村落核心位置，各支祠以宗祠为核心，住宅则围绕各支祠集中布置，构成等级分明的组团空间。民居建筑的选址布局一般分为两类：第一类是以宗祠和支祠为核心，民居建筑在其周边呈规则式向四周延伸，院落朝向与宗祠轴线方向一致；第二类是具有明确边界的村落，民居建筑在村内空地进行空隙填充式建设。其中，民居建筑的营建虽为自下而上的有机延伸，但有机并非无序，院落规模、装饰等受族规的约束，整体风格和形制呈现趋同性，是在共识性民居建筑原型基础上结合自身需要再进行组合和变化。

表 5.7　传统村落机理结构对比表

类别	产生机制	机理结构示意图	典型村落平面示意图
整体规划	自上而下		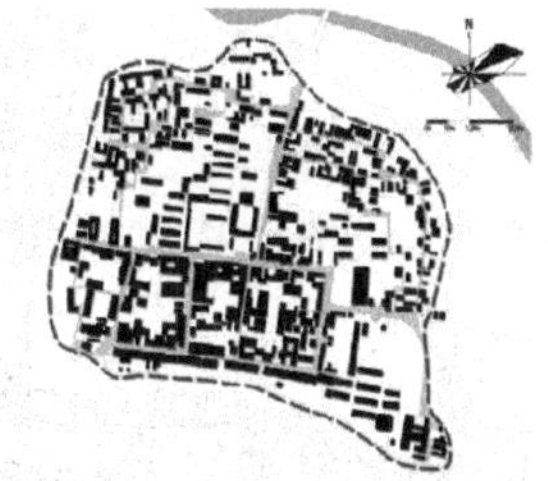
有机生长	自下而上		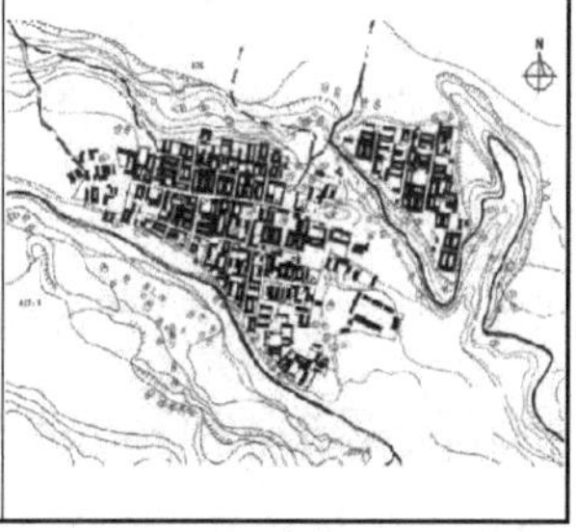

宗族位序对关中地区的民居建筑内部功能划分也有着深远的影响。传统的“昭穆制度”被应用于乡村地区宗庙神主牌的摆放，它规定的“左为上、东为上”的位序理念也被广泛应用于民居建筑的功能布局，与父子、长幼、亲疏的关系相对应。关中地区民居建筑多是合院的不同衍生形态，其院落的格局和形制、虚实空间的组合、内部房屋的分配、各个房间的格局装饰、家祠里的位序排列等各个方面无不体现长幼有序、男尊女卑的家庭纵向等级制度和位序

理念[133]36-38。

渭北台塬地区以地坑窑作为主要的民居建筑形式,地坑窑是合院建筑的地下衍生形态。地坑窑以窑洞方位选择、窑洞建造装饰的精细程度、窑脸细节的装饰、窑内摆设等体现出长幼有序、尊卑分明。以三原县新兴镇柏社村为例,其在建筑方位上体现出长幼尊卑的等级制度、面南为尊的布局理念。地坑窑中"坐北朝南"的窑洞往往作为主窑供父母等长辈所居,取"坐镇"之意;窑院内"左青龙"的位置多布置厨房、水井、入口等,大户人家则一般在此位置设置长子、长女之室;"右白虎"位置多放置杂房、厕所等,多代共居的大家庭还会在此位置辟出次子、次女之室;背阴的一面只挖两孔窑洞,常用作磨窑或者圈养牲畜之所。在建筑的规格上亦有主次差别,长辈居住的主窑高度较晚辈居住的侧窑高度约高出一尺(约合 33 厘米),门窗、窑脸等形式更加复杂、考究,东西两侧的侧窑等级地位相对偏低,装饰较为简单。家庭成员都应严格遵守家庭中的等级制度。

河流阶地地区的村落受到地形的影响,排布较为紧凑且规整,街巷纵横交错。民居建筑形式多为内向型窄合院式,功能及规格按等级制度来安排,建筑尺度、形制乃至色彩、图案等也有明确的等级差别。灵泉村位于金水沟与徐水沟之间的平原上,建筑布局紧凑,民居类型为窄四合院。在礼制思想影响下,灵泉村对院落内部与外部构建的规格、秩序和方向作了明确规定。以单进院落为例,院落呈中轴对称的布局形式,从门房到左右厢房再到上房呈依次升高之势,取意于步步高升。依据"南楼北厅巽字门"的传统模式,灵泉村的宅院多坐北朝南,在东南方向开巽门,开中门则是屋主功成名就的象征。大门旁为门房,层高较低以体现其次要的地位,多用作仓储。左右厢房位于中轴两侧,左厢房建设时高度略高于右厢房以突出左厢房的房主具有更高的等级地位。上房位于轴线的顶端,房屋进深长、屋脊高,不仅是家庭的核心位置,还是兼具社交功能的礼仪性房屋,亦是父权的主要外化象征,多为家中长辈居住,因此规格较一般房屋更高,房屋装饰也更为精美。

根据“男尊女卑”的位序理念，在院落布局中男女家庭地位的差异化特征被表现得尤为明显，许多宅院中有明显的男女空间的区分。在“豪门大户”多进院落布局中，以中门来区分内外院落。外院为男性主导的家庭社交场所，内院为女性主导的家庭生活场所，“男主外、女主内”的家庭分工关系在当代仍有较大影响力。

5.2.3　自然和人工作用下的村落边界

关中地区传统村落呈现出内向的封闭性特征，通过村落的边界来构建村落居民的领域归属感，区分居民生活生产的熟悉环境与陌生环境。村落的边界对外可以防御敌人，对内可以避免村落盲目扩张。“环壕聚落”的诞生对城市的起源具有重要意义，壕沟作为早期人工构筑的边界象征着基于安全防御功能的适应智慧。村落边界不仅是界定村落范围的分界线，同时也是村落的安全屏障，其表现形式分为具象的和模糊的两种类型。具象的村落边界形式主要是指人工构筑的城墙、寨墙、壕沟，以及村落建筑群的外围轮廓、自然山水等实体界限；模糊的村落边界形式主要是指环境的过渡，如村落外围耕地和草地的用地分界线等。

1. 山水围合型

山水围合型边界即传统村落的外侧被山水等自然要素包围，形成相对独立的内向型空间。这种村落一般位于北山山地区和秦岭北麓山地区，相对封闭、偏远，多数背靠自然山体，与山间自然水系相伴，呈带状分布于山体之间的狭窄平原，只通过一条村路与外界相连。

周至县老县城村位于秦岭北麓山地区，整个村落位于船形盆地内，依秦岭、冠山，以湑水河作为护城河，形成天然的防御系统，呈“群山环抱、一水中流”的格局（见图 5.21）。

图 5.21　西安市周至县老县城村平面图

（资料来源：左图来源于谷歌影像；右图为作者自绘。）

2. 地形过渡型

地形过渡型边界是指传统村落外围为地形变换形成的半自然界限，这种村落多数分布于台塬地区边缘、河流水系的两岸。村落的一面甚至三面以自然地形的变换为界，一方面限制村落的无序扩张，另一方面地形高差形成天然的防御工事。

例如，韩城市相里堡村位于黄河岸边阶地平原地区，村落东南部以天然沟壑为边界，村落防御堡寨建于村落东南部无影山顶，无影山位于黄河滩地上百余米高的孤立台塬，四周地形高差形成了天然的堡寨边界（见图 5.22）。合阳县灵泉村位于黄河西岸台塬地区的半岛状沟间台塬，北、东、南三面环沟，与寿山、禄山、福山相望，仅西侧与外部开敞塬面相接，天然边界构建出村落“一夫当关，万夫莫开”的优良地势。

3. 人工砌筑型

人工砌筑型实体边界是指由人工构筑的水渠、城墙等作为划分村落内外的边界。这种类型的传统村落主要分布于关中地区平原和黄土台塬地区。由于地处平原地区无以为界，所以这些村落用人工修筑的城墙、护村河等来构建村落的防御工事。关中地区的村落有修建堡寨的传统,堡寨一般以人工砌筑的墙体为主要边界形式。

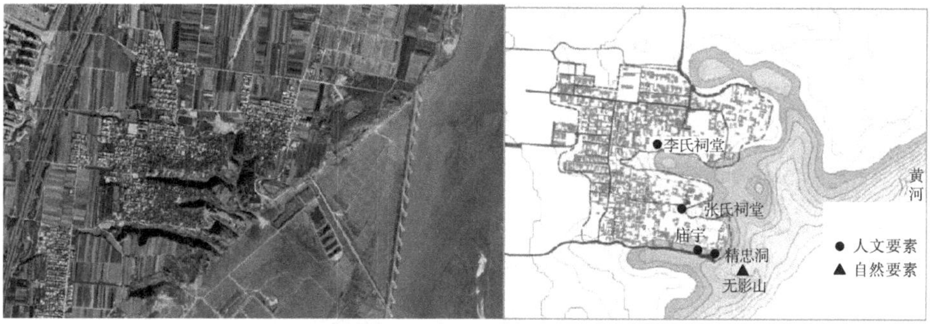

图 5.22 韩城市新城街道相里堡村平面图

(资料来源:左图来源于谷歌影像;右图来源于王树声,李小龙,张瑶,等.文荫武备:一种兴文事与修武备融合并重的规划设计理念[J].城市规划,2020,44(12):3.)

例如,柏社村位于三原县北部台塬地区,地势平坦、无险可依。村落最初选址于胡同古道,利用地形高差营建窑洞藏于黄土之下以获得安全防御之效。随着规模的扩大,为满足居民日益增长的居住需求,村民逐渐向塬面搬迁,注重在地面上夯筑人工城堡。南北朝时期,当地村民在原秦护军城址上立栅建寨、筑城建堡,形成了柏社村初具规模的“城墙+壕沟”的防御边界。隋代在古堡西南800米处建南堡西城,唐代又建南堡东城,明代于寿丰寺西侧新建北堡,村落的搬迁转移总是伴随着人工砌筑型防御边界的营建(见图5.23)。

除柏社村以外,以人工砌筑型堡寨作为外部边界的村落遍布于三原县境内的东原、中原、西原(见图5.24,古籍《三原县新志》中的图已不太清晰,文字已分辨不清,但堡寨分布的状况尚可辨别),体现出黄土台塬地区村落具有强烈的安防意识。

人工砌筑的边界,并非实体的线形构筑,而是以明显的标识来注明用地权属,以避免外来者随意进入。牌楼(又称门楼)作为人工砌筑的边界的代表,起源于古代城市中的里坊门,最初只是村落入口处用来标识地名的建筑,随着社会的发展,其不仅起到标识入口的作用,由于多位于进入村落的主干道上,所以还起到划分村落内外边界的作用。牌楼也被设置于祠堂或者庙宇入口处,明确地划分了“内、外”空间[136]。韩城市党家村内现保留有两个牌坊,均位于村落的入口处,在标明了地界的同时,也成为党家村人文景观的起点;富平县莲湖村文庙前现存的牌坊是村民按历史资料重建的,它既是文庙建筑序列的起始点,又是内外空间的分界线,具有强烈的指引作用[137]。

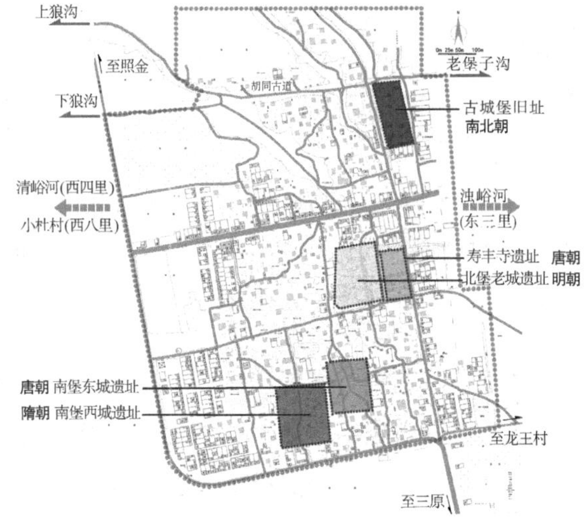

图 5.23　柏社村城堡格局

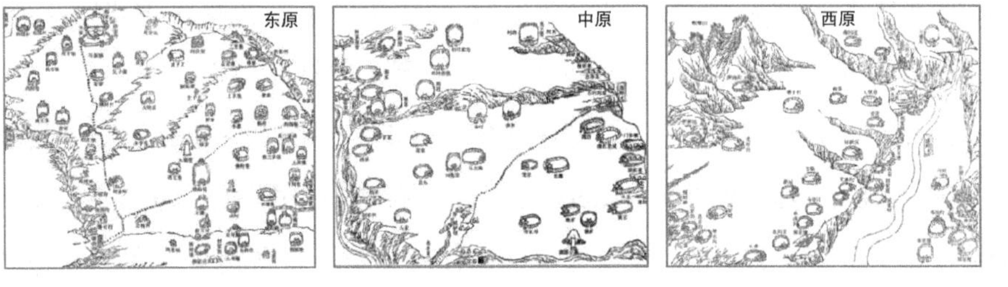

图 5.24　三原县东原、中原、西原村落堡寨分布图

(资料来源:咸阳市地方志办公室.咸阳经典旧志稽注[M].西安:三秦出版社,2010:270.)

4. 象征标识型

传统村落在选址上不但注意风水,而且追求趋吉的图腾文化。图腾由最初区分血缘、族群的标志图案转变为人们趋吉辟邪心理的图式表现，黄帝从各部落的代表图腾中提取并重组的“龙图腾”标志着原始崇拜由具象化、清晰化、微观化向抽象化、模糊化、宏观化的转变。居民在村落的边界塑造中追求具有仿生或象征意义的图案形式。

大荔县朝邑镇素有凤凰故里之称，当地居民崇拜凤凰。朝邑镇大寨子村东望黄河，南观华山，由三个自然村寨合并而成。北寨子村为北周宇文护所筑的长春宫遗址所在地，大寨子村有东岳庙遗址、岱祠岑楼和金龙寺宝塔，南寨子村有天下第一仓之称的丰图义仓。三个村寨形成以大寨子村为凤身，南寨子和北寨子为凤翼，东岳庙为凤头，岱祠岑楼为凤冠的形态，村落整体边界形态如一只展翅翱翔的凤凰。韩城市柳枝村的轮廓也呈凤凰形状，村东的“三眼洞”为凤头，被誉为“西北乡村第一高楼”的望春楼为凤尾，南翅展至南门洞处的“戴月桥”，北翅展至北门洞处的牛王庙，村落边界形态宛若一只欲展翅东南飞的凤凰。柳枝村曾名为凤凰村，体现出古人趋吉的思想。

随着社会趋于安定，关中传统村落边界的防御功能逐渐丧失，人工砌筑的堡寨城墙逐渐废弃，人工构筑的边界逐渐模糊，而自然山水、地貌变化等自然边界的价值和作用却依然存在，对传统村落完整性的表达具有重要的作用。

5.2.4　环境和需求作用下的街巷格局

街巷系统是传统村落空间结构的基本骨架，是村落形态的主导因素之一。街巷空间格局与地形地貌、建筑布局、传统规划理念和功能需求等密切相关，它决定了村落机理的整体组织形态。

首先，关中地区传统村落街巷空间格局因所处地形的不同而呈现不同形态。黄土台塬区域因地势平坦、用地广阔，村落路网呈规整的网状结构；河流阶地区域受地形限制，主干道多沿等高线平行方向布置，以东西向布局居多，而南北向多为支路且分布密集。其次，关中地区传统村落的路网结构除受到地形和环境限制外,还要考虑防御因素。村内交通型干道多采用“十”字形路网形态,内部道路多采用“丁”字形路网结构,从而避免一望到底的街道格局。

街巷空间常指从村口至村落核心区的线性空间,它随着节点功能和形式的变化而经历“起承转合”的序列变化。关中台塬和宽阔河流阶地等地势平坦区,大多数合院村落布局规整紧凑,村落空间具有清晰的层级变化,道路等级分明、流线清晰。而在丘陵、沟壑等地形多变地区,街巷空间受地形影响,形态自然多变,临街建筑形态多有变化。在传统村落“自下而上”的规划模式下,街巷呈现出狭长、多变的格局特征。街巷两侧的民居建筑的立面组合成街巷空间的立体界面,建筑的平面排列形式、临街墙体的退让距离、入口的虚实交替等形成了街巷空间丰富多变的平面形式,立体界面和平面形式共同构成传统村落既朴实又丰富的街巷空间。街巷空间的高宽比是居民对街巷空间最直观的感知,村落中不同等级、不同功能的道路街巷空间高宽比不同:在用地局促的地区,如韩城市党家村,位于泌水河谷地,村落支路等级较低的道路街巷空间高宽比为1.5,不但用地集约,而且在炎热的夏季能遮挡阳光,同时能起到良好的防御功能;留芳村位于黄河西岸河流阶地平原,道路街巷空间高宽比为1,街巷空间开敞,可兼顾冬季路面采光和夏季遮阳避暑;在关中平原的宽阔塬面,很多明清时期和民国时期建立的传统村落随着人们思想的嬗变和出行方式的改变而变化,村落主干道街巷空间高宽比为0.5,村落整体形态更具开放性(见图5.25)。

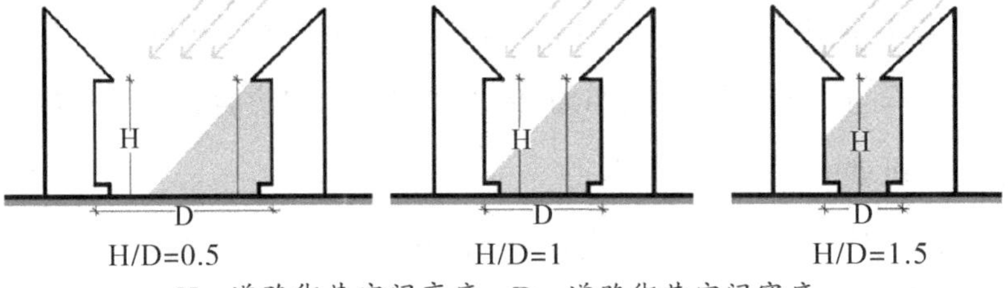

图5.25　关中传统村落街巷受光情况示意图

传统村落街巷格局中不同围合形式的开敞节点形成了村民的公共交往空间，村民利用古树、水井、寺庙、石碑、塔等营造开放节点的领域感，提升街巷空间趣味性，增强街巷的交往功能。关中韩城地区的传统村落的街巷横断面多采用中间低、两边高的形式，夏季便于雨水沿道路排放，以保护沿路两侧建筑墙基免受雨水侵蚀。

"丁"字形道路在关中地区传统村落中应用最为广泛。首先，从安全防御角度看，"丁"字形道路更易遮挡视线，起到迷惑入侵者的作用；其次，从关中地区季风气候的季节性变化角度看，"丁"字形道路在阻挡冬季强大的西北季风带来的冷气流方面比传统的"十"字形道路更有优势，可以调节村落内部的小气候；再次，从风水学角度看，"丁"字形道路体现了居民"趋吉避凶"的精神追求。

关中地区街巷格局是由最常见的"丁"字形道路和"一"字形道路通过不同形式进行组合，道路交会处往往形成村落的公共开敞空间。村落依据无组织的自发营建和有组织的规划营建两类营建机制，形成规整的"十""王""丰"字形道路形态、自由的"树枝状""发散状"等道路形态。平原地区多为经过规划营建形成的村落，道路形态普遍较规整，如孙塬村作为村堡合一的防御型村落，"一纵三横"的道路格局十分规整明晰（见图 5. 26a），村落主街作为村落的交通干道，串联村落入口和戏楼等重要节点，使主街形成收放有序的村落景观主轴线。"自由形"道路通常出现于散点型村落，即多分布于渭北的窑居村落中，如三原县柏社村，由于受自然环境的影响，村落并没有较规整的布局，下沉式窑洞民居零散地分布于渭北台塬上，道路设计顺应自然，形态灵活（见图 5. 26b）。

关中地区传统村落街巷形态大致分为以下六种类型：

①网格型。关中地区网格型街巷多数分布于宽阔的渭河平原和黄土台塬地区。由于地势平坦，村落布局大多不会受到地形的限制，可以均匀地向四周扩张。网格型街巷格局普遍应用于受礼制思想影响较大的村落，沿街建筑布局规整有序。村落以宗祠为中心，形成"十"字相交形网状街巷系统，方向明确、交通便捷。网格型街巷系统的统一规划有利于村落的通风排水，在节约用地的同

时有利于村落空间的有序扩张。但是网格型街巷系统布局过于严谨,难以营造灵活多变的生活和交往空间。

孙塬村组合型道路系统图(a)　　柏社村自由型道路系统图(b)

图 5.26　组合型道路系统与自由型道路系统

(资料来源:陕西省城乡规划设计研究院.陕西古村落:(一)[M].北京:中国建筑工业出版社,2015:8.)

关中地区网格型街巷系统分布最为广泛,典型代表有合阳县同家庄镇西同襲村(见表 5.8)、大荔县段家镇东高垣村、韩城市西庄镇薛村、乾县薛录镇盘州村等。

②鱼骨型。关中地区鱼骨型街巷多适用于受地形限制而村落用地规模较小、地形狭长的台塬沟壑地区。村落随地形走势、河流或主要街道方向,形成以主街为中心轴线的带状村落机理形态。村落内的主干道为兼具交通和商业功能的综合性干道,是村落中通达性、渗透性最强的街道。村落的街巷系统以主干道为轴,向两侧垂直延伸出支路,整体形态呈鱼骨状。村落中的宗祠、庙宇及其他公共建筑多集中于主干道,形成村落的核心空间,主干道两侧的建筑朝向相反。鱼骨型街巷结构简单、方向明确,有利于村落的排水和通风。村落中心沿主街集聚分布,是传统村落中最为活跃的地区。街巷系统层级分明,但是主

干道承载了村落的大量交通职能，而支路系统薄弱、连通性不足，导致村落主干道交通负担较重，各级路网联系较弱、可达性较差。

使用鱼骨型街巷形态的关中典型传统村落有韩城市郭庄砦村、岐山县凤鸣镇北郭村、渭南市白水县北塬镇杨武村、兴平市桑镇双山村、麟游县酒房镇万家城村（见表5.8）等。

③树枝型。关中地区的树枝型街巷主要出现在丘陵或山地地貌区，其路网形态顺应地形呈现出有机仿生树枝状结构。与鱼骨状路网的主要区别在于其各支路分布并不均匀，并可以不断向外细分，但是主干道与支路之间并非完全贯通，村落依靠主干道将各组团进行串联。建筑依托树枝状路网灵活布局、朝向多样，可有效减少交通对村民日常生活的干扰。但树枝型街巷出入口方向单一，街巷尽端居民出行距离较远，断头路较多，交通可达性较差。树枝型街巷自由的形态不利于村落整体的通风和排水，很难有效地集约用地，因此在关中传统村落中鲜有出现。

使用树枝型街巷的关中典型传统村落是岐山县凤鸣镇庵里村（见表5.8）等。

④放射型。关中地区放射型街巷格局一般出现在以宗族秩序为主导的传统村落，街巷格局清晰，村落具有较明确的中心。村落的中心地带多布置祠堂、戏台等公共建筑。这些公共建筑不但为村民提供了交流和活动的公共场所，而且是村落街巷系统的核心，同时还起到交通枢纽的作用。放射型街巷格局强化了村落中心的地位和作用，但各级支路尽端道路较多、通达性较弱，且建筑朝向多样、分布松散，整体形态呈圆形或扇形。

关中传统村落中使用放射型街巷的典型代表是淳化县铁王镇桃渠塬村（见表5.8）、长武县相公镇芋元村等。

⑤"一"字型。关中地区还存在一种比较特殊的街巷类型——"一"字型，主要分布于秦岭山地区域。这种街巷所在的村落分布于山间狭长平原地带，受地形限制，内部仅有一条主干道，且没有明显的中心，公共建筑和民居建筑沿主

干道一字排开，村落形态呈带状。“一”字型路网布局灵活，方向性强，结构简单，常依托山涧水系并行布置，村落小环境优美。但是村落仅有一条交通型干道时，主干道交通负担较重，可达性较差。

关中传统村落中使用“一”字型街巷的代表性村落为太白县黄柏塬镇二郎坝村、西安市周至县老县城村、蓝田县葛牌镇石船沟村（见表5.8）等。

⑥混合型。关中地区混合型街巷系统一般出现在山间开敞空间、台塬沟壑地区塬边或者沟边等受地形限制网格状路网很难延伸的地区。混合型街巷系统由多种街巷形态组合而成。基于复杂地形和居民对交通便利性需求的良好适应，混合型街巷系统具有建筑布局自由灵活、利于村落的通风和排水等优点，是一种适应自然、因地制宜的理想街巷布局形态。

使用混合型路网形态的代表性传统村落为潼关县桐峪镇上善村、渭南市大荔县朝邑镇大寨村、韩城市桑树坪镇王峰村（见表5.8）等。

表5.8 关中传统村落街巷形态汇总表

街巷形态	村落街巷格局平面示意图	村落街巷格局谷歌卫星图
网格型—— 合阳县同家庄镇 西同鞮村		
树枝型—— 岐山县凤鸣镇 庵里村		

续表

<table>
<tr><th>街巷形态</th><th>村落街巷格局平面示意图</th><th>村落街巷格局谷歌卫星图</th></tr>
<tr><td>“一”字型——
蓝田县葛牌镇
石船沟村</td><td>
</td><td>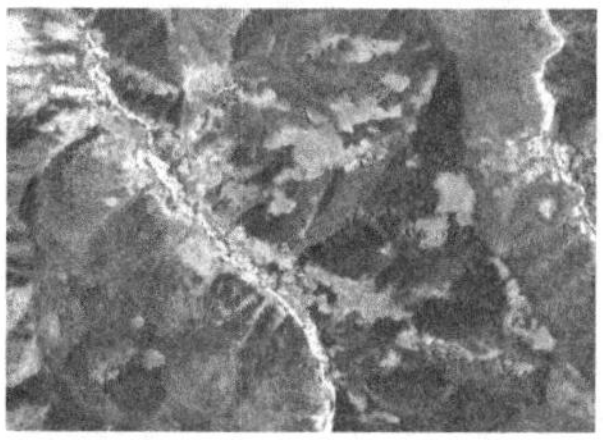</td></tr>
<tr><td>鱼骨型——
麟游县酒房镇
万家城村</td><td>
</td><td>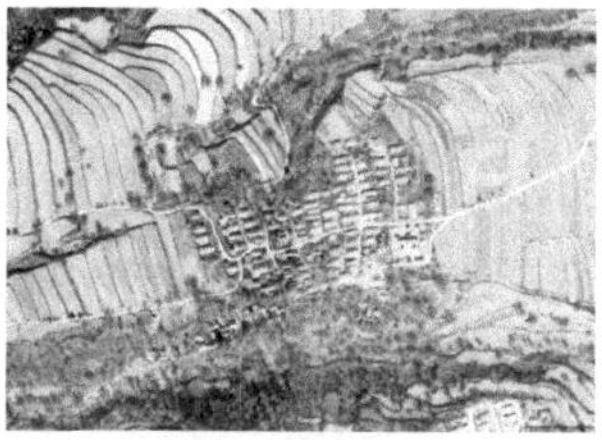</td></tr>
<tr><td>放射型——
淳化县铁王镇
桃渠塬村</td><td>
</td><td></td></tr>
<tr><td>混合型——
韩城市桑树坪镇
王峰村</td><td>
</td><td></td></tr>
</table>

5.3 文化生态交互作用下的安全防御

关中地区传统村落的防御格局大多形成于冷兵器时代,是在特定的社会条件下,受居民强烈的安居意愿的激发而建立。防御体系既包括村落内部格局、街巷网络和实体建筑物、构筑物及其装饰等,也包括构成文化景观基底的自然因素,如地形地貌、水文植被等。古人通过强化领域感、运用可视空间的组织方式及环境营造手法,使入侵者产生恐惧心理从而抑制侵犯行为发生。防御理念贯穿于村落生活的各个方面,构成层次丰富、状态饱满的多维防御系统。安全防御体系除了包含功能明确的实体防御构筑外,还包含对使用者心理起到慰藉作用、对来犯者起到震慑作用的意象防御构筑。扼襟控咽的地形、高大坚固的城墙、狭窄阴暗的通道、曲折复杂的街巷、难以逾越的沟壑等(见图5.27),除了

韩城市王峰村古山门

韩城市薛村东寨洞子坡

渭南市大寨村丰图义仓墙体内部(一)

渭南市大寨村丰图义仓墙体内部(二)

图5.27 村落安全防御形式

其自身所具有的实际防御功能外，还通过实体空间形态、可视空间组织、领域感和方位感的巧妙设计，使居民产生心理上的认同感，获得精神上的慰藉，同时使入侵者产生心理上的压迫感和恐惧感，从而削弱进攻的破坏力、拖延进攻的速度。无论是在战乱中，还是在日常生活中，安全防御体系都能有效地发挥其威慑作用，这是因为古人运用空间设计手法构建的绿色、有效的安全防御系统，蕴含了丰富的生态文化内涵和人居智慧。

5.3.1　基于地形优势的村落防御格局

中国传统村落选址不仅受到自然环境、地形地貌、风水理念的影响，还包含居民对社会经济、生活生产、安全防御等诸多方面的考量。关中地区传统村落常选择在一个尺度适宜、闭合的空间区域营建，如秦岭和北山的山间盆地、渭河谷地和渭河平原角隅、黄土台塬顶端等。这种空间有利于村民及时发现各种潜在的危险从而获得安全感。在纷争不断、匪患丛生的历史背景下，关中传统村落善于利用沟谷、丘陵等地形高差、高度变化、险要地势来构建安全屏障。“乘高居险”的安全防御基因，为关中村落利用地形构建防御格局奠定了良好的基础，这也正是“守城不如守险，以敌攻城易而攻险难，而我守险易而守城难也……坚壁重垒，守险之备……”[138]的道理。有的村落为了加强防御等级，在塬顶砌建矮墙，矮墙与自然形成的陡直塬壁合为一体，不仅比平地建堡更为经济省时，而且更加坚固有效。

1. 塬边建村，环沟建寨

关中地区传统村落多数分布于高程900米以下的平原和台塬地区，其中传统村落分布数量最多的台塬地区大多属于塬隰地势。塬指四周陡峭、顶部平坦的台状用地，其由于平坦、高爽的地理优势自古便是首选聚居地。隰是早期流水侵蚀和下伏断裂作用下产生的洼地，低湿的环境不利于一般的人居建设，多用于农业耕作或开辟景观。周、秦、汉、唐等古代王朝多将宫殿、陵墓建于渭北塬地中部,因为封建统治阶级可以耗费大量人力物力营建完整、独立、坚固的城防体系;村落由于受到经济和劳动力的限制,多选择于塬边建村,利用塬隰地势的自然高差来构建村落防御体系,降低营建成本。关中南北两侧秦岭北麓、北山南区现存的传统村落多分布于山间盆地。山间盆地地势低洼,是水脉聚集之地,同时土地平坦,是山地区少有的宜耕宜居之地,两侧高山和盆地间的河流构成村落宏观防御格局。

关中地区黄土塬和冲沟结合区存在一种典型的防御型村落。这类村落多沿塬边修建,村民巧妙利用黄土台塬和冲沟形成的高差,构建村落防御体系,在防御薄弱处人工夯筑村墙,并在塬伸出的部分修建防御寨作为紧急避难之所(见表5.9)。

表5.9 关中传统村落“塬边建村,环沟建寨”智慧汇总表

<table>
<tr><td>关中传统村落</td><td colspan="2">“塬边建村,环沟建寨”智慧</td></tr>
<tr><td rowspan="6">麟游县·万家城村</td><td>平面示意图</td><td>谷歌卫星图</td></tr>
<tr><td>
</td><td>
</td></tr>
<tr><td colspan="2">剖面示意图</td></tr>
<tr><td colspan="2">
</td></tr>
<tr><td colspan="2">智慧:南北两侧临沟,结合冲沟地形建城墙,四面环修烽火台</td></tr>
</table>

续表

<table>
<tr><td>关中传统村落</td><td colspan="2">“塬边建村，环沟建寨”智慧</td></tr>
<tr><td rowspan="6">韩城市·相里堡村</td><td>平面示意图</td><td>谷歌卫星图</td></tr>
<tr><td>
</td><td>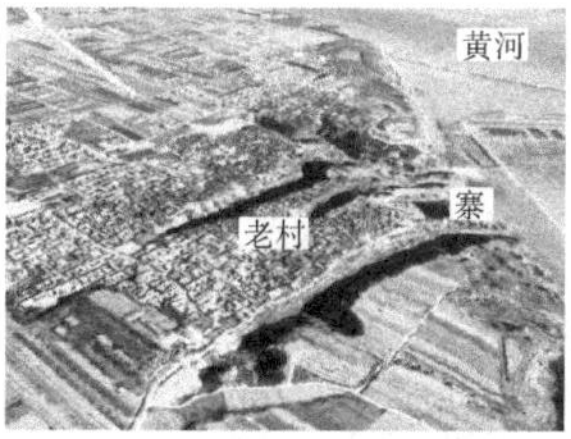
</td></tr>
<tr><td colspan="2">剖面示意图</td></tr>
<tr><td colspan="2">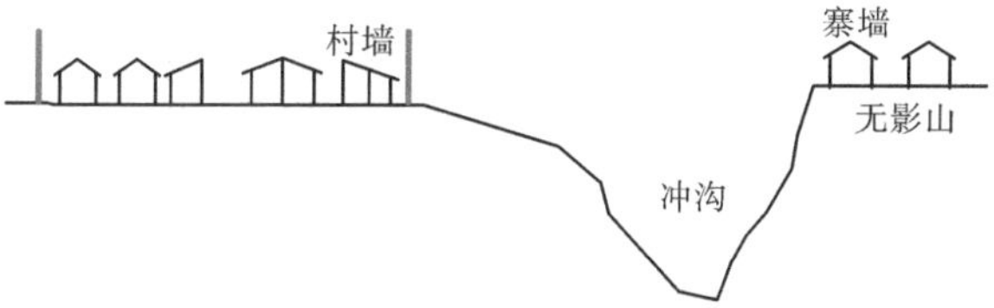
</td></tr>
<tr><td colspan="2">智慧：结合台塬间的天然沟壑筑墙划界，孤塬处修建寨堡</td></tr>
<tr><td colspan="2"></td></tr>
<tr><td rowspan="5">合阳县·南长益村</td><td>平面示意图</td><td>谷歌卫星图</td></tr>
<tr><td>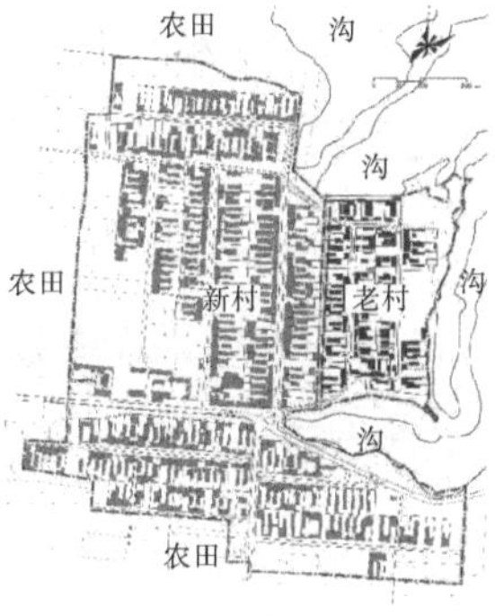
</td><td>
</td></tr>
<tr><td colspan="2">剖面示意图</td></tr>
<tr><td colspan="2">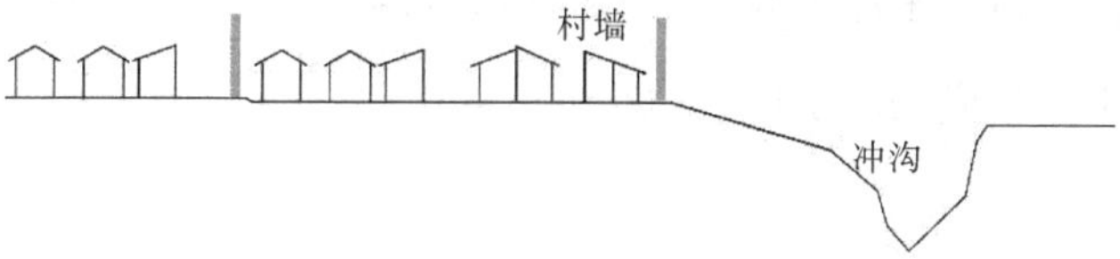
</td></tr>
<tr><td colspan="2">智慧：东北环沟，东侧延伸出的孤塬处筑寨</td></tr>
</table>

续表

<table>
<tr><td>关中传统村落</td><td colspan="2">“塬边建村,环沟建寨”智慧</td></tr>
<tr><td rowspan="5">合阳县·灵泉村</td><td>平面示意图</td><td>谷歌卫星图</td></tr>
<tr><td></td><td></td></tr>
<tr><td colspan="2">剖面示意图</td></tr>
<tr><td colspan="2">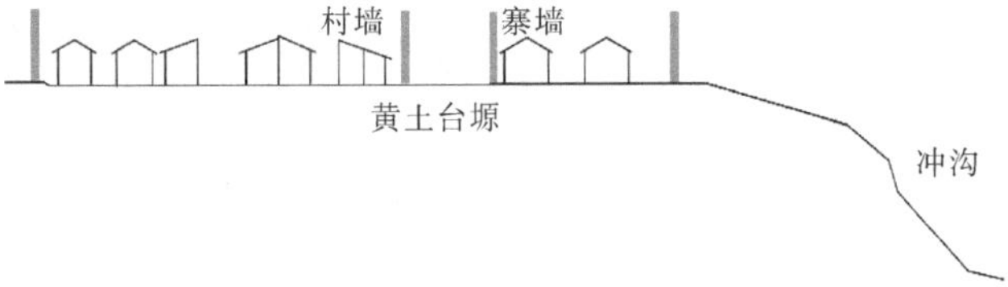</td></tr>
<tr><td colspan="2">智慧:三面临沟建城墙,孤塬处建防御寨</td></tr>
</table>

万家城村位于关中渭北旱塬的丘陵沟壑区,为关中至西北的要道。村落所处区域山峦起伏,沟壑纵横,南北两侧受到河流的冲蚀形成破碎冲沟,村民选址于沟间台塬,结合南北冲沟建立村墙,并于东西南北四个方向设置烽火台[139],形成了坚固的防御体系。东西方向入口处的农田不仅可以充分利用土地,为村落发展提供支持,也为战时维持村落正常生活生产提供可能。

相里堡村选择黄河西岸河流阶地平原上的平坦用地营村建寨,巧妙结合阶梯状用地边缘地带构建自身的防御格局,结合天然沟壑构筑村落防御墙体,并巧寻黄河河漫滩平原上高百余米的孤立台塬“无影山”修建寨堡[140],利用自然地形塑造了稳固的防御体系(见图5.28)。

图 5.28　相里堡村航拍图

（资料来源：王树声，李小龙，张瑶，等. 文荫武备：一种兴文事与修武备融合并重的规划设计理念［J］. 城市规划，2020，44（12）：3.）

南长益村地处渭北旱塬东部，东、北两面环沟，绿树成荫，坡面急陡，药王庙位于村落东南方，形似龙头，整个村落呈龙形，村落四周由人工夯筑的村墙所包围。村落出入口位于村落西、南方与黄土台塬相接处[141]，在塬的伸出部分建立防御用的堡寨，现堡寨已坍塌，但仍能从中看到村落坚固的防御格局。

灵泉村毗邻黄河，位于金水沟与徐水沟之间的黄土塬上，中部平、四周陡，西北寿山、东北禄山、东南福山成三山拱抱之势，村落只有西南处留一出入口，村东部黄土塬向沟壑延伸出的半岛型用地建有村寨。

2. 低处建村，高处筑寨

综合考虑生活生产用水、土地质量等因素，不少村落选择在地势较低的河谷、盆地低洼处建村。低洼处的防御体系缺陷使村民选择在高处筑寨，高墙深池的外在形象表达出其明确的防御意识（见表 5.10）。

表 5.10　关中传统村落“低处建村，高处筑寨”智慧汇总表

<table>
<tr><td>关中传统村落</td><td colspan="2">“低处建村，高处筑寨”智慧</td></tr>
<tr><td rowspan="6">韩城市党家村</td><td>平面示意图</td><td>谷歌卫星图</td></tr>
<tr><td>
</td><td></td></tr>
<tr><td colspan="2">剖面示意图</td></tr>
<tr><td colspan="2">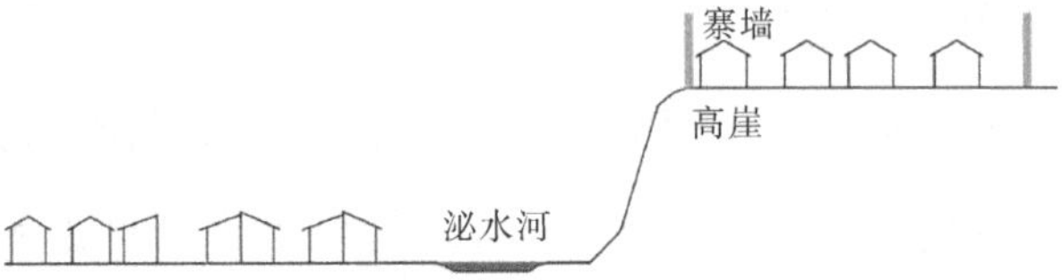
</td></tr>
<tr><td colspan="2">防御体系：高崖处修建防御堡寨</td></tr>
<tr><td colspan="2"></td></tr>
<tr><td rowspan="5">韩城市清水村</td><td>平面示意图</td><td>谷歌卫星图</td></tr>
<tr><td>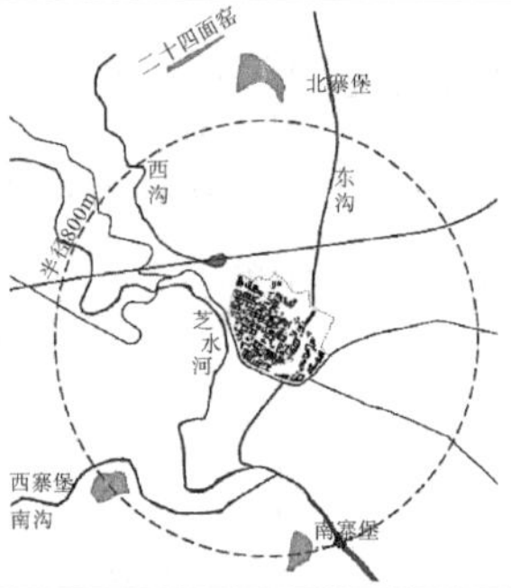
</td><td></td></tr>
<tr><td colspan="2">剖面示意图</td></tr>
<tr><td colspan="2">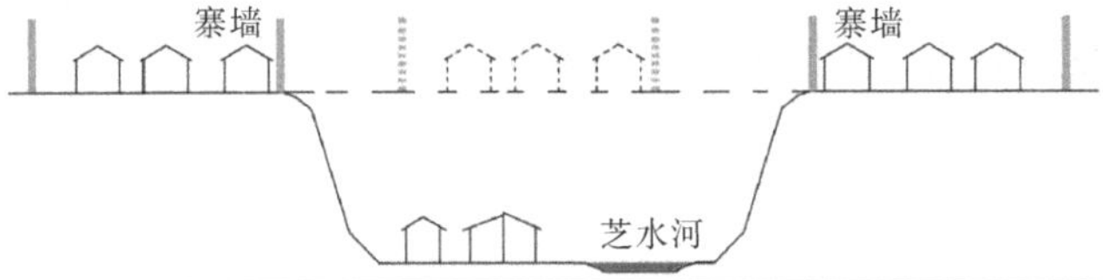
</td></tr>
<tr><td colspan="2">防御体系：临近台塬高地修建环村堡寨</td></tr>
</table>

续表

<table>
<tr><td>关中传统村落</td><td colspan="2">“低处建村，高处筑寨”智慧</td></tr>
<tr><td rowspan="6">韩城市王峰村</td><td>平面示意图</td><td>谷歌卫星图</td></tr>
<tr><td>
</td><td>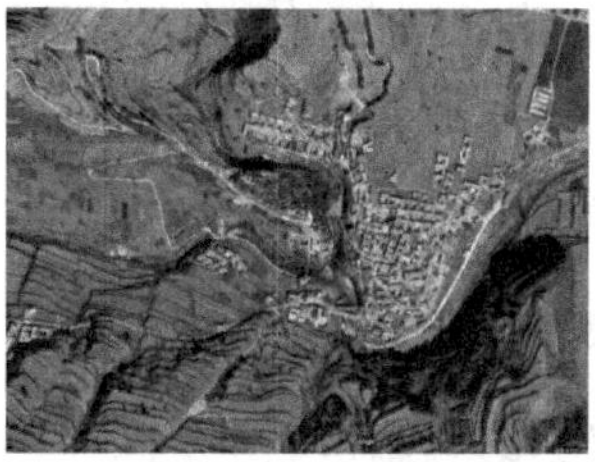</td></tr>
<tr><td colspan="2">剖面示意图</td></tr>
<tr><td colspan="2">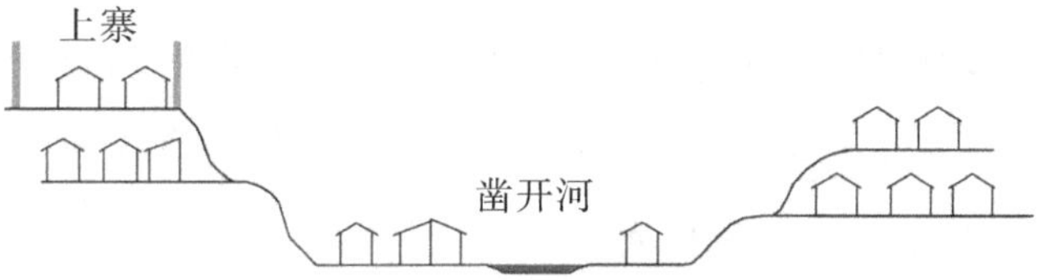
</td></tr>
<tr><td colspan="2">防御体系：隔河孤峰处修建防御堡寨</td></tr>
</table>

（资料来源：党家村平面示意图来源于周若祁，张光．韩城村寨与党家村民居[M]．西安：陕西科技出版社，1999：170；其余平面示意图和剖面示意图均为作者自绘；谷歌卫星图像来源于谷歌地图。）

韩城市是关中地区传统村落分布极为密集的县级区域，具有西部山岭、浅山丘陵、黄土塬地等地貌类型，不同地貌环境下存在不同形式的“低村高寨”型村落防御格局。位于泌水河谷北侧的党家村是典型的河谷型传统村落，依塬傍水，地势较低，不利于防御。咸丰初年，村民于本村东北部半岛型高崖上集资修建泌阳堡，泌阳堡东、南、西三面均为高差约 40 米的陡峭塬壁，仅北面与塬平坦相接，并筑有高约 10 米、宽约 3 米的夯土寨墙，寨墙上修建有战棚、炮台，外包砖加固，并挖城壕，北寨墙不留通道，避免因进出孔道的存在而增加防御难度[134]274－275。泌阳堡临崖面则借助地形天然屏障修筑矮墙作为日常防护与战时掩体，节省了建寨的工程量与费用。在泌阳堡南面防卫良好的临崖处，下挖倾斜券洞隧道，即本村通往泌阳堡的通道，利用巨大高差修建隧洞式上升型入口，同时利用窄道、陡坡、转折等刻意收敛前进视野从而形成压抑的空间氛围，在一定程度上延缓、牵制敌人的入侵行为。泌阳堡内民居建设尺度、朝向等均以满足其防御功能为前提，布局紧凑均衡。

位于韩城市中部山地、平原交界地带的芝阳镇清水村，以塬为屏障，为求藏风聚气，但选址于西、南、北三面环塬的低地，导致清水村地势较周边更低，不利于防御。因此村民在村东南、西南、正北三个方向的台塬高地上，修建了三座古寨堡和东、南、西、北四个门洞，其中北寨子城距今已有2600年的历史，易守难攻，固若金汤。

韩城市西北部的丘陵沟壑区的典型村落王峰村，由于地势陡峭，用地狭窄，难以修建防御村墙，所以村民于孤峰之上修建王峰古寨，古寨与村落隔河相望，入寨的小路易守难攻。据《韩城市志》记载，王峰古寨本为辽国萧太后墓，明朝平坟建寨，故王峰由“王封”而来。

5.3.2 适应地貌约束的立体防御空间

在关中广阔的平原和台塬地区，因地势平坦、无险可依，村民十分注重对本村防御系统的加强和完善，结合村落实际情况构建立体防御格局。防御体系的构建主要有地上修建堡寨和地下挖掘洞穴、暗道两种形式（见表5.11）。

1.地上空间防御：筑堡建寨

村民于地面上以做“加法”的形式修建城墙。为增强城墙的防御能力，村民常于墙外挖壕设堑，或在天然防御能力薄弱的局部地区，修筑瓮城弥补防御体系的不足，从高峻坚固的城垣、瓮城，到村内的望楼（看家楼）、街门、迷路体系，再到民居厚重的墙体、封闭的墙面，处处都体现出较强的防御特征。

表 5.11 关中典型村落立体防御人居智慧分析统计表

<table>
<tr><td>关中典型村落立体防御类型</td><td colspan="2">人居智慧分析</td></tr>
<tr><td rowspan="10">地上防御为主</td><td colspan="2">韩城市薛村</td></tr>
<tr><td>平面示意图</td><td>谷歌卫星图</td></tr>
<tr><td>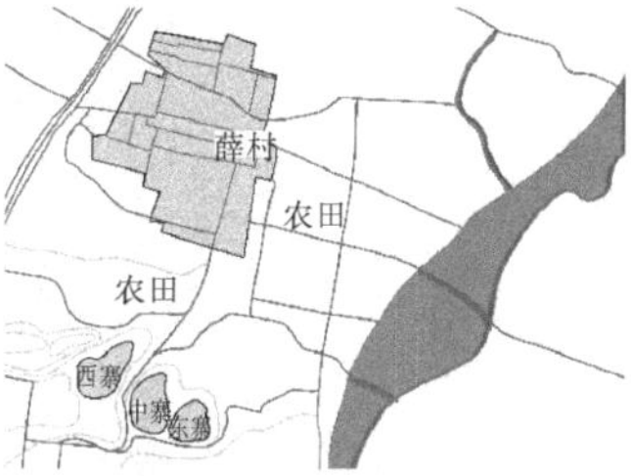
</td><td>
</td></tr>
<tr><td colspan="2">防御体系：三寨环村（东寨—坤凝寨、中寨—中兴寨、西寨—西河寨）</td></tr>
<tr><td colspan="2">韩城市西原村</td></tr>
<tr><td>平面示意图</td><td>谷歌卫星图</td></tr>
<tr><td>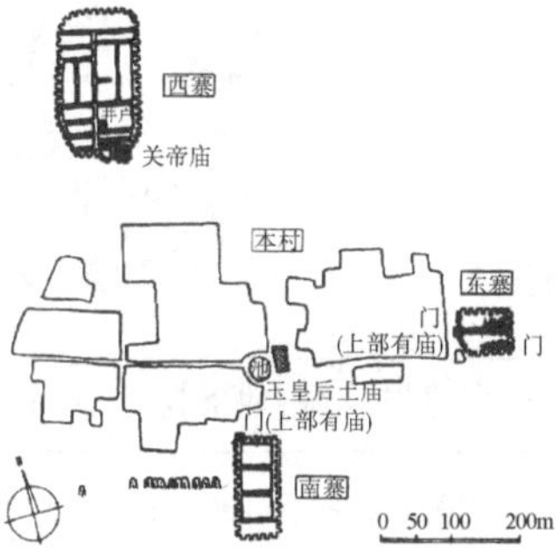
</td><td>
</td></tr>
<tr><td colspan="2">防御体系：三寨环村（龙麓寨、凤翼寨、张家堡）</td></tr>
</table>

续表

<table>
<tr><td>关中典型村落立体防御类型</td><td colspan="2">人居智慧分析</td></tr>
<tr><td rowspan="10">地下防御为主</td><td colspan="2">三原县柏社村</td></tr>
<tr><td>平面示意图</td><td>谷歌卫星图</td></tr>
<tr><td>
</td><td></td></tr>
<tr><td colspan="2">防御体系:城堡(古城堡、南堡东西城、北堡老城)、胡同、窑洞立体防御</td></tr>
<tr><td colspan="2">韩城市郭庄砦村</td></tr>
<tr><td>平面示意图</td><td>谷歌卫星图</td></tr>
<tr><td></td><td></td></tr>
<tr><td colspan="2">防御体系:临沟建村筑城,地下挖暗道</td></tr>
</table>

(资料来源:韩城市郭庄砦村平面示意图来源于周若祁,张光.韩城村寨与党家村民居[M].西安:陕西科技出版社,1999:93;其余平面示意图均为作者自绘;谷歌卫星图来源于谷歌地图。)

韩城市西庄镇薛村地处黄河西岸,全村由四个自然村组成,地势平坦,西北高、东南低。薛村为平原地区典型的三寨环村型防御格局,为了防止土匪入侵,约2000年前修建薛村三寨,分别为东寨、中寨、西寨。东寨,又名坤凝寨,新中国成立后改名建龙寨,位于村南一公里偏东处,三面为险崖,西面为城壕,西南角设城门;中寨,又名中兴寨,位于村南一公里处,南北为险崖,东面有城壕,西南角和东南角设城门；西寨，又名西河寨，位于村南一公里偏西处，东、南、北三面为险崖，西面连土塬处挖壕筑墙开门。三寨鼎立并峙，寨间仅由一条东西向窄路连通。寨中与村内关键要素在空间布局与建筑方位上遥相呼应，形成视线对望体系。坤凝寨寨门北开，村内三圣庙主殿坐北朝南，二者南北互望；西河寨寨门北开，遥望村内薛家祠堂门楼。凡此人文要素间的对望关系均增强了三寨人文景观标识性，共筑了村寨南北互望、秩序紧密关联之势，形成村寨呼应、稳固、周密的整体防御体系。薛村三寨历经风雨，传统民居破败不堪，寨中居民现已全部迁出，只有文化遗迹印证着历史格局。

韩城市龙门镇西原村为三堡寨环村（龙麓寨、风翼寨、张家堡）型防御格局，属于典型的平原地区村寨分离型聚落。西原村居民有 831 户，3458 人，耕地 6346 亩，人多地广，地势平坦。为使居民可以就近避乱，村民于本村周围建东、南、西三个寨子，寨子均呈较规整的矩形。其中，靠近盘水河的西寨面积最大、设施最为齐全。西寨路网呈南北向鱼骨状，东寨仅有东西向一条主干道，南寨则为沿寨环形路网辅以三条东西向巷道平行布置[134]152。

2. 地下空间防御：挖穴修道

在地势平坦、无险可依的情况下，村民便开始修建黄土台塬地下防御工事。他们之所以能挖掘马兰黄土层形成隐蔽的地下生活和防御空间，是因为马兰黄土质地均匀、垂直节理发育，在含水量较低的状态下坚硬稳固、不易坍塌。地表上下防御工事共同构成立体防御体系，使原本无险可守的黄土台塬地区成为重要的作战区域。

韩城市西庄镇郭庄砦村位于飞虹塬北部边沿，明末盗匪四起，郭庄村人各族联合修建躲避战乱的寨子，郭庄砦村因此而得名。村落北部隐约可见三百多年前修建的城墙，寨子的地下挖有可供非常时期出入的暗道，暗道进出口分别设置在城正北面的半崖和东北角的悬崖上。南城墙正中建有一座砖砌方形城楼，分三层。下层是南城门，是村民每日田间劳作的必经之门，门楣上刻有“文山毓秀”四个字。门洞内塑有金身神像，上层小庙也有神像。北城门作为村内婚丧大事的必经之门，是村内庄重严肃的“礼仪之门”。暗道、城墙共同构建了郭庄砦村的立体防御系统。

柏社村位于三原县北部丰原的台塬坡地之上。晋代兵火战乱频繁，柏社村先民巧妙地利用东西向自然冲沟洼地的地形优势构筑早期的军事防御战道——胡同古道，使柏社村成为当时“一夫当关，万夫莫开”的咽喉要地[142]。村民在胡同古道两侧的土壁上开凿了很多土洞作为居所，并开设两个出入口，不仅便于村民进入院落，而且能便于村民在战争时期有效地进行内部转移。这条古道成为人们早期居住和防御的重要区域，直至民国时期，村民在胡同古道两侧修建地坑窑时依旧保留在内部深处挖掘逃生出口的营建习惯（见图 5.29）。柏社村核心区内集中分布有 215 孔地坑窑民居建筑。独特的地下居住形态成为天然的堡垒，有利于躲避战争，避免灾祸。

图 5.29　胡同古道两侧百年窑洞与内部逃生出口实景图

5.3.3　保障防卫需求的街巷防御格局

街巷系统是传统村落空间机理的形成要素之一，街巷格局主要依赖于地形地貌、建筑布局、传统规划理念和功能需求，它决定了村落机理的整体组织形态。首先，关中地区传统村落街巷空间格局因村落所处地形和环境的不同而呈现不同的整体形态。平原和台塬开阔、平坦地区的路网呈规整的网格状结构；河流阶地地区受地形限制，主干道多沿与等高线平行方向布置，以东西向布局居多，南北向多为支路且分布密集，村落路网呈鱼骨状、树枝状结构；山地地区传统村落多分布于山间盆地，因用地狭窄，路网沿地形走势呈“一”字状结构。其次，关中地区传统村落的路网结构除受地形和环境限制外，还考虑了防御因素。具体来说，除村内交通型干道采用“十”字相交形路网结构外，内部道路多采用“丁”字形路网结构，以避免一望到底的街道格局。此外，组团内部街巷高与宽的比值多为 1.5，高耸封闭的住宅立面围合出具有较强防御感的街巷空间（见表 5.12）。

表 5.12　关中传统村落街巷格局形态汇总表

关中传统村落	街巷格局形态	
	街巷格局	街巷形态
合阳县同家庄镇西同鞮村	网格型	
蓝田县葛牌镇石船沟村	“一”字型	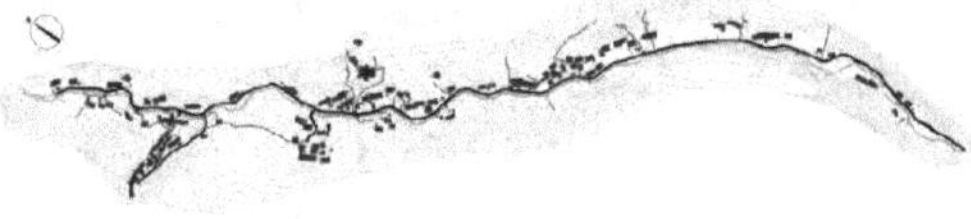
岐山县凤鸣镇庵里村	树枝型	

续表

关中传统村落	街巷格局形态	
	街巷格局	街巷形态
麟游县酒房镇 万家城村	鱼骨型	
韩城市桑树坪镇 王峰村	混合型	
淳化县铁王镇 桃渠塬村	放射型	

1. **平面防御格局**

自明朝末期李自成起义开始，关中便进入了长年战乱时期。明末清初朝代更替之际，清政府无力全面围剿席卷全国的起义运动，只好鼓励各地乡村自发组织修建堡寨等用于防御，自此关中地区进入了修堡建寨的高潮时期。关中东部传统村落多位于渭河平原南北两侧河流阶地处，村民在村落外围增建堡墙时多结合地形。关中传统村落的村内路网一般成环状，为了防止外来者入侵，村落内部街巷网络交叉处多呈“丁”字形或错位相交形，并通过宽窄和坡度变化、尽端路和环路交替设置等方式，使路网总体形成“迷路结构”，营造出诡秘莫测的氛围。敌人即使攻入村内，也难以辨别方向和道路，村民则可以通过路网的迷惑作用拖延时间，及时逃生[143]。这是关中村落日常设防所惯用的路网形式。

关中平原无险可依的村落有时会修建完整的防御性寨子。以安全防御为主要修建目的的寨子一般规模不大，外围防线规整，有完整的城墙、城门等设施，城墙内壁设有环形道路，便于防御性转移。寨内道路泾渭分明，重要公共建筑沿主干道分布，宜居性从属于功能性成为具有共识性的规划思维。道路系统结合地形呈规则的网格状或鱼骨状分布，任何一种形式的街巷网络，均与其所属村落的历史、风俗、地理环境因素相匹配，并发挥着积极的防御作用，形成街巷系统防卫空间的多种表现形式。

党家村设置有望楼、街门等防御性构筑物。望楼（亦称看家楼）作为整个村子的制高点便于观察四周的敌情；街门是村落内部划分街区防御单元的重要防御设施，多设置于村落街网系统的重要节点，将整个村落划分成若干防御单元，意图对来犯者进行层层阻击。村内防御单元一般分为两级：一级防御单元由几户住宅构成，在支路尽端的入口处设街门；二级防御单元由多个一级防御单元构成，在干道处设置街门。党家村内街门数量较多（见图 5.30），其他村落也有各种形式的街门（见图 5.31）。同一街区防御单元内的绝大多数民居建筑采用相同的轴线方位，每个单体建筑轴线与该单元内的主要街巷成 90 度夹角，极少有单体建筑突兀地与群体建筑方向相悖。这种趋同的空间特征有利于增加入侵者寻找目标的难度。

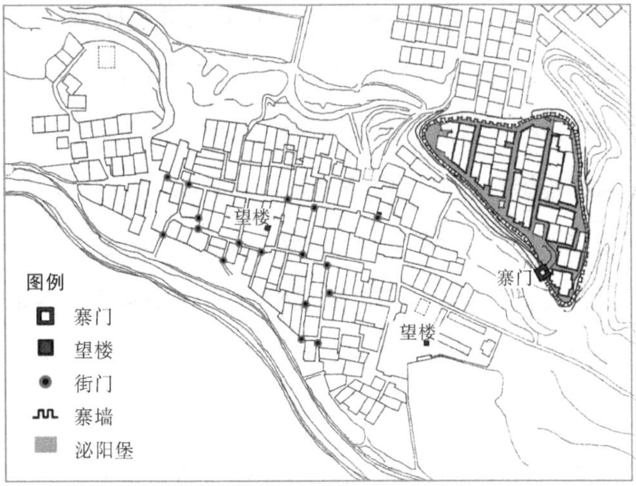

图 5.30　党家村防御设施示意图

（资料来源：图片改绘自周若祁，张光. 韩城村落与党家村民居[M]. 西安：陕西科技出版社，1999：273.）

盘州村街门　　王峰村街门　　张代村街门

图 5.31　传统村落街门

2. 立体空间界面

以窄四合院为主要民居形式的传统村落主要位于关中河流阶地，其街巷空间是由底界面和侧界面围合形成的“U”型空间。根据街巷性质可将这些村落的街巷分为交通型街巷和生活型街巷。由于功能定位不同，街巷空间界面的高宽比、封闭程度等均不同。空间尺度中的数理逻辑本身便蕴含着防卫感，往往给使用者带来不同的空间感受，从而影响居民的心理和行为。街巷空间形态主要取决于两侧墙体构成的竖向界面，也称侧界面，是由建筑正立面和侧立面组合而成。出于防盗和防火需求，建筑侧立面多采用封闭的实体墙面，正立面的构成元素及其组合规律没有太大变化。街巷空间侧界面的相似性降低了建筑的可识别性。

村落主干道便是交通型街巷，它承担着交通往来与开展商贸活动等职责。主干道沿线布置有公共建筑，侧界面多由建筑正立面拼合构成。交通型街巷属于传统村落的穿越型过渡空间，具有尺度大、易停留等特点，街巷形态以直线型为主，方向感强，视线通达。从预防犯罪的角度看，交通型街巷通过“街道眼”实现有效监视和增加犯罪者心理恐慌的目的。生活型街巷的服务对象多为附近居民，街巷侧界面多为建筑侧立面封闭墙体，形成相对封闭的狭窄空间。街巷空间形态呈现出折线形或尽端形，视线遮挡较多，可视距离较短，给人形成局促、压抑的心理感受。同时生活型街巷空间形态具有明显的相似性，仅凭外部特征，很难快速辨认建筑内部特征和使用者身份。（见图 5. 32）

王峰村街巷　　党家村街巷　　张代村街巷　　清水村街巷

图 5. 32　村落街巷

街巷系统的底界面往往通过材质、铺装的变化来划分功能区域和道路等级，但关中地区出于经济和防御考量，无论是四合院民居村落用大块石材铺装的地面，还是窑居村落以生土铺装的地面，均呈现出底界面形式单一、变化较少的特点，街巷空间定位、方向指示等作用较小，识别性较低。但从预防犯罪的角度看，底界面结合侧界面构成了传统村落的“迷路结构”，降低了空间的可识别性，使犯罪者不易逃脱，增加了犯罪难度和犯罪成本。

5.3.4 满足安居心理的院落防御

关中地区的先民们在村落规划时，充分结合自然地貌，对整体格局进行合理的布置。民居作为构成村落的最基本的单元，是村民在长期生活生产的实践经验中建设而成并普遍应用的人居智慧物质载体，不仅是人工营建对自然环境的回应与选择，而且是最基本的防御层级。

关中四合院多位于河流阶地。由于河流阶地区域普遍人多地少，商品经济活跃，往往临街开展商业活动。这就导致临街的宅基地宽幅上较紧，从而形成了窄门面、大进深的建筑格局。院落形制同时受到历史和社会因素影响，关中地区的四合院在礼制影响下大多平面格局相似、外部特征趋同。作为住宅“脸面”的入口空间同样受到宗法等级的影响，即使是富商大户也受到“不强出头”理念的影响，极少出现过高、过大的装饰物。入口方位在“南楼北厅巽字门”的影响下进行统一布局。民居建筑强烈的趋同性有助于减少犯罪，防止来犯者对住户生命及财产的侵犯。宅院民居的面宽越小越有利于防御。建筑院落的外墙不开窗，封闭的环境起到了强化领域的作用。内向型单坡屋顶的后檐显著升高以获得临街面高墙环卫的安全防御功效，居民在院内修建遮挡视线的照壁、隔墙或一些暗道、紧急入口等，以便遇到敌情时藏匿或逃离。

关中地区独特的下沉式四合院民居建筑（即地坑窑），通过向地下挖掘洞穴以获得居住空间，受地形限制较小，星罗棋布地分布于黄土台塬之上，隐藏于广袤的黄土台塬地表之下。村落在地面上只建有寺庙、水井房等少量公共建筑。村落内部自然景观优美静谧，高大树木遮天蔽日，形成了“藏于地下，隐于林中”的独特风貌，封闭、幽静的空间环境形成了天然的防御优势。

5.3.5　依托祭祀文化的精神防御构筑

传统村落中的居民辛苦耕作，靠天吃饭，由于当时科技落后，当他们面临自然灾害或者难以抵抗的人为迫害时，无力摆脱困境，便将希望寄托于神明。人们按不同的生活生产需求而赋予神明明确的分工，这种精神方面的防卫同样具有很强的实用性[144]。关中传统村落最常见的武将庙要数关帝庙。关羽作为一代武将备受敬仰，死后也被历代封建统治者推崇。关帝庙的广泛设立，反映出村民们在村落建设时注重安全的强烈心理需求。

在关中地区传统堡寨中有相当数量的庙宇类公共建筑，它们基于村民安居、祈祥的目的而修建（见图5.33），以关帝庙为代表的古代著名武将庙一般设置于村落的入口处，起到“镇气口”的作用。如合阳县灵泉村早期在村落入口处设有武将庙，其中马王庙已毁，目前仅存的三义庙位于南城门内侧的瓮城之中，石碑记载该庙建于清嘉庆二十二年（1817），原供奉的是集忠、义、勇于一身的关公。三义庙坐西向东，正对西大门，利用传统文化中“关帝圣君，保护平安”的思想和关羽“武圣”精神的震慑作用，来达到心理层面的精神防御。（见表5.13）

韩城市王峰村堡门上的土地庙　　古槐树下的神龛　　古井及龙王神龛　　玉皇庙

图5.33　传统村落中的庙宇类公共建筑

表 5.13　关中传统村落庙宇群平面布局汇总表

<table>
<tr><th rowspan="2">关中传统村落</th><th colspan="2">庙宇群平面布局</th></tr>
<tr><th>庙宇群布局特征</th><th>庙宇群布局形态</th></tr>
<tr><td>韩城市·徐村</td><td>村落西北部和东南部设置庙宇群，东南入口建关帝庙</td><td>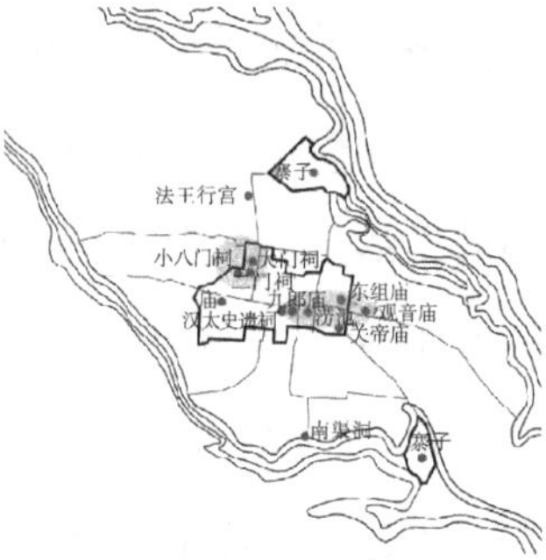
</td></tr>
<tr><td>韩城市·党家村</td><td>村落东南部、东北部设置庙宇群，东南入口建关帝庙、三义庙（已毁）</td><td>
</td></tr>
<tr><td>韩城市·薛村</td><td>村落东部设置庙宇群</td><td>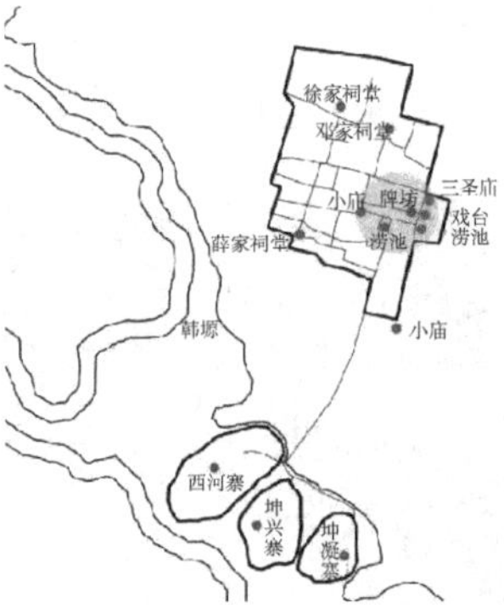
</td></tr>
</table>

续表

关中传统村落	庙宇群平面布局	
	庙宇群布局特征	庙宇群布局形态
韩城市·张代村	村落东部设置庙宇群，东入口建关帝庙	
韩城市·留芳村	村落南部设置庙宇群，南入口建关帝庙	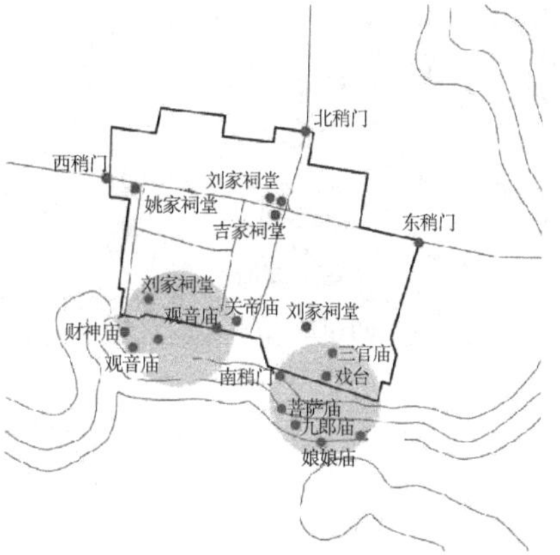
合阳县·灵泉村	村落东南部、东北部设置庙宇群，东南入口建三义庙	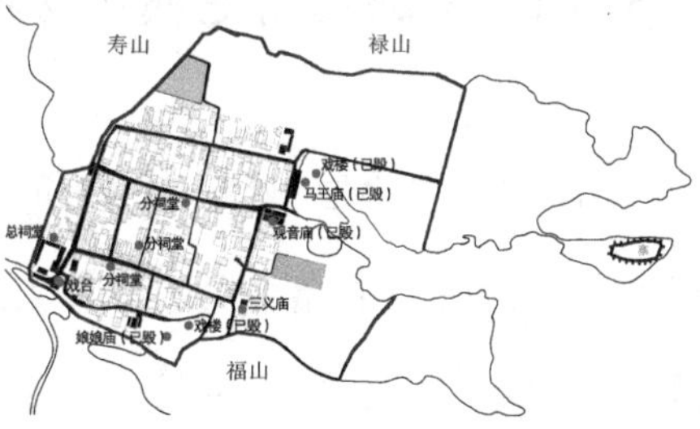

关中村寨中庙宇位置的安排十分考究，设置于村落入口、街巷尽端、道路交叉口附近等防御力量薄弱地带，通常与防御建构相结合，还有些村落在入口处

或瓮城内兴建一定规模的庙宇群。如党家村内有两组庙宇群:一组为位于村落东北角的“上庙”,内设观音庙和娘娘庙(已毁);另一组为位于村落东南入口处的“下庙”,内设关帝庙、马王庙(已毁)和文星阁,并有完整的城墙,关帝庙和马王庙这两大武将庙共同构建入口区意象防御空间,对外来者产生精神上的震慑作用。

有些村落甚至修建功能性寺庙以寄托当地居民安居、趋吉、消灾的迫切愿望。如宝鸡市凤县凤州村原为古凤州城,自古为入蜀的交通要冲。古故道、连云栈道都由此经过,过往商旅不绝。当地居民为求祥瑞、辟邪,祈求家宅平安,在村落南北轴线的北端毗邻嘉陵江处修建“消灾寺”(见图5.34)。

图5.34　宝鸡市凤县凤州村消灾寺及其位置示意图

5.3.6　体现趋吉思想的防御符号设计

有学者指出“价值、符号、神话和信念遍及所有的人类行为和社会结构之中”[145]。关中地区村落村民的日常生活环境和居住建筑中经常会出现含有趋吉思想的防御符号。“丁”字巷口与路相对的位置或墙边常放置刻着“石敢当”字样的石头,这是关中乡村地区较为常见的驱邪、禳解的方式之一。与此同时,村民多有在自家宅院中供奉家神的习俗,如村民将绘有钟馗像的画贴于大门上等(见图5.35)[146]。牌匾、碑刻、门神、照壁、风水楼、瓦脊、屋脊、瓦当中广泛使用的各种图案、符号、辟邪纹样，不仅是居民趋吉辟邪、震慑防卫的心理寄托，同时也为建筑细部的装饰提供了素材，在堡寨聚落中被广泛应用。（见图 5.35）

唐家村民居照壁上的土地龛　东宫城村门洞中的土地龛　党家村山墙上的土地龛

东宫城村民居建筑细部　唐家村唐家大院建筑细部　大寨村民居建筑细部

唐家村石敢当　张代村石敢当　柳村堡的门式石敢当

图 5.35　趋吉辟邪细部构件

牌匾题刻作为我国传统建筑的点睛之笔，是居民心理期盼和审美情趣的真实表达。关中地区有明确防御意义的堡墙、寨门、庙宇等入口处的门额牌匾或题刻常显示出强烈的防御心理暗示及寓意，如合阳县灵泉村西城门外上方的题刻“金汤巩固”，西城门内上方的题刻“笏柱西爽”，南城门外上方的题刻“财阜南熏”（见图 5.36，因年代久远，题刻文字在图片上不清晰，但人们通过图片亦可感知传统村落居民在村落营建中的趋吉思想）。柳枝村关帝庙建筑群为国家级文物保护单位，庙正中神台上塑有关帝坐像一尊，面如重枣，气势逼人。庙前明柱有楹联一副：上联为“匹马斩颜良河北英雄丧胆”，下联为“单刀会鲁肃江南文武寒心”。

西城门外石刻牌匾“金汤巩固”　西城门内石刻牌匾“笏柱西爽”　南城门外石刻牌匾“财阜南熏”

图 5.36　灵泉村石刻牌匾

关中传统村落中的公共建筑、亭台楼阁中都排布着族训、家训，明确示范基本伦理道德规范，起到有效阻止不良行为的教育作用，有效地预防了入侵行为的产生，引导居民规范自身行为，避免做出违背道德伦理的事情[147]。

5.4　本章小结

本章运用聚落形态学和文化生态学理论，从文化生态互动视角，对关中地区传统村落的择地智慧、形成逻辑、空间形态等进行挖掘。

首先，立足于上一章所揭示的多因子综合作用下的关中地区传统村落生态宜居性评价及各评价因子贡献率计算结果，本章对地形地貌、水网形式等主导因素影响下的关中传统村落空间形态和选址布局适应机制进行分析，将关中传统村落按山水格局特征划分为平川带玉、环山伴玉、台塬望玉三种类型，指出村落选址多具有近水、居高、沿边等普遍的生态区位特征，并从文化生态的互动视角揭示出该特征形成的内因。古人在选址择地过程中不仅要考虑适应自然环境，而且要兼顾形胜卜居和风水构景的规划手法，即选址、布局、建设要紧密结合宏观山川形势，形成宏观尺度的“形胜”规划思想，将最初的“自然形胜”和“地理形胜”演化为“人文形胜”的“因借”规划思想，通过人为干预对并不完美的自然地形进行改善，使之成为趋近于理想环境的“均衡”规划思想。

其次，对文化生态互动作用下关中地区传统村落的形成逻辑和空间智慧进行挖掘。关中以平原、台塬居多，传统村落机理形态多呈团块型，具有生活便利性和发展优越性；而在丘陵、山地区，村落形态则呈带状或散点状。宗族文化对关中传统村落空间结构的影响体现在两个方面：一是以血缘作为纽带，聚族而居，形成同姓宗族的单中心向心凝聚式发展模式；二是以地缘和业缘为纽带，邻近的宗族团体基于共同的产业发展诉求而形成以“宗族经济”为核心的多中心共同发展模式。关中地区传统村落中空间资源的生态位序与宗族等级位序具有高度对应关系，在封建礼制思想的主导和生活生产经验的总结下，将人居空间生态宜居水平与空间位序进行了对应，形成空间资源的生态位序，并与宗族等级位序相对应，体现在村落的功能布局、民居的房屋属性、建筑入口的设置和装饰规格等诸多方面。传统村落边界既是村落的领域界限，又是村民“安全与危险”的心理界限，按照村落边界的虚实形态可以将村落划分为山水围合型、地形过渡型、人工砌筑型、象征标识型。街巷是传统村落格局的骨架，笔者依据村落格局和街巷的组合形态将关中传统村落的街巷格局划分为网格型、鱼骨型、树枝型、放射型、“一”字型、混合型六种类型，而街巷相交节点多呈“丁”字形。

最后，安全防御功能作为关中地区传统村落空间营建的重点，在物质防御和精神防御两方面都有具体表现。物质防御体系结合环境特征建立“立体防御”和“平面防御”分析逻辑。立体防御分析逻辑中，宏观尺度依据地形高差将防御格局划分为“塬边建村，环沟建寨”和“低处建村，高处筑寨”两类，微观尺度依据空间立体层级将防御格局划分为“地上空间防御：筑堡建寨”和“地下空间防御：挖穴修道”两类。平面防御分析逻辑中，村落防御层次与空间层次相对应,由外向内分为“外围城墙—街巷网络—民居单元”。精神防御体系建立主要包含空间氛围营造和防御精神寄托两条路径,通过震慑入侵者心理、安抚居民恐慌情绪而获得防卫效果。空间氛围营造采用营造可视空间、降低建筑可识别性、营造局促的空间氛围等方式;防御精神寄托则借助宗教信仰和防御符号文化将趋吉避凶思想在村落公共节点和建筑装饰上进行物化来体现。物质防御体系和精神防御体系共通共联,相得益彰。

第六章　基于活态性评价的传统村落保护传承策略

传统村落文化景观遗产是文化与环境适应过程中的人居智慧的体现，其注重人与自然的依存关系及和谐发展的思想，符合中国特色社会主义生态文明理论的要求和文化遗产可持续发展的理念。但在当代社会信息快速传播、多元文化互动频繁的背景下，传统村落不再是相对封闭的独立社会单元，人口增长规模、区域经济差异、交通便捷程度等都对传统村落的整体保护和活态传承产生影响。想要正确解读传统村落的内在价值和外部处境，须将与其相关的文化、社会、经济、环境作为整体来看待（见图 6.1）。

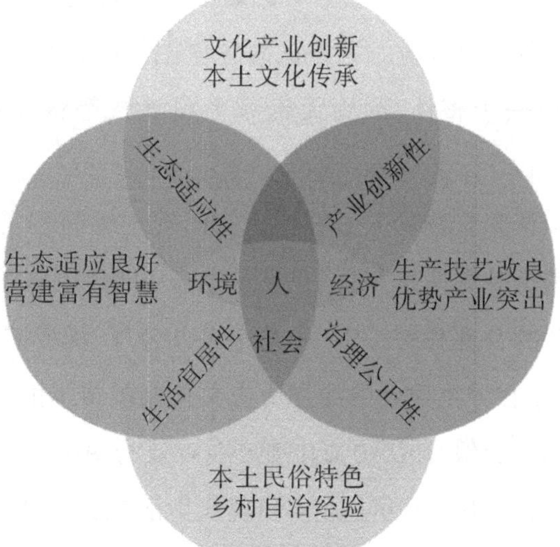

图 6.1　传统村落“文化—社会—经济—环境”绿色可持续发展思路示意图

在研究某一文化现象时，不能单一地考虑某一项、某一类影响要素，只有将多种性质的要素相互联系，才能理解要素与文化现象之间的关系。传统村落作为基于居住需求的文化现象，自然生态环境和社会经济发展等要素对村落的空间分布产生重要影响。本章以前文对关中地区传统村落空间形态及其影响因素的研究成果为基础，立足文化生态学中将多要素整合研究的理论视角，围绕传统村落整体保护和活态化传承的研究目标，通过构建分析模型挖掘传统村落保护重点和发展方向，尝试拓展性地探讨关中传统村落集群式保护和传承策略构想。

6.1 关中传统村落活态性评价

传统村落作为中国脆弱且稀缺的文化景观遗产，处于不同程度的失活状态。残破的建筑、落后的公共设施推动村民寻求更佳的居住环境。人口空心化导致村落活态性丧失，遗留用地的生态环境无人恢复，在人口流失、生态恶化、风貌破坏、文化认同度降低等多种因素的影响下文化遗产的保护与传承陷入“皮之不存，毛将焉附”的窘境。笔者认为应该把传统村落中的人口、经济、生态、文化、遗产看作一个整体，因为无论哪一项缺失都将导致传统村落走向消亡。

《自然资源部 国家文物局关于在国土空间规划编制和实施中加强历史文化遗产保护管理的指导意见》指出：“在不对生态功能造成破坏的前提下……促进文化和自然遗产的合理利用。”[148] 中共中央办公厅、国务院办公厅 2021 年 9 月 3 日印发的《关于在城乡建设中加强历史文化保护传承的意见》指出：“推进活化利用。坚持以用促保，让历史文化遗产在有效利用中成为城市和乡村的特色标识和公众的时代记忆，让历史文化和现代生活融为一体，实现永续传承。”传统村落作为“活态遗产”，必须延续其生命历程和生活习俗，否则将自动走向衰亡甚至消失[149]，保持活态是传统村落永续发展的动力。活态性研究最早出现于文学[150]、体育[151-152]、戏曲[153-154]、艺术[155]、传统技艺[156]等不同类型非物质文化遗产的保护和传承研究领域[157]，物质文化遗产的活态性问题也有少量涉及[158-159]。传统村落领域的活态性问题研究起步较晚，近年来逐渐受到广泛关注，研究内容以传统村落活态保护模式[160]、活化路径[161]、活态传承[162]为主。但是传统村落活态性定量评价、活态性影响因素、活态性丧失机制等问题目前缺少系统研究[163]，本章将对此作进一步研究。

6.1.1　研究方法及数据来源

1.“活态性”概念界定

“活态性”是用来评价传统村落的传统农耕文化传承功能、乡村农业生产功能、聚族而居的生活功能、人地和谐的生态功能等是否具有延续性、发展性和社会活动是否活跃的重要指标。

2. 研究方法

首先，构建传统村落活态性评价模型，结合踏勘、调研、访谈、问卷资料和《传统村落评价认定指标体系（试行）》，从物质文化遗产、非物质文化遗产、村落利用现状三个方面选择评价因子，定量评价传统村落的活态性。活态性评价工作的基本原理是基于多因子按权重叠加的方法进行汇总分析，但由于各因子的属性和计量单位都不尽相同，而且目前没有相应的专业分级标准，无法进行统一的量化比较和叠加分析，因此本书选择按照各因子数据特性和统计结果来进行有效划分。本书将各个因子的原始信息等级化、数量化，以体现不同因子对评价目标的影响程度，并将所有因子用统一的分级标准进行分级处理，即把每个因子的评价结果划分为五个等级，并给予相应赋值，运用层次分析法计算各因子权重，最后采用综合指数加权求和模型计算各村落的活态指数。其次，为深入探究导致各个传统村落失活的主要原因，本书从微观视角计算各评价因子的失活贡献率，力求找出影响传统村落活态程度的核心内生因子。

3. 数据来源

研究所涉及的数据来源如下：①建村年代、现存建筑最早修建年代、传统建筑集中修建年代、文物遗存类型、传统建筑占比等数据来源于2015年传统村落调查登记表；②厕所类型、垃圾处理方式、污水排放方式数据来源于实地调研；③文物遗产和非遗等级评价数据来源于国家级和陕西省文物保护单位名录、非物质文化遗产名录；④非遗项目、非遗与村落依存程度、非遗多样性、非遗传承人、非遗传承时间、居民参与度数据以问卷调查为主，村干部访谈为辅。

6.1.2 活态性评价体系构建

本研究从传统村落文化遗产有效保护和居民生活宜居两方面阐述活态性内涵，从物质文化遗产、非物质文化遗产、村落利用现状三方面选择指标作为村落活态程度的表征。

活态性指标体系的构建严格遵循科学性原则，同时考虑数据获取的完整性、可操作性、真实性等现实情况。首先，参考《传统村落评价认定指标体系（试行）》中的评价指标，结合活态性概念内涵，运用综合的理论分析方法确定活态性评价系统层，并初步选取30个评价指标。其次，研究结合踏勘、访谈（村民、村干部、专家学者受访比例为4∶3∶3）和问卷调查，选取前20个评价指标对传统村落的活态性进行定量评价。

6.1.3 活态性评价指标选取

物质文化遗产评价指标：物质文化遗产的保存状况是传统村落历史文化价值的体现，更是其活态性传承的基础，其中“建村年代、传统建筑群集中修建年代、现存建筑最早修建年代、现存传统建筑占比”是从村落整体风貌和历史建筑功能的延续性来衡量其活态性；“文物种类、等级、是否编制保护规划”是从文化遗产价值的社会认可度来显示其活态性。

非物质文化遗产评价指标：传统民俗文化、节庆活动、传统技艺是传统村落文化内涵的非物质形式表现，其中“非遗类型、非遗等级、传承人、传承时间”是从文化延续状况上来表征其活态性；“居民的参与度、非遗项目与村落依存程度”是从居民对村落文化的认可度和村落凝聚力角度来显示其活态性。

村落利用现状评价指标：居民是影响传统村落活态性的根本因素，亦是物质文化遗产和非物质文化遗产保护与传承的重要媒介，其中“老村人口占户籍人口的比重”体现本村居民外流情况，常住人口比例越大则表示村落活态性越好；“人均年收入、核心产业、老村利用现状”是从生产方式和收入水平来衡量村落活态性，“厕所类型、垃圾处理方式、污水排放方式”是从居民生活宜居程度来衡量村落活态性，生活便利度既影响传统村落居民的幸福指数，又客观反映传统村落的活态性程度。

6.1.4　活态性评价因子分级

1. 村落活态性评价因子权重计算

笔者以关中地区 129 个传统村落为样本随机抽样，从中选取 17 个传统村落并对其进行活态性评价，选取的村落分别是郭庄砦村、柳村、王峰村、临皋村、大寨村、凤州村、盘州村、东高垣村、杨家坡村、南长益村、烽火村、唐家村、万家城村、老县城村、清水村、莲湖村、柏社村（见图 6.2，因村落面积较小，在图上有重叠，未全部显示，但并不影响最终的分析研究）。

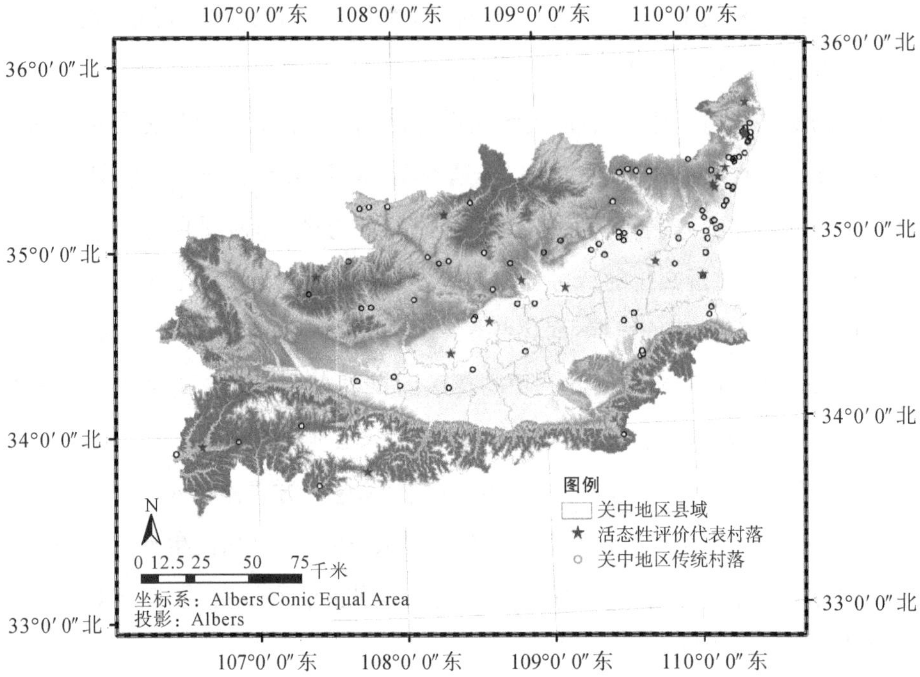

图 6.2　关中活态性评价代表村落分布图

本图为作者自绘，审图号：陕 S(2024)015 号

活态性评价指标划分为物质文化遗产、非物质文化遗产和村落利用现状三部分，共计 20 项评价因子，研究者对各评价因子分级结果进行汇总，用层次分析法计算各因子权重。首先，构建评价指标体系，目标层为传统村落活态性评价，中间层为物质文化遗产、非物质文化遗产和村落利用现状，指标层为建村年代、现存建筑最早修建年代、传统建筑群集中修建年代、现存传统建筑占比、文物种类、文物等级、编制保护规划、非遗类型、非遗等级、非遗与村落依存程度、是否有传承人、传承时间、居民参与度、老村人口与户籍人口的比值、人均年收入（万）、核心产业、老村利用现状、厕所类型、垃圾处理方式、污水排放方式 20 个评价因子。其次，根据指标的相对重要性构建判断矩阵，采取专家群决策方式，选取 5 名相关领域的专家对指标体系构建判断矩阵，并将各专家构建的判断矩阵进行加权算术平均，同时根据判断矩阵计算各因子的相对权重，进行一

致性检验。该矩阵物质文化遗产 7 个评价因子的最大特征根为 7.2267,查“平均随机一致性指标表”可知 7 阶平均随机一致性指标为 1.36、一致性比率为 0.0278;该矩阵非物质文化遗产 6 个评价因子最大特征根为 6.2710,查“平均随机一致性指标表”可知 6 阶平均随机一致性指标为 1.26、一致性比率为 0.0430;该矩阵村落利用现状 7 个评价因子最大特征根为 7.2552,查“平均随机一致性指标表”可知 7 阶平均随机一致性指标为 1.36、一致性比率为 0.0313;该矩阵传统村落活跃度评价最大特征根为 3.0000,查“平均随机一致性指标表”可知 3 阶平均随机一致性指标为 0.52、一致性比率为 0,小于 0.1,说明该矩阵具有良好的一致性,权重指数分配合理(见表 6.1,表格中的赋值标准是进行活态指数计算的重要指标,与划分标准不是同一概念)。最后,将各传统村落评价因子的调研统计数据进行标准化处理,将处理后的数据代入活态性评价模型进行计算,各村落的计算结果活态指数越小则村落活态性越好,划分标准为:(1,2]活性良好,(2,3]轻度失活,(3,4]中度失活,(4,5]重度失活。

表 6.1 关中传统村落活态性评价指标赋值标准及各因子权重统计表

评价指标		赋值标准及各因子权重统计					
		活态(赋值 1)	微失活(赋值 2)	失活(赋值 3)	严重失活(赋值 4)	极端失活(赋值 5)	权重
物质文化遗产	建村年代	唐前	唐—元	明、清	民国	新中国成立后	0.0289
	现存建筑最早修建年代	唐前	唐—元	明、清	民国	新中国成立后	0.0381
	传统建筑群集中修建年代	明前	明、清	民国	新中国成立后	不明	0.0508
	现存传统建筑占比	>80%	70% ~80%	60% ~70%	30% ~60%	<30%	0.1343
	文物种类	>7 种	7 种	6 种	5 种	≤4 种	0.1003
	文物等级	满分 5 分,国家级一处 -2 分,省级一处 -1 分					0.0816
	编制保护规划	已编制 1 分,未编制 5 分					0.066

续表

评价指标		赋值标准及各因子权重统计					
		活态（赋值 1）	微失活（赋值 2）	失活（赋值 3）	严重失活（赋值 4）	极端失活（赋值 5）	权重
非物质文化遗产	非遗类型	>5 类	4～5 类	2～3 类	1 类	无	0.0217
	非遗等级	满分 5 分，国家级一处 -2 分，省级一处 -1 分					0.0344
	非遗与村落依存程度	极相关	高度相关	中度相关	低相关	无关	0.0273
	传承人	有传承人 1 分，无传承人 5 分					0.0546
	传承时间	满分 5 分，时间不明 -1 分，100 年以上 -3 分，50 年以上 -2 分					0.0433
	居民参与度	全村参与	百人参与	10～30 人参与	10 人参与	<10 人参与	0.0688
村落利用现状	老村人口与户籍人口的比值	≥100%	60%～100%	30%～59%	<30%	0	0.0856
	人均年收入	≥1 万	>0.7 万～1 万	>0.5 万～0.7 万	0.2 万～0.5 万	<0.2 万	0.0433
	核心产业	满分 5 分，特色种植、旅游业、手工业、矿产业、养殖业、运输业等每项 -1 分					0.0433
	老村利用现状	满分 5 分，居住、旅游开发、农产品加工、博物馆展示、生态示范区、自然保护区、少数民族特色村寨等每项 -1 分					0.0329
	厕所类型	水厕 1 分，旱厕 5 分					0.0182
	垃圾处理方式	集中处理	焚烧	卫生填埋	简易填埋	直接倾倒	0.0133
	污水排放方式	集中处理	—	分散处理	—	无处理	0.0133

通过计算得出选取的 17 个村落处于不同程度的失活状态（见表 6.2），其中 7 个村落（柳村、郭庄砦村、东高垣村、柏社村、杨家坡村、临皋村、万家城村）处于中度失活，10 个村落（王峰村、大寨村、凤州村、盘州村、南长益村、烽火村、唐家村、老县城村、莲湖村、清水村）处于轻度失活，17 个样本中老县城村（2.22 分）活态性最强，万家城村（3.69 分）活态性最差。

表 6.2　关中典型传统村落活态性评价结果统计表

村落名称	活态性评分	村落名称	活态性评分	村落名称	活态性评分
柳村	3.43	东高垣村	3.28	南长益村	2.54
郭庄砦村	3.06	大寨村	2.94	烽火村	2.57
莲湖村	2.39	柏社村	3.18	万家城村	3.69
清水村	2.74	杨家坡村	3.49	老县城村	2.22
凤州村(省级)	2.29	临皋村	3.27	唐家村	2.90
盘州村(省级)	2.55	王峰村	2.83		

2. 失活贡献率分析

为了深入分析各个村落失活的主要影响因素，本书对各指标进行失活贡献率的计算分析，贡献率(%)=(某因素贡献量/总贡献量)×100%，某个指标计算结果越大则表示其对村落活态性丧失的“贡献”越大，17 个传统村落及全样本评价因子平均失活贡献率计算结果汇总见表 6.3。

失活贡献率计算结果显示，传统村落物质文化遗产指标层中现存传统建筑占比的失活贡献率最大，其次是文物等级；传统村落非物质文化遗产指标层中居民参与度的失活贡献率最大，其次是非遗等级；村落利用现状指标层中老村人口与户籍人口的比值的失活贡献率最大，其次是核心产业。失活贡献率的计算结果不仅和现场调研、问卷、访谈的结果吻合，而且与《传统村落评价认定指标体系(试行)》中的评价指标也高度吻合，说明活态性评价模型及其各指标失活贡献率的评价方法具有一定的科学性。

表 6.3　典型村落评价因子失活贡献率及全样本评价因子平均失活贡献率计算结果汇总表

评价因子		失活贡献率计算结果/%																	
		柳村**	郭庄砦村**	莲湖村*	清水村*	凤州村*	盘州村*	东高垣村**	大寨村*	柏社村**	杨家坡村**	临皋村**	王峰村*	南长益村*	烽火村*	万家城村**	老县城村*	唐家村*	平均
物质文化遗产	建村年代	1.68	2.83	2.42	2.11	2.52	2.27	1.76	2.95	0.91	2.48	1.77	1.02	3.41	2.25	1.57	3.91	2.99	2.23
	现存建筑最早修建年代	3.33	3.73	4.78	4.18	4.99	5.99	3.49	2.59	3.59	3.27	2.33	2.69	4.50	2.96	3.10	5.16	3.94	3.71
	传统建筑群集中修建年代	2.96	8.29	6.37	5.57	4.44	6.98	7.75	8.64	5.59	7.28	4.67	8.97	6.00	9.87	4.13	4.58	7.00	6.38
	现存传统建筑占比	11.74	13.15	16.84	14.73	17.59	21.10	12.30	9.14	8.44	7.69	20.56	9.49	5.29	15.66	3.64	6.06	23.13	12.52
	文物种类	8.77	9.82	4.19	7.33	4.38	3.94	15.31	17.06	15.76	14.36	3.07	7.09	7.90	11.69	10.87	9.05	17.27	10.16
	文物等级	11.89	13.31	3.41	14.91	14.25	16.03	4.98	0.00	12.82	11.69	12.49	14.41	16.06	15.85	8.85	14.73	11.24	11.41
	编制保护规划	1.92	2.15	2.76	2.41	2.88	2.59	10.07	2.24	2.07	9.45	10.10	11.66	2.60	2.56	8.94	2.98	2.27	4.95

非物质文化遗产	非遗类型	3.16	2.12	2.72	2.38	1.89	0.85	1.99	1.48	2.73	2.49	2.66	3.07	2.56	2.53	2.35	2.94	0.75	2.29
	非遗等级	5.01	5.61	1.44	6.29	7.51	4.05	5.25	5.85	5.40	4.93	5.27	6.08	5.42	6.68	4.66	6.21	5.92	5.37
	非遗与村落依存程度	3.98	2.67	3.42	2.99	2.38	3.22	3.33	3.71	3.43	3.13	0.84	3.86	2.15	2.12	3.70	1.23	1.88	2.88
	传承人	7.95	1.78	2.28	2.00	2.38	2.14	1.67	1.86	1.72	1.56	1.67	1.93	2.15	2.12	1.48	2.46	1.88	2.32
	传承时间	6.31	5.65	3.62	4.75	3.78	0.00	2.64	4.42	4.08	4.96	2.65	4.59	5.11	3.37	3.52	3.91	2.98	3.95
	居民参与度	10.02	6.74	11.50	5.03	3.00	2.70	6.30	7.02	8.65	5.91	2.11	7.29	8.12	8.02	9.32	10.86	2.37	6.76

续表

评价因子		失活贡献率计算结果/%																	
		柳村**	郭庄砦村**	莲湖村*	清水村*	凤州村*	盘州村*	东高垣村**	大寨村*	柏社村**	杨家坡村**	临皋村**	王峰村*	南长益村*	烽火村*	万家城村**	老县城村*	唐家村*	平均
村落利用现状	老村人口与户籍人口的比值	4.99	2.79	10.74	12.52	7.48	13.45	2.61	11.65	8.07	7.36	10.48	3.02	6.74	6.65	11.60	7.72	2.95	7.63
	人均年收入	5.05	7.06	3.62	3.17	1.89	1.70	6.61	5.89	2.72	1.24	3.98	3.06	3.41	1.68	5.87	3.91	2.98	3.86
	核心产业	3.78	2.83	7.24	3.17	9.45	5.10	5.29	5.89	5.44	3.72	5.30	4.59	5.11	1.68	5.87	5.86	4.47	4.91
	老村利用现状	2.88	2.15	5.50	2.41	2.87	2.58	3.01	3.36	3.10	2.83	4.03	1.16	5.18	2.56	4.46	2.97	2.27	3.13
	厕所类型	2.65	2.97	3.80	0.67	3.97	2.14	2.78	3.10	1.72	2.61	2.79	3.21	3.58	0.71	2.47	2.46	1.88	2.54
	垃圾处理方式	1.55	2.17	0.56	1.94	0.58	1.57	1.62	1.81	1.67	1.14	1.22	1.41	2.09	0.52	1.80	2.40	0.46	1.46
	污水排放方式	0.39	2.17	2.78	1.46	1.74	1.57	1.22	1.36	2.09	1.90	2.04	1.41	2.62	0.52	1.80	0.60	1.37	1.59
活态性等级		中度失活	中度失活	轻度失活	轻度失活	轻度失活	轻度失活	中度失活	轻度失活	中度失活	中度失活	中度失活	轻度失活	轻度失活	轻度失活	中度失活	轻度失活	轻度失活	—

注：* 代表村落的活态性等级为轻度失活；** 代表村落的活态性等级为中度失活。

6.1.5　活态性计算结果分析

老县城村属秦岭山地村落，万家城村属渭北旱塬丘陵沟壑区村落，同样处于地势陡峭地区，但活态性却相差较大，老县城村活态性评分为 2.22 分，万家城村活态性评分为 3.69 分，分别是 17 个传统村落案例中活态性最强和最差的（见表 6.4）。

表 6.4　传统村落活态性评分与所在区域活跃度统计表

村落名称	村落平面图	活态性评分	区域活跃度
柳村		3.43	高活跃区
郭庄砦村		3.06	高活跃区
莲湖村		2.39	高活跃区
清水村		2.74	高活跃区

续表

村落名称	村落平面图	活态性评分	区域活跃度
凤州村		2.29	中活跃区
盘州村		2.55	高活跃区
东高垣村		3.28	低活跃区
大寨村		2.94	高活跃区
柏社村		3.18	中活跃区
杨家坡村	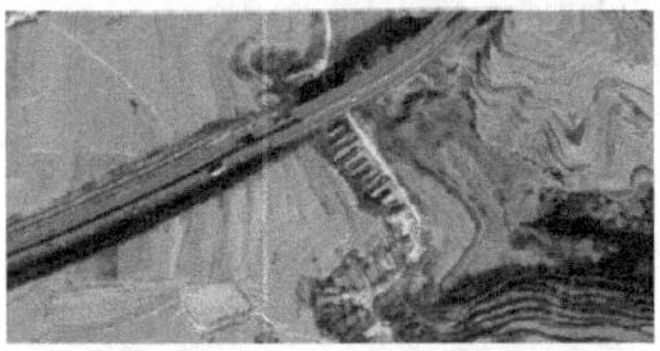	3.49	中活跃区
临皋村		3.27	中活跃区

续表

村落名称	村落平面图	活态性评分	区域活跃度
王峰村		2.83	中活跃区
南长益村		2.54	中活跃区
烽火村		2.57	低活跃区
万家城村		3.69	极低活跃区
老县城村	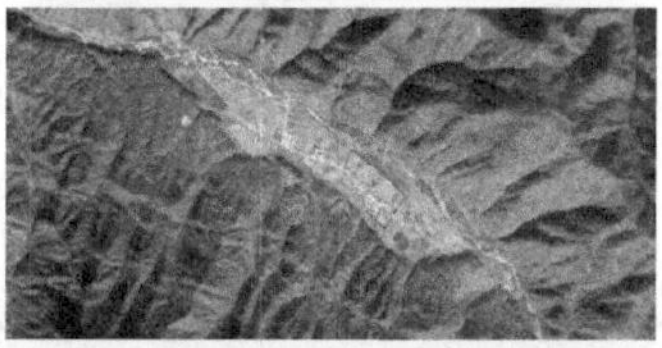	2.22	中活跃区
唐家村		2.90	中活跃区

1. 老县城村活态性解析

老县城村属周至县厚畛子镇，位于周至县城南部的秦岭北麓地区，在太白山脚下、黑河源头处，亦位于西安、宝鸡、汉中三市和周至县、眉县、太白县、洋县、佛坪县五县的交会处,有"一脚踏五县"之称。老县城村所处的厚畛子镇是兼跨长江、黄河两大水系的深山建制镇,位于西安市的西南端,森林资源、野生动植物资源丰富,关中文化和陕南文化融合,是西安市极重要的生态屏障和后花园,同时也是关中三大地形区域(渭河平原区、黄土台塬区、秦岭北山山地区)中山地区传统村落的典型代表之一。

老县城村遗产保存完整度高、历史悠久、种类丰富,但由于地处秦岭腹地交通不便而鲜为人知,区域社会经济活跃度较关中其他地区低。直至 2016 年老县城村被评为国家级传统村落,叶广芩等知名作家广泛宣传,周边景区的开发也带动了老县城村的古村落旅游业发展,村落的经济发展状况和公共设施才得到改善。调研发现村民和游客对于老县城村的保护与发展前景并不看好,受访居民普遍愿意通过土地流转改变目前的贫困状况。

活态性计算结果显示老县城村呈轻度失活状态,通过老县城村各评价因子失活贡献率计算结果可以看出,文物等级失活贡献率为 14.73%,居民参与度失活贡献率为 10.86%,老村人口与户籍人口的比值的失活贡献率为 7.72%,分别是三个指标层中失活贡献率最大的评价因子。老县城村物质文化遗产丰富,但仅有佛坪厅故城(俗称周至老县城)一处省级文物保护单位;非物质文化遗产有厚畛子山歌和周至牛斗虎两个省级非物质文化遗产,但受山歌性质影响,仅有少数传承人,难以提高村民参与度。调研显示村落现存规模较小,共 43 户 167 人,贫困人口为 68 人,贫困人口约占全村总人口的 41%(见表 6.5),2002 年以后,老县城村旅游业发展,农家乐数量不断增加、规模逐级扩大(见表 6.6)。目前村落还面临产业单一,旅游经营模式粗放,旅游旺季住房供不应求,旅游淡季游客稀少等问题。

表 6.5　老县城村社会经济发展概况一览表

项目	数据及具体情况	项目	数据及具体情况
总户数	43 户	可耕地面积	580 亩（约合 38.6 公顷）
总人口	167 人	荒地面积	800 亩（约合 53.3 公顷）
贫困人口	68 人	林地面积	19 504 亩（约合 1300.3 公顷）
贫困人口比例	41%	人均耕地面积	3.47 亩/人（约合 0.23 公顷）
全村农民人均纯收入	8000 元	产业经济现状与结构情况	种植业、养殖业占 30%，旅游服务业占 50%，务工占 20%
乡村旅游经营户数	30 户	农业产业特点	农业种植（以玉米、黄豆、土豆为主）和畜牧养殖（以家禽、蜂蜜为主）为主
年接待游客量	5 万人	人口素质情况	以中老年人为主，受教育程度较低
旅游日接待最多人次	500 人	水、电、气、路、通信设施情况	已通水、电，通信设施良好，尚未通气，进出道路质量较差
总用地面积	1210 公顷	社区服务情况	缺乏商店、活动中心、卫生所、垃圾处理站

（资料来源：西安建筑科技大学城市规划设计研究院《周至县老县城旅游扶贫试点村规划说明书》。）

表 6.6　老县城村农家乐一览表

序号	农家乐名称	序号	农家乐名称	序号	农家乐名称	序号	农家乐名称
1	先泉农家乐	8	山里娃农家	15	农家乐园	22	悦来客栈
2	老城第一家	9	都督门农家乐	16	吕氏家园	23	竹韵
3	东门农家	10	迎客松农家	17	苇园人家	24	双喜人家
4	老蜂农	11	傥骆道农家乐	18	竹林山庄	25	力维农家
5	大厨农家	12	荣聚站农家	19	旺泉农家	26	俭朴寨
6	景阳客栈	13	湑水源农家	20	南城根农家	27	东关客栈
7	接官亭	14	丰乐门农家乐	21	深山人家	28	离钟楼最远的西安人

（资料来源：西安建筑科技大学城市规划设计研究院《周至县老县城旅游扶贫试点村规划说明书》。）

2. 万家城村活态性解析

万家城村位于渭北旱塬的丘陵沟壑区，水资源匮乏，农作物以适应干旱和半干旱类环境的作物为主。万家城村的文化遗产以普润县故城遗址最为知名，《麟游县志》载："县西一百二十里曰万家城，城南邵家街有古城遗址，即旧普润县处。"[164]圣母庙、天地庙、土地庙、烽火台遗址均已废弃，但残垣尚存；清代万家堡遗址和长乐塬遗址、民国时期所建的万永堂民居均被列入文物保护单位；万朱堂、万民堂、万行科、万宝堂保存较好，其余民居建筑均出现不同程度的风貌改变或结构损毁。

万家城村的活态性评价结果显示，村落利用现状指标层中老村人口与户籍人口的比值的失活贡献率为 11.60%，非物质文化遗产指标层中居民参与度的失活贡献率为 9.32%，物质文化遗产指标层中文物种类的失活贡献率为 10.87%，分别是三个指标层中失活贡献率最大的影响因子。

万家城村所有评价指标中老村人口与户籍人口的比值的失活贡献率最大。万家城村受地形影响交通不便，因此在易地扶贫搬迁政策引导下大多数村民选择搬往山下新村，截至 2020 年村民基本完成搬迁，传统建筑近乎全部荒废。万家城村被命名为中国传统村落之后，先后投入 300 多万元进行老村的维护与修缮，老村内基本保持原有格局及风貌，但人口流失仍然是导致万家城村活态性丧失的主要因素。万家城村物质文化遗产种类较少，圣母庙、天地庙、土地庙、古戏楼、烽火台遗址等分布较为分散，且保存状态较差，无论从个体价值还是从规模效益角度，都难以进行有效保护。物质文化遗产、非物质文化遗产和村落利用现状的活态性表现均不理想，因此万家城村陷入保护与发展的瓶颈，亟待寻找到适宜其活态化保护与传承的有效路径。

6.2　传统村落集群式保护传承的意义

本研究提出的“集群”概念，也就是使具有地缘、业缘优势的聚落群联动发展这一思路，早在秦代便已经出现。秦代横向的区域城市体系，是指由各具特色、不同规模的城乡经济区构成的区域集群。这些城乡经济区自然地理环境相似、地域生产条件接近、风土人情趋同，它们通过区域内的中心城市对人口流动、物质交换等进行调剂并集结在一起形成经济共同体。关中地区便是秦汉时期的十大城市经济区域之一。

6.2.1　文化生态保护实践经验

在城市化背景下，各界对乡村地区出现类城镇化现象表达出了深深的忧虑。传统村落虽然在政策指导、资金扶持的前提下较少出现“大拆大建”等破坏行为，但是在保障其与时代接轨的有效内生动力出现前，传统村落逐渐没落的这一历史趋势似乎是难以避免的。在新的时代背景下，城市和乡村地区都应该发挥其优势，协同发展。面对有文化价值的特殊村落，应该多加保护。首先，应肯定传统村落优于城镇的生态价值，实现乡村地区的生态价值兑现；其次，应将传统村落文化价值与生态价值相结合，促进其社会价值和经济价值的体现；最后，可重新梳理影响和制约传统村落多元价值、多重生态发展的因素，从区域尺度进行协调，从而构建区域联动、村落之间融合互促、社会环境共建共享的新型文化生态保护体系。

1. 实践一：生态博物馆

前文已提到，从文化、生态互动和辩证关系角度来思考文化景观遗产的保护与发展,其理论始源于20世纪50年代美国人类学家斯图尔德提出的文化生态学,而其实践则起源于20世纪70年代法国博物馆学家乔治·亨利·里维埃(Georges Henri Riviere)和雨果·戴瓦兰(Hugues de Varine)提出的生态博物馆。文化生态学与生态博物馆的核心目标与中心思想是一致的,均是表达后工业化社会中人们对文化与生态问题的关注与忧虑。

生态博物馆是以现实社会中具有深厚文化积淀及良好生态环境的典型社区或乡村为对象的文化生态保护和展示区[165]。生态博物馆概念的创始人戴瓦兰提出,生态博物馆不同于传统博物馆的"展品静态收藏和观众隔空欣赏"模式,它强调文化遗产的真实性、完整性、原生性和活态性,同时需要兼顾遗产传承所必需的地域性、科学性和教育功能,其最重要的意义在于使当地居民懂得他们所肩负的社会责任,在保护的基础上合理利用生态和文化资源,适应社会经济发展和技术变化,并以自身的发展节奏,在自然生态允许的范围内实现可持续发展。

(1)中国第一代和第二代生态博物馆的价值和不足

1997年10月23日,中国和挪威相关部门签署了《挪威开发合作署与中国博物馆学会关于中国贵州省梭戛生态博物馆的协议》。1998年10月31日,第一代中国生态博物馆——贵州六枝梭戛生态博物馆开馆,自此生态博物馆模式被正式引入中国,开启了本土化的探索过程。随后贵州相继建成四座民族类生态博物馆,形成了贵州生态博物馆群,开启了文化就地保护新形势和文化保护民主化、社区化的新理念,并构建中国生态博物馆的"六枝原则"。2005年,广西在借鉴了贵州生态博物馆经验的基础上,创新性地构建了第二代中国生态博物馆——广西民族生态博物馆"1+10"联合体,即广西民族博物馆作为核心,为全区10个民族生态博物馆提供专业性指导,核心博物馆发挥其专业知识优势,加强各地区生态博物馆之间的联系,各区的生态博物馆则作为核心博物馆的工作站和研究基地,提高核心博物馆的专业化水平,最终实现两者的互动发展。

目前,第一代和第二代生态博物馆经历了短暂的繁荣后又重归冷清,实践过程面临诸多理论与实践难以统一等现实问题：首先，生态博物馆建设的初衷是反对“精英”主导下的管理模式，认为生态博物馆应该是居民自治管理，其运行和发展应该是非固定、多样化的模式。但是实践结果背离初衷，各地生态博物馆均呈现出由政府和专家“精英团体”主导的局面，本地居民被代理、遗产要素符号化等诸多问题，长远规划和提高村民文化意识方面也做得不够。其次，始源于挪威的生态博物馆理论在中国进行文化“嫁接”，首选贵州和广西民族村落，其出发点是基于这些区域深厚的文化底蕴，以及原生态的生活生产方式，但是对当地的生产生计问题考虑不足，是一种文化生态视角下的较为激进的遗产保护模式。在仍以脱贫致富为核心目标的地区，这种保护模式由于缺乏相应的绿色产业模式及经济效益，政府一味进行资金补助并非长久之计，目前尚未形成将生态博物馆的管理和运作纳入中国的地方行政体系和文化管理制度之中，且值得推广和复制的普适性模式。

（2）中国第三代生态博物馆的价值和不足

2012 年，浙江省湖州市安吉县建立了第三代中国生态博物馆——浙江安吉生态博物馆，包括 1 个中心馆、13 个专题馆和 26 个村落文化展示馆，是一个综合类文化遗产保护博物馆群。安吉经济发展水平较高，公共服务设施基础较好，居民受教育程度普遍较高，且对生态环境和文化遗产价值的认同感较高，能够形成全县民众积极参与保护传承工作的良好氛围，具有建立生态博物馆的良好基础。

浙江安吉生态博物馆群的建设和美丽乡村建设活动几乎处于同一时期，博物馆的建设被融入美丽乡村建设总目标。在展示内容上，包括自然生态、文化生态、社会生态、产业生态的多方融合；在展示模式上，采用中心馆（信息中心）+专题馆（主题馆）+展示馆（村落地域文化展示点）三级辐射模式[166]。截至 2017 年，安吉县建成了 14 个专题馆，全县都被纳入生态博物馆的总体框架中，将遗产转变为资源，又将资源转变为品牌，体现了“生态博物馆的建设是一个过程而非结果”[167]的理念，同时提供了大量就业岗位。

安吉生态博物馆群作为中国第三代生态博物馆,同样面临前两代生态博物馆所遇到的部分问题:政府在快速发展经济的“功利心”促使下,偏重于招商引资、旅游发展,容易导致生态博物馆走偏路、陷入发展困境;居民对生态博物馆概念的理解程度参差不齐,对于中心馆、主题馆、展示馆之间的关系和各自所要承担的责任并不明确,很难以主人翁的心态积极促进各项工作的开展;博物馆群建设资金来源渠道单一,运营资金不足,技术人员的匮乏严重限制了其发展。除了上述共性问题外,浙江安吉生态博物馆群还面临新问题。首先,由于其与美丽乡村建设的时间几乎重叠,在建设过程中,很容易向美丽乡村建设的方向倾斜,而忽略了保护生态环境和文化遗产的主要使命,很可能由相辅相成的关系变为生态博物馆建设从属于美丽乡村建设;其次,安吉生态博物馆群作为一个整体,中心馆在其体系中居核心地位,但是中心馆对于专题馆和展示馆的开发与设置并没有制定系统、细致的发展规划,出现了各种问题如“天荒坪生态能源博物馆”“银坑生态影视文化展示馆”“鹤鹿溪名人文化展示馆”等并不完全符合生态博物馆概念的场馆被冠以“生态博物馆”之名,中心馆对各地区场馆建设、管理与监督不够科学和严谨,奖惩缺乏有力的依据等。

(3)生态博物馆实践经验总结

生态博物馆从概念诞生至今,经历了50多年的发展,在我国也由在西部较为落后的村寨建设转向在东部发达地区建设,形成区县全域联动、乡村文化遗产和自然生态资源综合保护的模式。实践证明,生态博物馆在改善社会生态环境、提高居民地方文化认同、推进文化遗产活态保护、促进地区文化就地保护和推广等方面具有积极意义。同时,生态博物馆普遍面临的政府隔空主导、资金来源局限、群众基础参差不齐、文化生态遗产保护与社区发展矛盾日益凸显等诸多问题,归根结底源于文化生态遗产活态保护和社区经济发展之间的“二律背反”现象。生态博物馆在发展过程中正是陷入了“二律背反”,才使其遇到上述诸多问题。我们只有正视问题的困难程度,才能更加透彻地进行分析,以找到解决问题的思路。此外,我们需要注意,生态博物馆是传统村落文化生态保护的开端,其价值不容忽视。

2. 实践二:文化生态保护区

截至2021年,我国相继建立了23个国家级文化生态保护实验区,其中7个被确定为国家级文化生态保护区,此外,我国还有200多个省级文化生态保护区。文化生态保护区作为我国非物质文化遗产区域性整体保护的创举,既是我国作为缔约国履行联合国教科文组织《保护非物质文化遗产公约》的具体实践,也是贯彻和落实我国颁布的《中华人民共和国非物质文化遗产法》的重要举措。文化生态保护区强化了非物质文化遗产与物质文化遗产间的内在关系,为不同的传统文化表现形式营造适宜其生存的空间环境。文化生态保护区的构建是中国在世界范围内对非遗保护的一次创新性实践。

2005年,《国务院办公厅关于加强我国非物质文化遗产保护工作的意见》中提出"对非物质文化遗产进行真实、系统和全面的记录",其中就已经包含对生态区进行整体保护的要求。文化生态保护区具有以非物质文化遗产为核心的文化资源分布区、以文化生态为基准的整体保护区、以民众受益为目标的生活生产区、以活态传承为指向的文化产业区、以保护为原则的探索性试验区等多种文化属性,同时呈现政府主导、社会参与的建设管理模式,生态协调的整体保护模式,保护优先兼顾利用的发展模式。

文化生态保护区在实践过程中也普遍存在缺乏强有力的执行机构来规范和推动保护工作,涉及不同部门、不同行政范围的工作难以协调,未深入挖掘民众对保护工作的主动性等普遍性问题。

3. 文化生态保护实践的反思与启发

文化生态学理论被引进并应用于我国文化遗产保护中,主要体现为生态博物馆和文化生态保护区两种实践方式,虽然这两种实践方式都是以保护地区非物质文化遗产为目标,同时存在着理念较难落地、对象不易把握、资源难以协调等具体问题,但总体还是广受认可。在两种实践方式中政府均强调“整体性保护”理念,即对文化及其所在环境的统筹保护,对区域范围内的同类文化进行联动保护。同时管理者和居民普遍关注的问题除了文化遗产保护外,最主要的就是活态传承,继而实现文化生态资源绿色可持续发展和价值兑现。

诸多传统村落保护实践效果的显现引发了各界的反思,人们在认识到以物质文化遗产保护为重点的传统村落个体保护存在局限性的基础上,对传统村落的价值认知发生转变,逐渐开始关注群体村落形成的区域价值。一定地域范围内众多的文化同源、地域接近、社会关联性强、情感认同度高的村落群体,共同构成了一种新的文化单元,其呈现出的群体特征或系统性规律,有助于传统村落地域文化共性的挖掘。不同尺度下的传统村落群承担着不同的社会责任,体现不同视角下人与自然协调演进的方式,甚至直接或间接地影响一个区域的城镇化发展机制。

6.2.2 传统村落集群式保护传承的意义

传统村落作为文化景观遗产中的一类,空间景观性研究和文化性研究均不可或缺。传统村落空间特色来源于漫长的生存斗争。居民为适应自然生态环境,反复试错和调整后形成了适应于某一地域特征的固定模式,从而使村落的空间营建始终遵循特定的模式和逻辑,保持特定形态,最终形成某一地域内村落空间的固定景观。这些文化景观和营建逻辑便是该区域居民严格遵守的生存法则。

聚落空间特色来源于居民对特定历史环境所作的分析和判断,个体村落可以部分反映特色空间的创造性,如可以讲述一段历史、回忆一个故事、纪念一个人物,但是只有村落群才能在相互的关联中呈现一种文化,成为该区域历史文化的有效表达。传统村落的多元价值具有群体效应,即整体价值大于个体价值之和,村落集群更加能够凸显地域文化的价值。我国许多世界遗产级传统村落都是以群体价值而存在，如客家土楼群、开平碉楼群等。基于上述分析，关中地区传统村落的活态化保护与研究应该突破以个体为单位的同质性保护与发展壁垒，从个体走向集群，形成多尺度的保护传承策略。

1. 有利于文化遗产资源的整体保护、活态传承和差异发展

传统村落文化景观遗产资源丰富，文化价值突出，在部分生态文化宜居区往往存在集聚分布的现象。因为具有相似的文化背景和趋同的区域环境，文化景观遗产集聚分布地区的传统村落保存情况普遍较好，但文化同源性使其遗产构成相近、景观相同、开发模式单一，村落间的竞争由于缺乏科学的规划和管理，极易导致文化遗产资源的浪费。

集群式保护和发展传统村落，有利于整合区域内丰富的资源，从宏观尺度对传统村落文化景观遗产进行全面调查、系统梳理、整体规划，快速而有效地找到文化和生态资源兑现的突破口，更全面、及时地把握文化景观遗产保存状态和传承发展中遇到的实际困难，从而采取针对性措施。集群式保护与发展可以市场需求为导向，有效引导劳动力的区域间流动，增加就业机会。集群式保护与发展不仅帮助个体村落在进行文化遗产资源化时突出自身竞争优势，同时能有效避免各自为政、盲目开发、产业趋同等问题，达到遗产资源保护与活态性利用的目的。

2. 促进区域内资源互补，实现基础设施和旅游服务设施共建共享

目前的传统村落保护与发展规划多聚焦于个体村落自身的资源和周边环境，规划和设计的内容主要针对传统村落物质文化资源、市政公用设施和公共服务设施等，包括村落整体风貌的保护、历史建筑的修缮、基础设施的完善和公共服务设施的提升等方面。各个村落在保护规划的指导下修建游客接待中心、餐厅、酒店、停车场等，基础设施建设的成本高，而中西部地区经济发展相对滞后的现状导致资金投入有限，后续维护更成问题，不利于传统村落整体保护和可持续发展。

以渭南地区为例，渭南传统村落数量较多，且相对集聚，与之相邻的区县在交通联系、景观特色、设施配置、产业构成、文化背景、民俗习惯等方面十分相似。现有保护规划将各个村落看作独立的个体进行规划设计，缺少从更大范围统筹建设公共配套设施的意识，造成了资源配置的重复性浪费，以村落为单元的特色经济作物的小范围种植也难以利用现代化技术进行规模化、产业化管理。集群式保护和发展路径可统筹规划传统村落的自然生态资源与基础设施资源，减少“各自为政”所导致的重复建设型资源浪费现象，降低资源分散管理的管理成本，促进传统村落资源共享、协同发展，同时有利于政府和社会提供的各类资金的统筹管理和分配，减少不必要的支出，提高资金利用率。

6.3 传统村落“多尺度、集群式”活态保护策略

传统村落集群的发展旨在创造整体效益，将分散的个体村落划分为集群，整合区域资源，避免无序竞争和资源浪费。在这一层级中应厘清集群内村落的生态敏感度、区域演化脉络、文化构成、整体价值和共同特征，并划定为呈现共同价值需要确定的集群的范围，确定集群划分的原则、路径，建立不同尺度下村落的分级体系，有效指导对个体村落的精准保护与个体村落的活态化发展。

6.3.1 宏观——建立传统村落文化生态保育集群

构建传统村落集群式发展模式的基础是全面了解传统村落空间分布特征、文化谱系、遗存属性，掌握区域生态敏感度、优势资源分布特征、区域社会经济发展水平和村落活跃程度等多项内容，并对各项内容的空间分布进行评价和分析。要从宏观尺度实现全局把控、联动保护，立足于关中地区整个文化圈层和

生态圈层,而不应局限于现有的行政区划范围。应将各市县之间具有一定空间关联或文化关联的传统村落进行整合,科学地划定出相对完整且独立的单元,即传统村落文化生态集群,为进一步结合集群特征进行生态文化资源价值转换实践奠定基础,为传统村落的保护和活态化传承寻找到可行的路径。

1. 宗族血缘亲近,文化背景接近

传统村落是适应文化生态环境过程中“自组织”形成的聚落单元,其宏观尺度的分布特征与地形地貌、气候水文等相关,也与古代人口的集聚和迁徙相关,较少受到行政界线的约束。相似的生态环境和地貌条件形成了居民生活习惯、价值观念相似的文化特征。关中渭北和河南豫西都是著名的地坑窑村落分布区,如关中的等驾坡村、柏社村与河南陕县的庙上村、北营村,虽相距千里,但均处于北纬 34°~35°附近的黄土台塬地区,具有黄土层厚、风沙强、昼夜温差大的共性特征,而黄土保温、隔热、防风的特点十分适合建造窑洞,所以这两个地区虽属于不同的行政范围,但同是我国地坑窑村落的主要分布区。渭南东部的韩城地区,其村落格局和民居建筑与山西汾河一带村落的格局、民居建筑非常相近,虽然两地自古便分属于不同的行政范围,但地缘联系作用下的文化共性难以分割。在甘肃天水等乡村地区,秦腔是当地居民生活中不可缺少的文化要素,与关中地区的秦文化一脉相承。关中地区存在以秦文化为代表的多种地域文化,其外部与巴蜀文化、中原文化、荆楚文化、三晋文化存在东西分异,同时与黄河文化、长江文化存在南北差异,内部存在东府文化与西府文化的分异。

文化空间的联系与划分,也体现在方言的分布上。学者邢向东对关中方言地理进行了深度解析,总结出关中方言空间分布是以西安为中心呈“涡状”向外扩散,反映了西安方言的权威地位[168]。关中东、西部方言往往存在明显差异,主要体现在西府方言与东府方言的并存上。如果再考虑到关中东部沿河一带方言受到陕西汾河一带方言的影响,与其他关中方言的差别较明显,那关中方言则呈现出西府、中部、东部方言的并存,地理上分别对应的是秦陇片、关中片、汾河片。总体来看,关中文化生态系统与周边多个文化区存在密切联系,东部接近三晋文化和中原文化,西部接近陇东文化,南部接近巴蜀文化,多元文化和谐共生,行政区划的阻碍无法完全切断不同文化区之间的过渡性和联系性。

2. 地理区位集聚,地形地貌接近

关中传统村落的文化景观具有地域特征。不同地区的边界因自然地理屏障和地形变化而产生,地形地貌、气候、水文和资源构成深刻影响着不同地区的人口分布、生产方式、生活习俗及外观特征,进而产生了不同的村落布局形式和民居建筑风格。例如,沟深塬广的黄土台塬地区分布着低调神秘的地坑窑,平坦肥沃的渭河平原地区孕育了规整严谨的窄院民居,山高谷深的山地区散落着灵活多变的瓦房。在传统村落集群式保护与发展过程中,应对村落进行集群划分,这种划分一般选择在地貌气候接近、生态景观趋同、文化关联度高、历史背景相似的传统村落集中分布区进行。可通过整合区域内资源,挖掘各个传统村落的特色,使分散的村落优势互补,摒弃村落单独发展容易出现同质化现象的弊病。

关中内部包含多个差异化地貌带,构成“渭河冲积平原东部—渭河冲积平原西部—渭北黄土台塬区—秦岭北麓台塬、洪积扇区—秦岭(南山)山地区—北山山地区”六个典型区域(见图6.3,见表6.7)。

本书立足于关中地区宏观地理环境特征,梳理研究范围内传统村落特征和关联性,结合敏感度空间分布特征,对关中地区传统村落进行区域划分。关中传统村落文化生态圈层按其文化环境和地理背景可以初步划分为六个板块:受陇东影响较大、以西府文化为主的关中渭河平原区西部板块;受山西和河南影响、以东府文化为主的关中渭河平原区东部板块;受陕南影响、以巴蜀文化为主的秦岭山地板块和秦岭北麓台塬板块;受陕北影响,以黄土文化为主的北山板块和渭北黄土台塬板块。

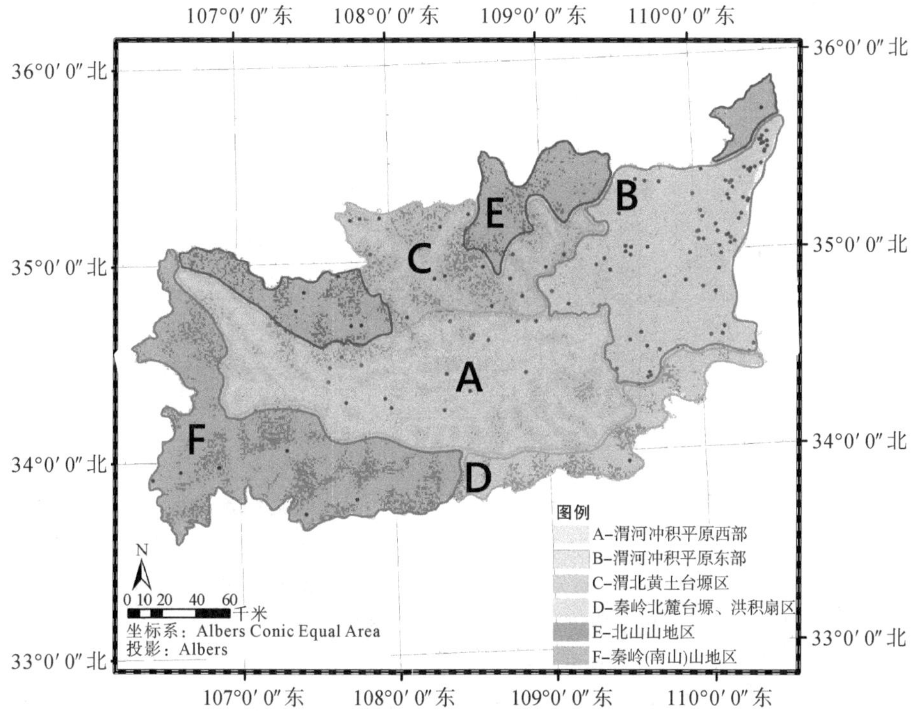

图 6.3 关中传统村落地理区划示意图

本图为作者自绘，审图号：陕 S(2024)015 号

表 6.7 关中地理区划详情表

地理区划		区域范围	自然、经济特征
渭河冲积平原自然区	渭河平原西部	位于关中平原盆地区的中部。大致包括宝鸡市岐山县和扶风县南部、眉县北部，咸阳市秦都区、渭城区、武功县南部，西安市市区和郊区县的部分地区	主要分布于黄河、渭河及渭河支流冲积平原，包括渭河河漫滩和一、二、三级阶地。区域内河流众多，地下水埋藏浅，水量丰，水热条件均较好，农田水利设施良好，古代为京畿腹地，今为陕西省重要粮棉油生产基地，交通便利，土地利用率高，人口密集，城镇星罗棋布，工农业发达
	渭河平原东部	位于关中平原盆地区的中部。包括华州区、华阴、潼关北部，临渭区北部、大荔、蒲城县南部、合阳县东部和韩城市东部	

续表

地理区划		区域范围	自然、经济特征
黄土台塬自然区	渭北黄土台塬区	位于关中平原盆地区北部，南与渭河冲积平原相接，北靠北山山地区。 包括金台、渭滨、岐山县南部、乾县和三原县北部、淳化县和耀州区东南部，以及韩城、合阳、澄城、蒲城、白水、富平等部分地区	渭北黄土台塬区塬面宽阔平坦，土层深厚，土壤肥沃，灌溉条件较好，是关中灌溉农业区的重要组成部分，也是我国古代农业的发祥地之一。 自西向东千河、漆水河、泾河、石川河、北洛河将渭北黄土台塬分割
黄土台塬自然区	秦岭北麓台塬、洪积扇区	位于渭河冲积平原南侧的秦岭山前地带，东西狭长，一般宽5～12公里，大致包括眉县、岐山、周至、鄠邑、蓝田、临潼、临渭、华阴、潼关等地区的秦岭山前洪积扇和黄土台塬地带	地貌形态上可分为两部分，即渭河南岸的黄土塬和秦岭山前洪积扇。渭河南岸黄土台塬经赤水河、灞河、沣河、黑河等河流切割，断续分布，西安和渭南一带塬面较平坦，面积较大，其余多呈长梁状，台塬区是关中重要的粮棉产区。 洪积扇下缘地下水丰富、埋藏浅，土壤熟化程度高，是重要的粮棉产区，有些地方还有大片稻田，洪积扇上缘土少石多，粮食产量低，多已辟为果林带
北山山地区		北山山系是陕北黄土高原与关中渭河平原的分界岭，大致包括陇县、千阳、麟游、永寿、彬州、长武、旬邑、印台、宜君，以及凤翔、岐山、淳化等县区北部与韩城市西部	北山山脉不同于秦岭山脉多溪多河，北山山脉海拔不高，呈断续分布，北山低山丘陵分两列，北列低山丘陵海拔1500～1800米，山上多有次生林分布，南列低山丘陵山地海拔1000～1600米。植被破坏严重，本区经济林（果林）发展较快，不少县已发展为规模生产，经济效益较好

续表

地理区划	区域范围	自然、经济特征
秦岭(南山)山地区	位于关中盆地南部。 主要包括太白县东北部,眉县南部和周至、鄠邑、蓝田、华阴、潼关等县区南部山区	以山地森林景观为主,从山麓到山脊垂直变化明显,动植物资源丰富,是关中木材和土货土特产的重要产地,山地区山高坡陡,河溪深险,瀑布、急流、山崖、深渊众多,风光奇特,有许多风景名胜,旅游开发潜力较大。山区矿产资源丰富,其中蓝田玉石、潼关金矿、太白金矿、金堆城钼矿等最为著名

(资料来源:陕西省地方志编纂委员会.陕西省志:第三卷地理志[M].西安:陕西人民出版社,2000:346－347.)

其中,渭河平原区东部板块传统村落分布数量最多、密度最大,其次是渭河平原区西部板块和渭北黄土台塬板块。渭河平原区东部板块的传统村落主要分布于陕西省渭南市,按照《关于组织申报2020年传统村落集中连片保护利用示范市的通知》(财办建〔2020〕47号)中明确的程序,两部组织专家评审出前10名为2020年传统村落集中连片保护利用示范市,陕西省渭南市入选。可见,渭南地区传统村落的规模和质量优越性获得了一定认可,应重点对其进行集中连片式保护和利用。

6.3.2　中观——促进传统村落集群的活态化发展

在促进传统村落集群的活态化发展中,应坚持"保护优先,活化共举"的传统村落保护原则,坚持"绿水青山就是金山银山"的生态发展理念,坚持尊重文化、顺应自然、保护遗产,通过科学配置推动传统村落生态文化资源的转化,把生态文化资源优势转化为绿色产业发展优势和地域多元文化传播优势,坚定不移地走生态优先、文化并重、科学发展之路。

生态空间和文化空间是传统村落集群的重要载体,兑现其文化生态价值的关键是活化传统村落在城市化进程中长期被忽视的文化遗产和自然生态资源。在我国社会主义生态文明建设的新时代背景下,需要对各区域内传统村落空间分布特征、建筑营建智慧、地域文化基因,以及生态文化资源的完整性、多样性、独特性、差异性等方面有较为清晰完整的认识。这些资源既包括生态山水和自然景观,也包括物质文化和非物质文化形态的民俗遗产。

渭河平原区东部板块传统村落的分布与中、高度宜居区的分布高度耦合,结合关中宜居空间分布和传统村落集聚分布的特征可以将关中传统村落集群细分为核心集群和一般集聚区:濛水河与黄河交汇处的三角洲地区的“黄濛双河集群”,以及徐水河、金水沟、洛河和大峪河流域的带状集群“徐水河集群”“金水沟集群”“洛河集群”“大峪河集群”等为传统村落集聚度较高的核心集群(见图6.4);临渭区和华州区范围内的“临州集聚区”、华阴市和潼关县范围内的“阴潼集聚区”、临近蒲城县政府的地形平坦的“蒲城平地集聚区”,以及白水县和澄城县范围内的“白澄集聚区”为一般集聚区。可通过渭河平原区东部板块的以黄河为界、极具特色的鱼骨状水网为依托的“文化线路”和以晋陕豫交汇区多元文化为背景的“文化基底”,将这些核心集群进行串联,建立网状传统村落保护体系,突破以往传统村落个体化保护与传承方式单一的瓶颈,发挥集聚优势。

应从中观尺度深入挖掘各个集群的文化特色,依托独有的传统村落文化景观遗产资源,以高级别景区为触媒,以多元文化为载体,以特色乡村生态环境为依托,以“文化+生态+产旅融合”为导向,构建渭河以北、黄河以西的传统村落集群文化景观遗产保护和展示区,完善黄河流域晋陕豫三省交界处民间文化资源谱系,建立民俗文化、艺术教育等多学科综合教研与实践相结合的研学基地,探索传统村落文化景观遗产生态价值、文化价值创造性转化、创新性发展的新模式。

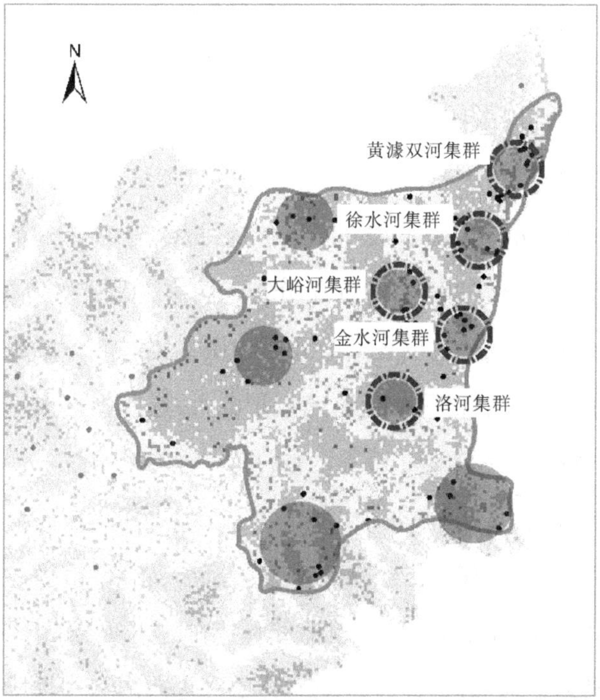

图 6.4　渭河平原区东部板块集群分布示意图
本图为作者自绘，审图号：陕 S(2024)015 号

1. 文化寻源，梳理遗产网络

研究以集群为单元，收集整理区域内文物遗产类型、等级和档案信息，整理保护名录，统计物质文化遗产分布的坐标信息和非物质文化遗产的分布区域，结合实地调研、史料搜集、问卷调查和访谈等形式进行传统村落及周边未评级古村落的文化遗产保护情况统计，以行政村为单位进行传统村落活跃程度评估，为传统村落集群的生态文化价值兑现，探索活态化保护与传承工作的多元化、多维度复合路径奠定基础。

"黄濠双河集群"主要分布于韩城市，作为渭河平原区东部板块中典型的传统村落集群，其生态文化资源主要包括物质文化遗产和非物质文化遗产两类。笔者调研走访了韩城市的 98 个古村落(其中 20 个为国家级传统村落和省级传统村落,78 个为未评级典型古村落),结合文物局公布的已评选出的各级文物保护单位名单,对文化遗产进行统计并得出统计结果。

统计后发现,韩城市被调研的村落中国家级文物保护单位有 8 个,约 63% 分布于国家级和省级传统村落,约 37% 分布于未评级古村落;省级文物保护单位有 32 个,约 56% 分布于国家级和省级传统村落,约 44% 分布于未评级古村落;市级文物保护单位有 20 个,约 30% 分布于国家级和省级传统村落,约 70% 分布于未评级古村落。韩城市是关中地区物质文化遗产分布最为集中的县级市之一,分布于村落中的物质文化遗产数量庞大,这些物质文化遗产不仅分布于已评级的传统村落,在大量未评级的古村落中也有分布。

在笔者调研的韩城市的 98 个古村落中,参加过省市级庆典和比赛的非物质文化遗产共计 29 项,其中已经被评选为国家级、省级、市级非物质文化遗产的有 16 项,其中 8 项分布于国家级和省级传统村落,8 项分布于未评级古村落。

通过对“黄濠双河集群”所在区域的物质文化遗产和非物质文化遗产进行调研和统计后发现,该集群中未评级村落的文化资源同样具有重要价值。因此,在发展中应利用第四章构建的“潜力区”识别方法,结合田野调查、问卷调查等方法,挖掘更多文化底蕴深厚、物质遗产丰富的优质村落,为传统村落集群进一步开展文化遗产保护工作、制定资源兑现和绿色发展策略奠定基础。

2. 生态筑基,识别资源斑块

研究以 2018 年渭南市土地利用规划数据为基准,以渭南市第三次全国土地调查数据加以校正,将最终数据作为渭河平原区东部板块“黄濠双河集群”生态资源分析的基础数据。笔者对集群内建设用地、耕地、林地、草地、河流湖泊及其他生态资源用地进行面积、空间分布位置的统计,并与传统村落及其物质文化遗产所在地理位置空间分布相耦合(见图 6.5),梳理传统村落集群的环境基底,保证乡野生态的原生性和美学性。

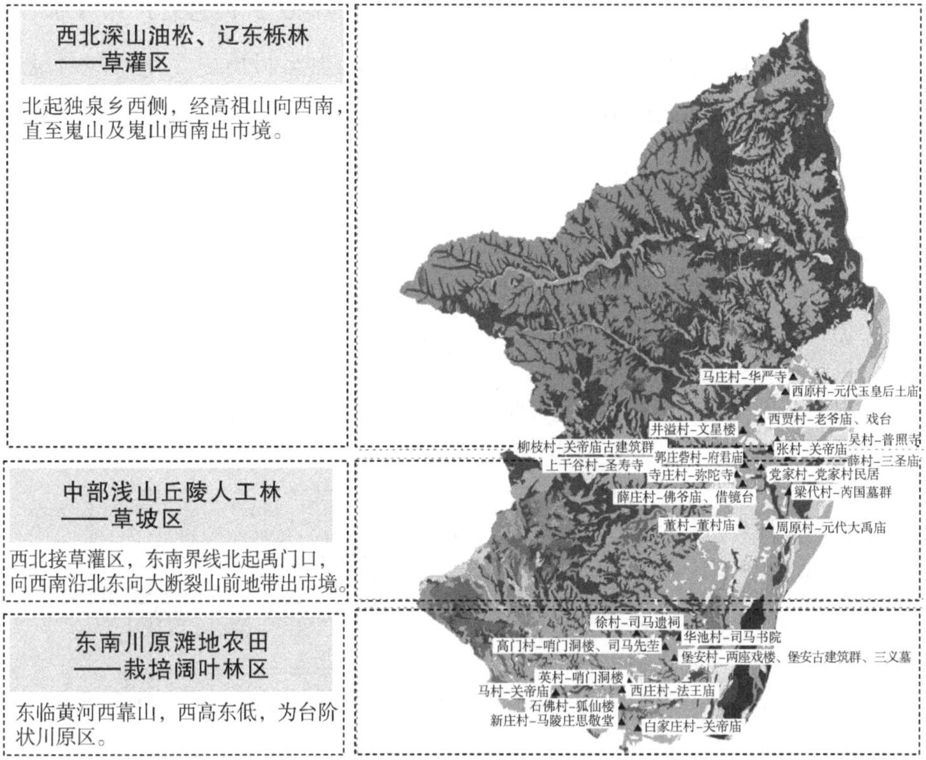

图 6.5　“黄濛双河集群”生态资源和物质遗产(部分)分布示意图

本图为作者自绘，审图号：陕 S(2024)015 号

研究构建生态资源要素评价模型，结合乡村生态资源的生态服务功能和社会服务功能类型，分类评价目前生态资源斑块的价值，从生态资源斑块的面积、数量、分布形态、空间均匀度等多维度评价乡村生态资源的景观格局。将生态资源斑块功能价值评价结果与区域敏感度评价空间分布图、土地利用规划图进行叠加分析，实现对乡村生态资源本底的精细识别与价值评估。

3. 划定村落历史文化保护线，分类分级管控

首先，对已评选出的国家级和省级传统村落，结合传统村落保护规划和国土空间规划标准，划定传统村落核心保护区、建设控制区和风貌协调区（见图 6.6）。其次，梳理村域范围内的文化遗产和不可移动文物，对于已经确定保护

级别的文物，依据各级文物保护单位的保护原则和保护标准进行严格保护，对于尚未分类或定级的文化资源，以行政村为单位编制乡村历史文化遗产名录和文物档案，根据文物重要程度和特征制定保护方案，划定历史建筑、遗址遗迹等的保护界限，进行有侧重的保护和管理，防止出现破坏性活动，并由所属区县、乡镇政府或相应管理部门进行相应的保护和管理工作。最后，除了刚性管控传统村落核心区、各级各类遗产保护区外，还应同时对区域内的永久基本农田控制线、生态保护红线、生态公益林控制线等进行刚性管控，通过控制传统村落风貌协调区的各类营建活动，保障农业生产和生态环境。

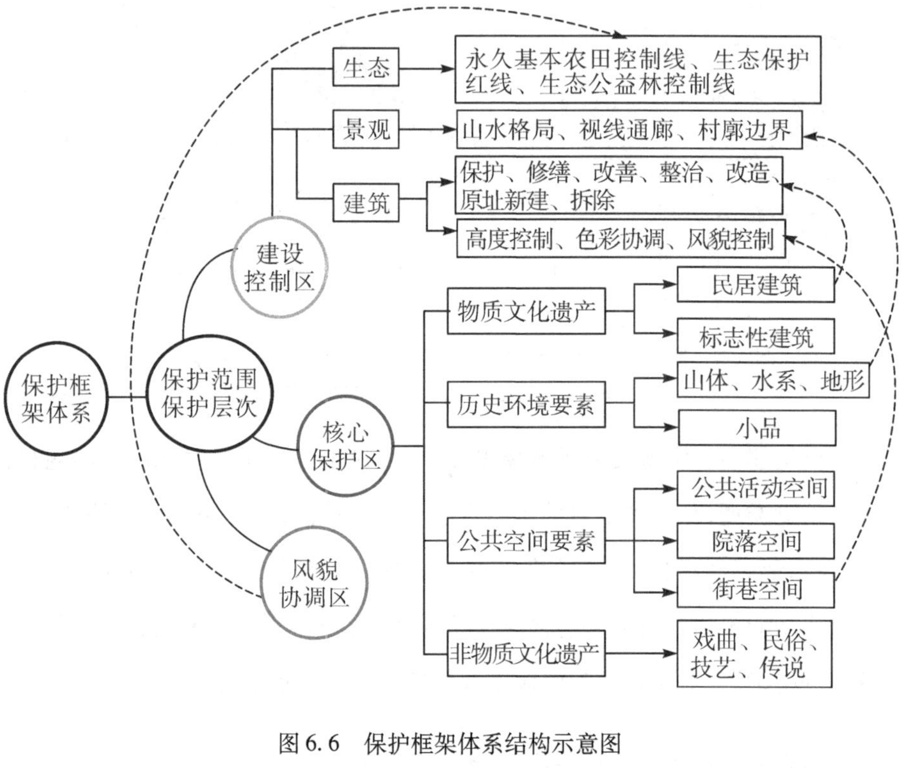

图 6.6　保护框架体系结构示意图

4. 发展绿色产业体系，实现生产性保护

在传统村落的生产性保护中，应注重以保护作为最终目的的生产性手段，

可通过注入休闲游憩、特色农产品、农耕文化体验等功能，产生一定的经济效益，从而提高传统村落居民经济水平和生活质量，改善传统村落居民的生存环境，提升保护主体的文化自觉和创新意识。

韩城地区最著名的农产品要数大红袍花椒，已有600多年的栽培历史。改革开放以来发展花椒产业一直是韩城市“兴韩富民”的核心路径。韩城市合理利用优势农业资源，推进花椒产业结构多元化，以花椒种植为核心，推动花椒食品深加工，加强其与第二产业、第三产业的融合发展，提高农业空间的综合效益，促进文化资源保护与村庄发展共赢。目前，韩城市建成了纵贯全市中部浅山台塬区的百里花椒基地，有195个行政村成为花椒生产专业村，是全国首屈一指的花椒生产县级市。韩城市的传统村落多以种植花椒为主要经济来源，西原村和柳枝村是韩城市的主要花椒集散地。西原村村东有占地面积120多亩（合8公顷）的花椒销售专业市场，柳枝村有众多的花椒收购加工户及农业专业合作社，还有花椒及香料的精深加工厂。韩城地区传统村落产业发展结合了自身优势，实现了花椒种植规模化、集约化经营，并引入自动化生产技术，积极向绿色农业转型，如减少化肥和农药的过量使用、农膜回收、畜禽粪污资源化利用等。

5. 鼓励“非遗 + 文创”的设计和生产，促进文旅融合发展

在保护传统村落的同时，应该适应时代需求，实现生态文化价值兑现。传统村落应致力于促进乡村旅游业发展，建设有青山绿水、丰富遗产、特色文化、悠久历史、淳朴民风，人与自然和谐，村落保护与发展和谐，多元文化与绿色生态和谐的美丽村落。

传统村落中的祠堂、戏台、水井、晾晒场等公共空间是村民进行社交活动和举办节庆活动的主要场所，承载着村落的历史和村民的记忆，应保护公共空间序列和公共建筑形态、元素。这样既可以为村落非遗文化的展示提供场所、丰富村民娱乐生活，又可以增加村民的归属感，使原生文化得到有效激活与传承。

应鼓励“非遗+文创”的设计和生产，积极挖掘地方文化服务功能，使传统技艺在当代焕发生命力，促进区域生态系统生产总值的提升。传统村落“文旅融合”的发展方式近年来较为火热，从发展趋势看，推动传统村落与旅游融合发展不仅有助于边远落后地区摆脱贫困，促使人口的回流，同时还能使传统农耕文化在新的环境下以新的形式继续生存发展，促进文化的传承。

6. **优势互补，资源协同发展**

渭河平原区东部板块中，“黄濛双河集群”“徐水河集群”“金水沟集群”“洛河集群”四个传统村落核心集群具有靠近陕西沿黄观光路的地缘优势。陕西沿黄观光路贯穿榆林市、延安市、韩城市、渭南市的诸多名胜古迹，被称为中国的“一号公路”，近年来颇受关注，观光游客络绎不绝。关中渭河平原区东部板块中的传统村落集群应依托沿黄观光路的客源优势拓宽发展渠道。

当前关中地区传统村落大多发展乡村旅游，以农家乐为主要经营模式，旅游内容同质化严重，村庄之间的竞争激烈，容易使游客产生审美疲劳。因此，在发展中应以集群为单元，搜集并整合各集群所在区域各级文物保护单位和非物质文化遗产，确定其分布区位、档案，再确定各种不同性质的文化遗产的空间分布情况，建立传统村落文化景观遗产网络，分析各网络的共性和相互之间的联系，结合实地调研、现场勘探、史料梳理、群众访谈等多种形式寻找该集群具有代表性的文化特征，构建集群生态文化遗产库。此外，还应统筹集群内各传统村落旅游资源，形成优势互补，突出关中传统村落资源特色，以各集群为依托规划旅游路线，形成整体发展态势，突出不同传统村落的观光、体验、学习主题，防止出现无序竞争。

集聚式保护与发展，补充了劳动力，提高了村民的就业率。每个集聚区不仅有几个具有较高文化价值的传统村落，还有不少具有不同特色的普通村落。乡村旅游受小长假影响，淡季和旺季情况明显不同，这直接影响劳动力需求。旺季时普通村落劳动力应补充附近传统乡村旅游业的空缺岗位，淡季时返乡务农。合理安排劳动力流动，有利于提高村民就业率，增加村民收入，引导中青年劳动力返乡创业。

7. 统筹整合，设施共建共享

合理规划保护用地和发展建设用地，协同利用土地资源是集群内传统村落合作发展的前提。提升传统村落公共服务质量、改善居民生活环境是生态文明建设工作的重要部分。在关中地区典型传统村落活态性评价的调研工作中发现，推进水厕普及、污水处理和垃圾处理目前依旧是关中传统村落基础设施建设的重点。应通过新区建设、公共服务设施建设等使集群内的污水处理设施、给水设施和环卫设施等可以远距离、大规模地在区域内共享，减少不必要的重复投资；加快传统村落无害化卫生厕所修建，实现资源的绿色循环利用；加强村镇污水处理厂改造升级及配套管网改造升级；加大农村沼气工程的资金投入力度，推进农村清洁能源工程建设，引进秸秆综合利用技术与装备。在垃圾处理方面，可推广“户收集、村收、镇运、集中处理”的生活垃圾处理模式，实行可移动式垃圾管理，即在集聚区内，利用定时定点的垃圾转运车对垃圾进行收集和集中处理。

旅游服务设施的分散建设、盲目投资等是传统村落存在的突出问题，它不仅会破坏村落的整体风貌，也造成了巨大的脱离实际的浪费。集群内部服务设施的共建共享，既能保护传统村落的格局风貌，又能促进其他村落的发展。集群式保护与发展还应根据集群外部交通现状和规划意图，以集群核心为交通枢纽，优化集群之间、集群内部的道路系统，保障文化创意产品、农副产品出口和各村游客的交通需求，进一步构建由铁路、公路、水路组成的多维交通体系，实现旅游资源互补。

6.3.3 微观——传统村落活态传承、价值兑现路径

无论是生态博物馆、文化生态保护区实践原则，还是其他非遗社区或传统村落的保护理念，其共同点都在于提倡遗产的保护要回归遗产生存的环境中，真正做到“见人见物见生活，留形留魂留乡愁”，让文化遗产保护工作融入居民日常生活中，这是活态传承的重要途径。传统村落既不是单纯的文物保护单位，也不是单纯的物质文化遗产或非物质文化遗产，而是一种生活生产中的遗产，是以农耕文明为基础的生活生产基地，同时也是最基层的行政单位，还是具有文化价值的农村社区。传统村落的文化遗产中，除了传统意义上的物质遗产和非物质遗产外，还包括大量存在于日常生活中的历史记忆、乡约乡规、生产方式、俚语方言等，它们作为独特的文化，浸润着生活的烟火气代代相传。关中地区传统村落的传承路径，依据村落保存状态和发展可能性，大致可以分为“保护+记录”类、“保护+改善”类、“传承+活化”类、“发展+兑现”类四种类型，各路径具体表现见表6.8。

表6.8 关中传统村落传承路径具体表现

评价因子	传承路径具体表现			
	“保护+记录”类	“保护+改善”类	“传承+活化”类	“发展+兑现”类
遗产保存现状	格局风貌尚存 保存状态较差	格局风貌良好 遗产价值较高	格局风貌部分改造 遗产价值较高	格局风貌改变 遗产价值较低
自然景观保存现状	农耕空间荒废 生态空间较好	农耕空间完整 生态空间良好	农耕空间完整 生态空间需要治理	农耕空间被侵占 生态空间需要修复
人口构成	原居民集体搬迁	原居民比例高	有部分外来人口	外来人口比例高
人均年收入水平	低	中等	较高	高
产业发展现状	农业	农业+手工业	休闲观光+农家乐	文化旅游为主

续表

评价因子	传承路径具体表现			
	“保护＋记录”类	“保护＋改善”类	“传承＋活化”类	“发展＋兑现”类
文化发展现状	无发展	延续农耕文明	农耕文明为主，渗透现代文明	现代文明为主，缺乏典型文化特征
宅基地利用现状	指标充裕	增减平衡	尚有指标	指标趋于饱和
民居使用现状	荒废	自住为主	少量短租	租赁为主
村集体收入比例	无	低	较低	高
村民决策权	无	高	较高	较高
交通可达性	差	较差	中等	良好
生态宜居性	中度宜居	高度宜居	高度宜居	中度宜居
社会经济活跃度	不活跃	轻度活跃	中度活跃	高度活跃
典型村落	万家城村	老县城村	柏社村	袁家村

1.“保护＋记录”类传承路径

一些村落格局风貌尚存，但地理位置偏远、地形复杂、交通可达性差，因不利于发展而导致人口大量流失，或在政府的移民政策下已进行集中搬迁。村落的原居民在外迁后回流意愿较小，更无新增的外来人口，村落活态化社会结构已被破坏，处于长期空置状态。针对这类村落，应进行资源的调查、统筹、梳理，对遗产性质和价值进行保护和记录，对严重损坏的不可移动遗产进行测绘、拍照存档和数字重建，对仍有保护价值的建筑物、古树名木等进行原地抢救式保护或实行异地博物馆保护。

2.“保护＋改善”类传承路径

对于格局风貌良好、历史资源丰富、传统农耕氛围浓厚、居民以原居民为主的传统村落，应以遗产的保护、修缮、活态传承、适度改善为主，从以下几个方面重点规划。

第一，保护传统村落生活生产环境全要素和物质文化遗产，保持遗产及其所处环境的完整性，以村落的植被地貌、田园风光、空间格局、社会风貌和各类遗产保护为前提，确定核心保护区、建设控制区和风貌协调区；在生态宜居性评价的基础上，以不破坏村庄整体格局为前提，适度修整部分风貌较差的景观，优化空间布局，美化公共环境，完善基础设施，促进民居风貌协调，延续村落赖以生存的生态环境和文化习俗。

第二，根据村内的产业基础和环境条件，引导村民发展农业、手工业、文化旅游业等绿色产业，通过多渠道逐步恢复村落经济，吸引人口回流，持续提高居民生活水平，引导外出务工村民返乡，提升村庄的保护和发展动力；建立完善的社会保障体系，保障村民返乡后的基本生活需求；政府、集体、社会组织牵头做好规划协调、建设实施、运营管理等工作，充分利用各种资金，鼓励非营利组织参与村庄保护发展；做好人口发展、生活空间和公共服务设施需求预测，合理确定新增宅基地选址范围；考虑地形地貌，建设适应现代交通方式的道路交通体系，确定建筑风貌管控要求，要求新建建筑与村落建筑的整体风貌协调统一，指导历史建筑的修缮和改造；村民可以在房屋外观风貌协调的基础上，对室内空间进行实用性改造，以满足现代生活需要；可以编制一份简单易懂的民居建造手册，免费发放给村民。

3.“传承 + 活化”类传承路经

对于村落格局风貌保存状态较好，历史文化遗产价值较高，但总体活态化程度较差，村落居民自治水平较低，居民以留守老人和儿童为主的传统村落，应挖掘村落多元价值，凝聚多方力量，促进村落可持续发展，以推进村落活态化传承为主线，从以下几个方面重点规划。

第一,保护村落特色资源,加强村落风貌的管控和引导,凸显村落价值特色;在已明确村落核心价值的前提下,确定保护对象,划定保护区域,有条件的村庄还可以划定风貌协调区,实行分区分级管理;在保护村落整体风貌的基础上,对环境资源、土地利用规模、人口规模、建筑物改造利用、文化保护等实行底线控制,制定合理利用历史文化资源的指导意见和管控要求,避免造成建设性破坏,保持传统村落景观风貌和空间格局的"原汁原味"。

第二,提升生态宜居性,完善配套设施;确定村落的总体格局和功能布局,预测居住人口,完善基础配套设施、居住空间布局和公共服务设施;强化传统村落复合功能,指导闲置建筑活化利用,合理利用闲置传统建筑,建设创新产业空间,增加旅游服务中心、文化教育宣传室、历史文化展示馆等公共服务设施。

第三,在活态性评价的基础上,对村落活态化程度和各评价因子失活贡献率进行测算,并根据计算结论,采取针对性的措施改善村落失活状况;围绕乡村特色产业和文化价值,探索多样化的传统村落资源活化的发展路径。在不破坏历史文化遗产、乡村风貌和传统农牧业生产的前提下,注重发挥当地农林牧渔等优势资源,从生产精细化管理、农业资源多样化利用、农产品的品牌塑造、生产养殖环境监测、发展传统手工业等方面推进现代农业建设。有条件的村落可拓宽发展路径,适度发展特色农副产品加工业、文旅融合旅游业、生态观光农业等,制定多元化的资源活化利用办法,探索发展文化旅游、电商服务等新业态,吸引村民回流和外来人口定居。

4."发展+兑现"类传承路径

对于拥有地缘优势和交通区位优势,乡村文化活动丰富,市场化水平较高或已进行大规模改造利用的传统村落,可以文化创新转化、农耕生活体验、绿色生态产业发展为主线,注重以下几个方面的规划。

第一,围绕村落核心文化价值,加强重点特色地区保护,推动村落风貌和谐统一。在保护村落整体布局不被破坏的前提下,辨识乡村核心价值,严格保护核心区,制定建筑风貌管控指南,统筹协调空间风貌。对一些风貌不和谐的建筑景观进行改造,加强整体风貌管控,适度修复村落周边生态环境。

第二,合理规划人口、用地,加强配套设施建设。根据生态环境承载力,预测和规划村落居住人口、旅游人口,因地制宜地完善居住空间、旅游服务空间布局、公共服务设施和文化旅游服务设施建设,建设绿色基础设施。结合乡村区位优势和旅游发展条件,合理评估旅游业发展的可行性和乡村的承载力,探索适合的旅游发展模式,结合互联网发展文化创意产业。

第三,采用合理的市场化模式或多方合作模式,促进村落最优发展。要充分尊重村集体和村民权益,建立多方共管的资金管理体制,有效监督资金的筹集和使用,确保村落高质量开发、使用、维护和管理。引进专业的规划建设和运营管理团队,对村落保护和发展进行综合指导,为当地村民提供更多的就业机会,指导村民参与乡村治理。厘清保护主体和责任,明确专项保护资金的筹集和使用标准,探索适用于技术创新、建设管理、收益分配等多方合作的制度,将有偿经营项目的收益收归集体,用于基础设施建设、环境整治和公共事业发展。

6.4 本章小结

本章立足文化生态学中将多要素整合研究的理论视角,对传统村落应对外部变化的敏感程度进行综合分析,建立传统村落敏感度评价方法,从自然生态和社会经济两方面测算出关中地区传统村落应对外部变化的敏感程度。敏感度评价方法一定程度上解决了自然数据和人口经济数据类型、框架不统一的问题,建立了以空间为媒介的多元数据融合系统,为实现对自然与人文数据的综合分析提供了统一的基础,便于传统村落研究中多要素数据的归纳梳理和空间数据的可视化表达。敏感度评价结果表明：关中高度敏感型传统村落占 35%，主要分布于关中中部的渭河沿岸地区；中度敏感型传统村落占 58%，主要分布于黄土台塬地区；轻度敏感型传统村落占 7%，主要分布于北山山地区和秦岭北麓山地区。敏感度评价模型的建立为构建文化生态、社会经济发展并重的传统村落分类分级分区保护提供了科学路径。

本章选取 17 个典型传统村落作为案例，构建活态性评价模型，评价传统村落维持生活生产、维护生态环境、保护文化遗产、传承农耕文化等功能的延续性、发展性和社会活动的活跃程度。从物质文化遗产、非物质文化遗产和村落利用现状三个方面设定 20 个评价指标对传统村落进行活态性评价，并计算各因子的失活贡献率，分析结果显示物质文化遗产保存规模、文物等级、原居民的数量、核心产业规模和效益等是影响传统村落活态性的重要因素。这为个体村落快速有效地寻找到影响其活态性的核心因素，并有针对性地改善保护与传承措施、提升村落活态性提供了科学依据。

在分析了我国传统村落现有保护措施及实践效果后，得出应关注群体村落形成的区域价值的结论。关中传统村落集群式发展，有助于减少个体村落间的无序竞争和资源浪费，通过整合集群中各村落的优势资源，村落可以获得更多的发展机会，笔者由此提出"多尺度 + 集群式"的活态化保护策略。宏观尺度，将关中划分为渭河冲积平原东部、渭河冲积平原西部、渭北黄土台塬区、北山山地区、秦岭（南山）山地区、秦岭北麓台塬与洪积扇区六大典型区域。中观尺度，以传统村落分布密度最高的渭河平原区东部板块为例探索集群划分，结合关中传统村落敏感度分区结果，将渭河平原区东部板块细分为五个传统村落核心集群和四个一般集聚区，并以"黄濛双河集群"为例，提出以下发展策略：梳理集群的文化资源和生态资源，划定村落历史文化保护线，进行分类分级管控；复兴民间传统文化，实现活态性保护；发展绿色产业体系，实现生产性保护；鼓励"非遗 + 文创"的设计和生产，促进文旅融合发展；区域内优势互补，设施共建共享，资源协同发展。微观尺度,依据集群内传统村落保存状态和发展可能性的不同,提出了“保护+记录”“保护+改善”“传承+活化”“发展+兑现”四种传承路径,但这些路径具体如何有效指导各个村落的精准保护与活态化发展是未来的研究方向,本书对此不作深入分析。

第七章　总结与展望

7.1　研究结论

本研究以文化生态学理论为视角，将定性与定量研究方法相结合，对关中地区传统村落进行全面普查和重点调查，进行了以下研究工作：补充完善了关中地区传统村落基础信息数据库；运用模型算法解析不同生态文化要素之间的关联机制，梳理并总结多要素影响下的村落分布规律和空间形态特征，挖掘其中蕴含的营建智慧；构建敏感度评价模型，综合评估传统村落在生态环境变化和社会经济活动影响下的反应速度、抗干扰能力及自我恢复速度，分类分级制定关中传统村落整体性保护和活态化发展策略。

1. 宏观尺度：关中传统村落空间分布特征及时空演进规律

借助资源环境科学与数据中心所共享的关中地区空间地理信息数据，利用GIS平台对传统村落进行生态宜居性评价，并结合坐标对传统村落和聚落类古遗址进行分布特征分析和影响因素解析。研究发现：①关中生态宜居地区普遍分布于平原和台塬区，中高度宜居区呈现靠近塬隰地势的塬地边缘的分布特征，渭河以北的高度宜居区多于渭河以南地区，宜居水平自西南向东北逐渐升高，北洛河下游的白水县、蒲城县、澄城县、大荔县的生态宜居水平普遍较高。

②69%的传统村落和81.6%的聚落类古遗址分布于中高度宜居区，揭示了关中地区人居聚落逐渐由西向东聚集，总体趋向于生态宜居中高度地区分布的共性特征。同时也发现了古遗址多分布于中部平原地区，传统村落多分布于东部黄土台塬地区的差异性特征。③上述分布特征及演进规律主要受关中地区地理环境的两种生态效应的影响。一种是地理环境边缘效应，关中传统村落集聚分布于东北部黄河沿岸地区（河流生态系统和陆地生态系统的交接地带），这种边缘效应为传统村落发展提供了物质保障；另一种是地理环境围合效应，关中三面环山、一面临河形成的围合效应为传统村落发展提供了天然的安全空间，同时小尺度围合空间不仅可以遮蔽和保护居民，稳定的地缘关系还有利于维持完整和系统的血缘组织体系，并形成守望相助的村落集群。

2. 中、微观尺度：关中传统村落文化和生态互动下的空间形态解析

研究从文化生态互动视角，对关中地区传统村落的选址择地、空间形态特征进行解析，结合生态宜居性评价计算各因子的宜居贡献率，挖掘核心影响因素及其形成逻辑，揭示不同尺度下传统村落实现人与自然和谐相处的营建智慧。

笔者结合山水格局特征将关中传统村落划分为平川带玉、环山伴玉、台塬望玉三种择地类型，指出传统村落选址具有近水、居高、沿边等生态区位特征，并结合认知自然和宏观的“形胜”规划思想，通过引水、建塔等人为干预对自然地形进行改善。关中地形以平原和台塬为主，在受地形约束较少的情况下，村落受血缘合力呈向心凝聚式发展，形态以团块型为主。村落边界按照虚实形态可以划分为山水围合型、地形过渡型、人工砌筑型、象征标识型四种类型。街巷格局依据组合形态可以划分为网格型、鱼骨型、树枝型、放射型、“一”字型、混合型六种类型。关中地区传统村落中空间资源的生态排序与宗族等级排序具有高度对应关系，具体体现在村落的布局、民居的房屋分配、建筑的入口设置和装饰、规格等诸多方面。

笔者从物质防御和精神防御两方面分析关中地区传统村落防御格局。在物质防御方面,结合环境特征建立"立体防御"和"平面防御"分析逻辑。立体防御分析逻辑中,依据自然地形高差将防御格局分为"塬边建村,环沟建寨"和"低处建村,高处筑寨"两类,依据空间立体层级将防御格局分为"地上堡寨防御空间"和"地下暗道防御空间"两类。平面防御分析逻辑中,村落防御层级与空间层次相对应,由外向内包括"外围城墙—街巷网络—民居单元"等防御类型。精神防御体系主要包含空间氛围营造和防御精神寄托两条实现路径。空间氛围营造主要采用组织可视空间、降低建筑可识别性、营造局促空间氛围等方式;防御精神寄托则借助宗教信仰和防御符号文化将趋吉避凶思想在村落公共节点和建筑装饰上进行物化体现。

3. 保护传承策略:构建敏感度评价模型和活态性评价模型,提出"多尺度、集群式"活化策略

第一,构建敏感度评价模型,对关中地区进行敏感度评价并分区,以促进传统村落分区分级保护政策的落地实施。轻度敏感区主要分布于北山山地区和秦岭北麓山地区,该区域内的传统村落占关中传统村落的7%,该区域内的传统村落在保护自然生态环境的同时,宜通过适度的开发利用提高村落经济水平和村民生活质量;中度敏感区主要分布于渭北黄土台塬和秦岭北麓台塬地区,该区域内的传统村落占关中传统村落的58%,该区域内的传统村落宜秉持"保护为主,开发为辅"的原则,在科学指导下进行适度开发利用;高度敏感区主要分布于黄河西岸和渭河干流两岸,该区域内的传统村落占关中传统村落的35%,该区域内的村落宜纳入区域生态资源数据库,遵循"能保尽保"的原则,尽快编制与修复脆弱生态环境、重建自然人文景观等相关的技术规范和标准,以降低传统村落环境问题的发生概率。

第二,构建活态性评价模型,从物质文化遗产、非物质文化遗产和村落利用现状三个方面设定活态性评价因子,并进行各因子的失活贡献率计算。计算结果显示物质文化遗产保存规模、文物等级、老村人口数量、核心产业规模和效益等是影响传统村落活态性的重要因素。因此，关中地区传统村落活化保护与传承的核心应是保护好遗产和留住村民，挖掘各个村落的优质资源，根据各因子的失活贡献率计算结果实施具有针对性的改善措施，力求做到“取长补短”。

活态性评价结果显示各个村落的优势资源存在差异，同时也存在人口流失、内生动力不足等问题。针对这一现状，笔者聚焦群体村落形成的区域价值，提出“多尺度＋集群式”活态化保护路径和生态文化资源价值兑现的发展策略。宏观尺度结合生态敏感度进行分析，以保护文化景观生态作为底线，构建关中传统村落文化生态保育集群区划；中观尺度以“黄瀑双河集群”为代表，提出传统村落集群单元的活态化策略；微观尺度对集群内传统村落进行活态化分析，挖掘各个村落失活的差异性因素，提出与之相应的活态传承和价值兑现路径。

7.2 研究创新点

1. 引入文化生态学交叉研究方法，揭示关中传统村落在生态、文化互动影响下的空间分布特征及历史演变规律

本书基于文化生态学理论，借鉴地理学、生态学等交叉学科的研究方法，构建应用于规划学科、面向区域尺度、融合多源数据的关中传统村落空间形态定量评价方法，即“生态宜居性评价”和“敏感度评价”。从生态和文化的互动视角出发，揭示传统村落在气候水文、地理环境、社会经济、宗族文化等因素影响下的空间分布特征及历史演变规律。依据传统村落在面对自然环境变化和社会经济活动影响时的反应速度、抗干扰能力及自我恢复速度，划分村落敏感等级，针对村落敏感等级制定传统村落的保护优先级和与之相应的发展策略。

2. 构建"文化—居住—防御"的传统村落空间形态分析框架，分析在主导因素影响下的空间形态适应机制

通过对关中地区传统村落进行双维度（时间和空间）研究，揭示了古今聚落耦合于中高度生态宜居区的共性特征，以及不同时期聚落空间分布呈现的东西差异，并呈现逐渐由西向东聚集的规律。笔者改进传统的依据典型地貌对村落进行分类的方法，综合考虑关中传统村落的文化属性、居住属性、防御属性，以文化生态学理论为指导，构建基于三重属性的村落空间形态分析框架，从生态文化互动视角揭示各影响因素与村落空间形态的因果关联机制，包括影响因素的主导性与空间形态的匹配性研究。

3. 基于资源互补和规模效应，提出传统村落"多尺度+集群式"活态化保护策略

针对村落个体化发展所面临的过度开发、产业单一、资源浪费等问题，提出"多尺度+集群式"的活态化保护策略。第一，在国土空间规划指导下，从关中传统村落所处的自然生态环境、文化圈层等角度出发，整合相似文化背景下具有地缘优势的传统村落并形成发展集群；第二，利用活态性评价，辨识各个村落的优势和劣势，通过资源互补、设施共建共享，发挥集群的规模效应，在延续地方文脉的基础上，增强社会经济综合效益。

7.3 研究展望

关中传统村落在稳定的地缘关系和一脉相承的地域文化影响下，其分布特征、空间形态、建筑结构等在不同尺度下都存在原型一致性特征。结合不同生态环境形成的地域差异性特征，文化生态学理论为我们认识传统村落提供了一个新的视角，为多学科交叉研究提供了统一的平台。

笔者将继续深化宏观、中观、微观尺度的研究：宏观尺度，对于采集到的传统村落地理信息矢量数据、遥感影像数据进行分时段、分区域研究；中观尺度，本书的村落航拍正射影像仅涉及重点村落的空间机理、街巷格局、院落组合形态等信息，后续应对相关影像进一步校核并数据化；微观尺度，传统村落民居建筑层面的文化因子，如建筑结构、建筑装饰等需要继续补充研究资料，以增强文化要素分析的科学性。

笔者希望未来能够建立具有影响力和公信力，以生态资源为基底，以村为单位的传统村落数据库，记录传统村落空间、资源、生态、经济、文化等全要素信息，以此完善传统村落的分类分级价值体系与评价原则，实现传统村落文化生态价值的兑现，优化传统村落动态监测与管理体制。

参考文献

[1] 中共中央办公厅,国务院办公厅. 关于实施中华优秀传统文化传承发展工程的意见[EB/OL]. (2017 - 1 - 25)[2020 - 7 - 13]. http://www.gov.cn/zhengce/2017 - 01/25/content_5163472.htm.

[2] 中共中央办公厅,国务院办公厅. 关于在城乡建设中加强历史文化保护传承的意见[EB/OL]. (2021 - 09 - 03)[2021 - 11 - 25]. http://www.gov.cn/zhengce/2021 - 09/03/content_5635308.htm.

[3] 冯骥才. 传统村落的困境与出路:兼谈传统村落是另一类文化遗产[J]. 民间文化论坛,2013(1): 7 - 12.

[4] 林明水,李春莹,王甫园,等. 中国传统村落文化生态研究进展与展望[J]. 中国生态旅游,2021,11(1):111 - 126.

[5] 易鑫,施耐德. 德国的整合性乡村更新规划与地方文化认同构建[J]. 现代城市研究,2013,28(6):51 - 59.

[6] 邓巍,胡海艳,杨瑞鑫,等. 传统乡村聚落空间的双构特征及保护启示[J]. 城市规划学刊,2019(6):104.

[7] 魏唯一. 陕西传统村落保护研究[D]. 西北大学,2019:13.

[8] 郐艳丽. 我国传统村落保护制度的反思与创新[J]. 现代城市研究,2016(1):2 - 9.

[9] 刘沛林. 古村落:亟待研究的乡土文化课题[J]. 衡阳师专学报(社会科学),1997(2):72 - 76.

[10] 刘沛林. 中国历史文化村落的空间构成及其地域文化特点[J]. 衡阳师专学报(社会科学),1996(2):83－87.

[11] 刘沛林. 中国传统村落意象的构成标志[J]. 衡阳师专学报(社会科学),1994(5):62－67.

[12] 刘沛林. 传统村落选址的意象研究[J]. 中国历史地理论丛,1995(1):119－128.

[13] 刘沛林. 古村落:和谐的人聚空间[M]. 上海:上海三联书店,1997:187－191.

[14] 卢松,杨钊,陆林,等. 西递国内游客特征、旅游动机及旅游效果的初步研究[J]. 安徽大学学报(自然科学版),2003(1):62－66.

[15] 卢松,陆林,王莉,等. 古村落旅游客流时间分布特征及其影响因素研究:以世界文化遗产西递、宏村为例[J]. 地理科学,2004(2):250－256.

[16] 卢松. 古村落旅游地旅游环境容量及客流特性研究[D]. 安徽师范大学,2003:37－40.

[17] 卢松,陆林,徐茗,等. 古村落旅游地旅游环境容量初探:以世界文化遗产西递古村落为例[J]. 地理研究,2005(4):581－590.

[18] 卢松,陆林,徐茗. 我国传统村镇旅游研究进展[J]. 人文地理,2005(5):75－79,42.

[19] 祁嘉华,郑晔梅. 新农村建设语境中的古村落保护与发展:以陕西为例[J]. 西安建筑科技大学学报(社会科学版),2011,30(6):36－41.

[20] 祁嘉华,孙晶. 古村落的价值认定与可持续发展:从新农村建设谈起[J]. 西安建筑科技大学学报(社会科学版),2011,30(3):23－28.

[21] 赵勇,张捷,秦中. 我国历史文化村镇研究进展[J]. 城市规划学刊,2005(2):59－64.

[22] 赵勇,张捷,卢松,刘泽华. 历史文化村镇评价指标体系的再研究:以第二批中国历史文化名镇(名村)为例[J]. 建筑学报,2008(3):64－69.

[23] 刘沛林. 中国传统聚落景观基因图谱的构建与应用研究[D]. 北京大学, 2011:174-177.

[24] 刘沛林,刘春腊,邓运员,等. 中国传统聚落景观区划及景观基因识别要素研究[J]. 地理学报,2010,65(12):1496-1506.

[25] 申秀英,刘沛林,邓运员. 景观“基因图谱”视角的聚落文化景观区系研究[J]. 人文地理,2006(4):109-112.

[26] 翟文燕,张侃侃,常芳. 基于地域“景观基因”理念下的古城文化空间认知结构:以西安城市建筑风格为例[J]. 人文地理,2010,25(2):78-80,60.

[27] 胡最,刘沛林,申秀英,等. 传统聚落景观基因信息单元表达机制[J]. 地理与地理信息科学,2010,26(6):96-101.

[28] 李微微. 徽州古村落空间的类型化初探[D]. 合肥工业大学,2007:45-62.

[29] 刘华杰,陈芬,陈圣疆. 福州传统村落外部空间形态分析[J]. 陕西科技大学学报(自然科学版),2010,28(6):144-148.

[30] 李欣,单鹏飞. 传统村落空间形态的保护与延续[J]. 小城镇建设,2011(3):99-102.

[31] 伍国正,余瀚武,周红. 湖南传统村落的防御性特征[J]. 中国安全科学学报,2007(10):9-14,179.

[32] 马航. 中国传统村落的延续与演变:传统聚落规划的再思考[J]. 城市规划学刊,2006(1):102-107.

[33] 赵之枫,高洁. 传统乡村聚落到现代乡村社区的变迁:以北京市昌平区泰陵园村为例[C]//国际人类学与民族学联合会,中国民族建筑研究会. 族群·聚落·民族建筑:国际人类学与民族学联合会第十六届世界大会专题会议论文集. 北京:北京工业大学建筑与城市规划学院,2009:10.

[34] 胡最,刘沛林. 基于 GIS 的南方传统聚落景观基因信息图谱的探索[J]. 人文地理,2008,23(6):13-16.

[35] 蔡建. GIS 技术在古村落保护规划中的应用[J]. 建材装饰,2007(9):

19 -21.

[36] 王炎松,吕晓航. 基于 GIS 的传统山地村落选址与布局的生态适宜性分析研究[J]. 华中建筑, 2011,29(10):125 -127.

[37] 翟洲燕,李同昇,常芳,等. 陕西传统村落文化遗产景观基因识别[J]. 地理科学进展,2017,36(9):1067 -1080.

[38] 翟洲燕,常芳,李同昇,等. 陕西省传统村落文化遗产景观基因组图谱研究[J]. 地理与地理信息科学,2018,34(3):87 -94,113.

[39] 李军环,李冬雪,夏勇. 文化整体论视角下的传统村落保护规划探析:以合然村为例[J]. 西安建筑科技大学学报(自然科学版),2019,51(4):559 -568.

[40] 林祖锐,仝凤先,周维楠. 文化线路视野下岩崖古道传统村落历史演进研究[J]. 现代城市研究,2017(11):18 -24.

[41] 李慧敏,王树声. 古村落人居环境构建原型及文化景观环境营造: 以国家历史文化名村夏门为例[J]. 西北大学学报(自然科学版),2012,42(5):849 -852.

[42] 李晓峰,周乐. 礼仪观念视角下宗族聚落民居空间结构演化研究:以鄂东南地区为例[J]. 建筑学报, 2019(11):77 -82.

[43] 崔曙平,于春,何培根,等. 江南文化何所寄:江南的历史流变与苏南乡村空间特色保护的现实路径[J]. 城市发展研究,2016,23(11):60 -66.

[44] 肖明艳. 贵州生态博物馆的村落旅游探讨[J]. 广西民族师范学院学报,2012(4):34 -36.

[45] 何烈孝. 历史文化村落旅游后的衰落与复兴研究[D]. 江西师范大学,2012:34 -53.

[46] 杨秀,余龄敏,赵秀峰,等. 乡村振兴背景下的乡村发展潜力评估、分类与规划引导[J]. 规划师,2019,35(19):62 -67.

[47] 罗震东,项婧怡. 移动互联网时代新乡村发展与乡村振兴路径[J]. 城市规

划,2019,43(10):29－36.

[48] 朱媛媛,甘依霖,曾菊新,等. 基于乡村振兴战略的人居文化环境质量演变驱动机制研究:以长江中游城市群为例[J]. 地理科学,2018,38(11):1855－1863.

[49] 赵凯茜,吴桐,姚朋. 风景园林学助推乡村振兴的途径与策略[J]. 规划师,2019,35(11):32－37.

[50] 曾艳. 广东传统聚落及其民居类型文化地理研究[D]. 华南理工大学,2016:12－14.

[51] 孙莹. 梅州客家传统村落空间形态研究[D]. 华南理工大学,2015:28－29.

[52] 冀晶娟. 广西传统村落与民居文化地理研究[D]. 华南理工大学,2020:16－17.

[53] 梁步青. 赣州客家传统村落及其民居文化地理研究[D]. 华南理工大学,2019:6－7.

[54] 刘大均,胡静,陈君子,等. 中国传统村落的空间分布格局研究[J]. 中国人口·资源与环境,2014,24(4):157－162.

[55] 陈晓华,赵婉艺. 我国乡村聚落空间重构研究近今进展[J]. 池州学院学报,2016,30(6):44－49.

[56] 王景新,支晓娟. 中国乡村振兴及其地域空间重构:特色小镇与美丽乡村同建振兴乡村的案例、经验及未来[J]. 南京农业大学学报(社会科学版),2018,18(2):17－26,157－158.

[57] 李伯华,郑始年,刘沛林,等. 传统村落空间布局的图式语言研究:以张谷英村为例[J]. 地理科学,2019,39(11):1691－1701.

[58] 晏雪晴,廖秋林,王薇薇,等. 张谷英村聚落景观公共空间类型及组成要素研究[J]. 中国农学通报,2012,28(10):289－297.

[59] 李伯华,曾荣倩,刘沛林,等. 基于 CAS 理论的传统村落人居环境演化研究:以张谷英村为例[J]. 地理研究,2018,37(10):1982－1996.

[60] 韩静,张茵.旅行费用法的内部效度检验研究:以湖南张谷英村游憩价值评估为例[J].资源开发与市场,2015,31(7):864-867.

[61] 刘一曼,李伯华,周鑫,等.基于空间句法的传统村落空间形态与优化研究:以张谷英村为例[J].资源开发与市场,2017,33(11):1289-1294.

[62] 李伯华,周鑫,刘沛林,等.城镇化进程中张谷英村功能转型与空间重构[J].地理科学,2018,38(8):1310-1318.

[63] ROSZAK T. The voice of the earth: an exploration of ecopsychology. Newburyport, MA: Red Wheel / Weiser,2001.

[64] 俞孔坚.城市荒野:另一种文明[J].景观设计学,2021,9(1):4-9.

[65] 王莉莉,王英帆,崔羽.地域文化视角下生态敏感地区规划策略探析:以西安市厚畛子镇规划实践为例[J].城市发展研究,2014,21(12):102-107.

[66] 凯文·林奇.城市意向[M].北京:华夏出版社,2011:99-100.

[67] 傅小凡.传统文化与现代化进程[C]//福建省社会科学界联合会,福建省炎黄文化研究会.传统文化与先进文化构建.厦门大学哲学系,2004:15.

[68] 刘磊,中原地区传统村落历史演变研究[D].南京林业大学,2016:30.

[69] 斯图尔特.文化生态学[J].潘艳,陈洪波,译.南方文物,2007(2).

[70] 余谋昌.环境哲学的使命:为生态文化提供哲学基础[J].深圳大学学报(人文社会科学版),2007(3):116-122.

[71] 牛文浩.生态社会主义研究:基于社会主义生态文明视角[D].南开大学,2013:41-48.

[72] 张远惠,范冬萍.系统科学哲学视域下中国生态文明建设的理论与实践[J].广东社会科学,2020(6):82-87.

[73] 十八大以来重要文献选编:上[M].北京:中央文献出版社,2014:30,632.

[74] 张乾元,冯红伟.习近平生态文明思想对优秀传统生态文化的传承与发展[J].西北民族大学学报(哲学社会科学版),2020(6):1-6.

[75] 习近平.决胜全面建成小康社会 夺取新时代中国特色社会主义伟大胜利:

在中国共产党第十九次全国代表大会上的报告. 人民日报,2017－10－27(01).

[76] 孟子. 孟子[M]. 吴天明,程继松,评析. 武汉:崇文书局,2015:249.

[77] 马淑霞,尚论聪. 中国历代哲学智慧[M]. 北京:外文出版社,2010:179.

[78] 任继愈. 中国哲学史:三[M]. 北京:人民出版社,2010:306.

[79] 牛文浩. 中国传统文化视域中的生态文明思想研究[J]. 创新,2013,7(1):29－32,53,126.

[80] 唐君毅. 中国哲学原论:原道篇[M]. 北京:九州出版社,2021:100.

[81] 中共中央文献研究室. 习近平关于社会主义生态文明建设论述摘编[M]. 北京:中央文献出版社,2017:11.

[82] 陈来. 中国近世思想史研究[M]. 北京:商务印书馆,2003:33.

[83] 管仲. 管子校注[M]. 黎翔凤,撰. 梁运华,整理. 北京:中华书局,2004:837－838.

[84] 刘建生. 荀子精解[M]. 北京:海潮出版社,2012:265.

[85] 戴圣. 礼记[M]. 钱兴奇,注译. 长沙:岳麓书社,2001.

[86] 左丘明. 国语[M]. 陈桐生,译注. 北京:中华书局,2016:75.

[87]《管子》是全人类的共同财富[EB/OL]. (2020－1－13)[2021－3－13]. https://www.chinaguanzi.com/show.asp? id=4140.

[88] 杨渭生. 宋代文化新观察[M]. 保定:河北大学出版社,2008:303.

[89] 冀朝鼎. 中国历史上的基本经济区[M]. 朱诗鳌,译. 北京:商务印书馆,2014:8.

[90] 陕西省地方志编纂委员会. 陕西省志:第3卷[M]. 西安:陕西人民出版社,2006:6.

[91] 张文梅. 关中渭河流域人居环境自然适宜性评价及空间差异分析[D]. 西安:陕西师范大学,2009:13.

[92] 肖爱玲,朱士光. 关中早期城市群及其与环境关系探讨[J]. 西北大学学报

(自然科学版),2004(5):615-618.

[93] 黄盛璋.西安城市发展中的给水问题以及今后水源的利用与开发[J].地理学报,1958(4):406-426.

[94] 殷淑燕,黄春长,仇立慧,等.历史时期关中平原水旱灾害与城市发展[J].干旱区研究,2007(1):77-82.

[95] 殷淑燕,黄春长.论关中盆地古代城市选址与渭河水文和河道变迁的关系[J].陕西师范大学学报(哲学社会科学版),2006(1):58-65.

[96] 张壁田,刘振亚.陕西民居[M].北京:中国建筑工业出版社,1993:4.

[97] 总参谋部测绘局.中华人民共和国地图集[M].北京:星球地图出版社,2006:204.

[98] 朱士光,王元林,呼林贵.历史时期关中地区气候变化的初步研究[J].第四纪研究,1998(1):7-9.

[99] 汉语大字典[M].成都:四川辞书出版社,1986:2260.

[100] 刘沛林.古村落:和谐的人聚空间[M].上海:上海三联书店,1997.

[101] 李蕾.晋陕、闽赣地域传统堡寨聚落比较研究[D].天津大学,2004.

[102] 王绚.传统堡寨聚落研究[D].天津大学,2004:27-29.

[103] 钱耀鹏.关于环壕聚落的几个问题[J].文物,1997(8):57-65.

[104] 史念海,萧正洪,王双怀.陕西通史:历史地理卷[M].西安:陕西师范大学出版社,1998:118.

[105] 司马迁.史记[M].北京:中华书局,1959:9.

[106] 薛平拴.陕西历史人口地理[M].西安:人民出版社.2001.

[107] 薛平拴.唐代关中地区的自然灾害及其影响[J].陕西师范大学学报(哲学社会科学版),1998(4):114.

[108] 薛平拴.隋唐五代时期关中地区人口的兴衰演变[J].唐史论丛,2014(01).

[109] 刘昫.旧唐书[M].中华书局,1975:3646.

[110] 张洁,樊志民. 近代山东庄移民经济与关中经济的交融发展[J]. 西北大学学报(哲学社会科学版),2010(4):91 – 95.

[111] 贾俊侠. 秦汉关东贵族迁徙关中之特点与影响[J]. 秦汉研究,2010(00):101.

[112] 薛平拴. 隋唐时期陕西境内的人口迁移及其影响[J]. 中国经济史研究,2004(4).

[113] 张楠. 作为社会结构表征的中国传统聚落形态研究[D]. 天津大学,2010:69 – 71.

[114] 任吉东. 历史的城乡与城乡的历史:中国传统城乡关系演变浅析[J]. 福建论坛(人文社会科学版),2013(4):106 – 112.

[115] 克力木·买买提. 基于遥感和 GIS 的吐鲁番地区历史文化遗址空间格局分析与景观生态敏感度评价[D]. 中国矿业大学,2018:80 – 81.

[116] 傅金祥,刘梦阳,由昆. 基于层次分析法的敏感水源识别方法[J]. 沈阳建筑大学学报(自然科学版),2017,33(3):537 – 545.

[117] 李益敏,管成文,朱军. 基于 GIS 的星云湖流域生态敏感性评价[J]. 水土保持研究,2017,24(5):266 – 271,278.

[118] 张岂之,史念海,郭琦. 陕西通史:卷 12[M]. 西安:陕西师范大学出版社,1998:16.

[119] 朱士光,王元林,呼林贵. 历史时期关中地区气候变化的初步研究[J]. 第四纪研究,1998(1):1 – 11.

[120] 苗红. 基于文化生态学的庆阳农耕文化与区域环境关系研究[D]. 兰州大学,2007:33.

[121] 陕西省地方志编纂委员会. 陕西省志:第 3 卷地理志[M]. 西安:陕西人民出版社,2000:676.

[122] 张萍. 明清陕西商业地理研究[D]. 陕西师范大学,2004:77.

[123] 梁园芳. 韩城清水村传统村落保护研究[D]. 西安建筑科技大学,2018:3.

[124] 侯瑛琪. 基于地域文化的关中地区传统村落布局研究[D]. 西安建筑科技大学,2019:46 - 47.
[125] 史念海. 河山集[M]. 西安:陕西师范大学出版社,1963:6.
[126] 薛平拴. 陕西历史人口地理[M]. 西安:人民出版社,2001:454.
[127] 胡俊. 中国城市:模式与演进[M]. 北京:中国建筑工业出版社,1995:37 - 39.
[128] 样钦芳. 传统村落保护背景下的合阳灵泉村发展对策研究[D]. 西安建筑科技大学,2017.
[129] 岳邦瑞,等. 图解景观生态规划设计原理[M]. 北京:中国建筑工业出版社,2017:266.
[130] 何晓昕. 风水探源[M]. 东南大学出版社,1990:66.
[131] 中华人民共和国住房和城乡建设部. 中国传统建筑解析与传承:陕西卷[M]. 中国建筑工业出版社,2017:32.
[132] 王云五. 礼记今注今译[M]. 北京:新世界出版社,2011:455 - 456.
[133] 段进,龚恺,陈晓东,等. 空间研究:世界文化遗产西递古村落空间解析[M]. 南京:东南大学出版社,2006.
[134] 周若祁,张光. 韩城村寨与党家村民居[M]. 西安:陕西科学技术出版社,1999.
[135] 王雄. 基于生态博物馆理念的陕西澄城县尧头村保护与发展研究[D]. 西安建筑科技大学,2016:5.
[136] 张阳. 关中传统村落公共建筑的布局特征与风貌传承研究[D]. 西安建筑科技大学,2016:31.
[137] 王婧磊. 地域特色导向下的黄土平原区村落空间组织模式研究[D]. 西安建筑科技大学,2014:27 - 31.
[138] 崔统华. 草庐经略注释[M]. 北京:解放军出版社,1992:407 - 408.
[139] 冯书纯. 关中地区传统村落空间形态特征研究[D]. 长安大学,2015:61.

[140] 王树声,李小龙,张瑶,等.文荫武备:一种兴文事与修武备融合并重的规划设计理念[J].城市规划,2020,44(12):2-3.

[141] 刘岱.中国文化新论[M].北京:三联书店.1992(3):327.

[142] 张睿婕.柏社村地坑窑传统聚落空间的保护与发展研究[D].西安建筑科技大学,2015:56.

[143] 雷振东.整合与重构:关中乡村聚落转型研究[D].西安建筑科技大学:2005:158.

[144] 武立波.制度:文化研究的重要维度[D].黑龙江大学,2017:69.

[145] 弗兰克尔.心灵考古[M].褚振飞,译.北京:国际文化出版公司,2006(12):9.

[146] 王绚,黄为隽.山西传统堡寨聚落研究[J].建筑学报,2003(8):59-61.

[147] 王益.徽州传统村落安全防御与空间形态的关联性研究[D].合肥工业大学,2017:82.

[148] 自然资源部,国家文物局.关于在国土空间规划编制和实施中加强历史文化遗产保护管理的指导意见[A/OL].(2021-03-08)[2022-05-21].http://www.gov.cn/zhengce/zhengceku/2021-03/18/content_5593637.htm.

[149] 单霁翔.文化景观遗产保护[M].天津:天津大学出版社,2015:98.

[150] 马启俊.论汉语俗语资源的多重价值与活态保护[J].江淮论坛,2015(3):167-171.

[151] 陈炜,高翔.民族地区体育非物质文化遗产活态传承绩效评价指标体系及模型构建[J].青海民族研究,2016,27(4):81-85.

[152] 郭巍,梁徐静.武术非物质文化遗产“活态”传承中的数字化技术研究[J].广州体育学院学报,2018,38(4):96-99.

[153] 骆天天.浅谈非物质文化遗产中传统音乐的活态保护与传承[J].戏剧之家,2017(19):56-57.

[154] 卓颐.基于数字技术的闽南音乐非物质文化遗产保护及活态传承研究

[J]. 江西科技师范大学学报, 2016(2): 109 - 112,117.

[155] 林欣甫. 民间艺术非物质文化遗产传承的活态机制[J]. 大众文艺,2014(4):2.

[156] 吴昶. 浅议文化遗产的历史活态性:以洗车河镇手工艺文化与内河船运经济史之关系为例[J]. 内蒙古大学艺术学院学报,2010,7(2):54 - 59.

[157] 祁庆富. 存续"活态传承"是衡量非物质文化遗产保护方式合理性的基本准则[J]. 中南民族大学学报(人文社会科学版),2009,29(3):1 - 4.

[158] 徐奇志,王艳. 大运河(山东段)文化遗产及其活态保护[J]. 理论学刊,2018(6):160 - 168.

[159] 李永乐. 线性文化遗产系列博物馆群:理论构建与实证分析[J]. 东南文化,2017(2):21 - 27.

[160] 徐曼. 乡村振兴战略下传统村落活态保护与策略研究:基于河南 X 县的实证分析[J]. 农业经济,2019(1):49 - 51.

[161] 李伯华,李珍,刘沛林,等. 聚落"双修"视角下传统村落人居环境活化路径研究: 以湖南省张谷英村为例[J]. 地理研究, 2020, 39(8): 1794 - 1806.

[162] 鲁可荣,胡凤娇. 传统村落的综合多元性价值解析及其活态传承[J]. 福建论坛(人文社会科学版),2016(12):115 - 122.

[163] 邹君,陈菡,黄文容,等. 传统村落活态性定量评价研究[J]. 地理科学,2020,40(6):908 - 917.

[164] 陕西省地方志办公室. 行政建置志:第五章城治要塞(三)宝鸡市[EB/OL]. (2011 - 6 - 28)[2021 - 6 - 23]. http://dfz.shaanxi.gov.cn/sqzlk/xbsxsz/szdyl/xzjzz/201610/t20161024_685139.html.

[165] 申雯清. 生态博物馆研究综述[J]. 人口 · 社会 · 法制研究,2014(2): 232 - 246.

[166] 于富业. 关于中国生态博物馆的初步研究[D]. 南京艺术学院,2014:82.

[167] 潘守永. 生态(社区)博物馆的中国经验与学术性批判反思[J]. 东南文化,2017(6):115-121.

[168] 邢向东. 方言地图反映的关中方言地理[J]. 云南师范大学学报(哲学社会科学版),2017,49(4):16-25.

附　图

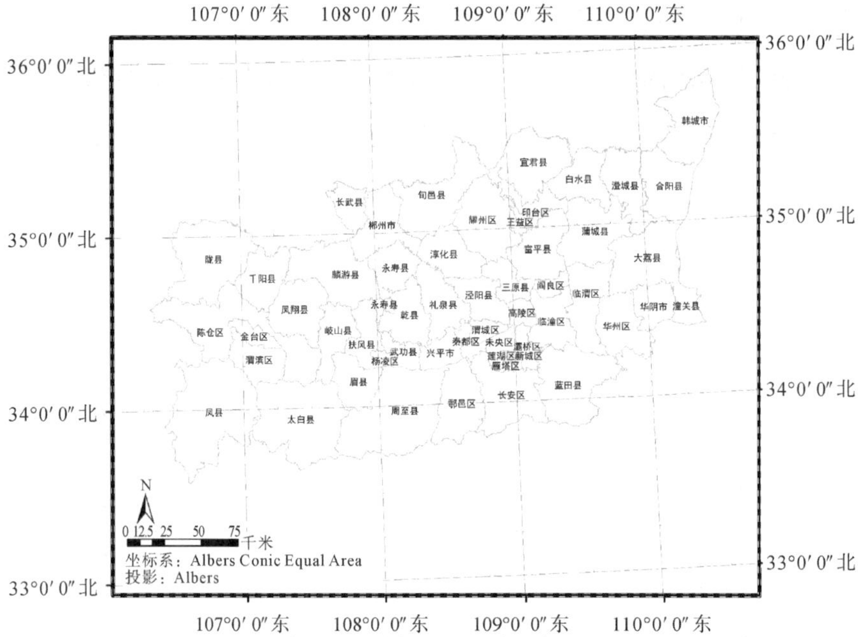

附图 1　关中地区县域示意图

本图为作者自绘，审图号：陕 S(2024)015 号

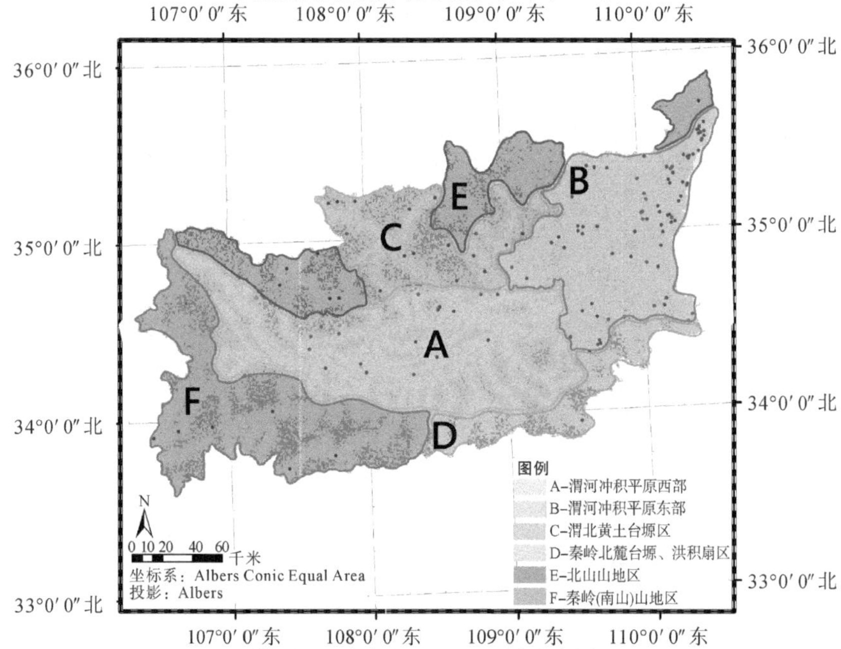

附图 2　关中地区地理区划示意图

本图为作者自绘，审图号：陕 S(2024)015 号

后 记

从前总觉得来日方长，却不知在敲下“后记”两字时，目光所及，皆是过往，心之所向，皆是难忘。传统村落的研究像一场勇闯未知领域的探险，在追求真理的道路上，伴随着意料之外的挫折和困难，一度让我感到迷茫和沮丧。但每一次与村民的真诚交流，每一座古老民居的默默诉说，都激励我继续前行。我学会了在挑战中探寻方向，在失败中汲取力量，最终，这段心路历程不仅铸就了一部专著，也让我对学术研究有了更深的理解。这段旅程，是一次对知识探索的坚持，更是一次心灵的洗礼。

水色秋前静，山容雨色新。我学术生涯中所能展现的美景，一定是我的导师周庆华先生以他秋之融天地的大度和雨之润万物的包容为我平添的颜色。先生因材施教，在我对自己的研究方向尚无头绪之时，他就为我指明了以传统村落研究为主的科研方向。先生勤恳的科研态度和严谨的治学风格深深地感染和激励着我，是我终身学习的典范。

感谢西安建筑科技大学岳邦瑞教授、李志民教授、陈晓键教授、任云英教授，西北大学刘科伟教授的评阅和指正，使得本书得以深化和完善。

感谢余侃华教授、高元教授、鱼晓惠教授、田达睿教授、张沛教授在百忙之中给予的指导和支持。

感谢杨晓丹、高婉斐、南佳博、王丁冉、杨彦龙、王嘉熙、王一睿、程铭，以及其他同门在本书撰写中给予的建议和帮助。

特别要感谢我的父母，他们给我的爱与抚养，关键时刻给我的建议和支持，是其凭借本能的智慧与真爱，传递给我的正能量。感谢我的人生伴侣庞强，在繁忙的工作之余对本书的校对着力甚多，尤其是在研究中遇到困惑、渐感迷茫之时给予我坚持不懈的勇气。

最后，感谢所有帮助过、鼓励过、指导过我的同行及师友们！

本书的出版得到了长安大学 2024 年度中央高校基本科研业务费专项资金人文社科类项目 - 后期资助项目（立项号:300102414606）和长安大学 2025 年度中央高校基本科研业务费资助项目（自然科学类）- 基础研究培育项目（立项号:300102415101）的资助，也得到了国家自然科学基金委员会 - 面上项目（立项号:52278047）和长安大学青年学者学科交叉团队建设项目（立项号:300104240921）的资助，在此特别鸣谢。

张睿婕

2025 年 3 月